Introduction to Semiconductor Lasers for Optical Communications

光通信用半导体激光器

(美) 大卫·J. 克洛斯金（David J. Klotzkin） 著

贾晓霞 段瑞飞 译

· 北京 ·

本书以通用光通信以及对半导体激光器的需求开始，通过讨论激光器的基础理论，转入半导体的有关详细内容。书中包含光学腔、调制、分布反馈以及半导体激光器电学性能的章节，此外还涵盖激光器制造和可靠性的主题。

本书可供半导体激光器、通信类研发人员、工程师参考使用，也适用于高年级本科生或研究生，作为主修的半导体激光器的课程，亦可作为光子学、光电子学或光通信课程的教材。

Translation from the English language edition：
Introduction to Semiconductor Lasers for Optical Communications. An Applied Approach by David J. Klotzkin
Copyright ©Springer Science＋Business Media New York 2014
This Springer imprint is published by Springer Nature
The registered company is Springer Science＋Business Media LLC
All Rights Reserved

北京市版权局著作权合同登记号：01-2018-4194

图书在版编目（CIP）数据

光通信用半导体激光器/（美）大卫・J. 克洛斯金
(David J. Klotzkin) 著；贾晓霞，段瑞飞译 .—北京：
化学工业出版社，2018.9（2020.11 重印）
书名文原：Introduction to Semiconductor Lasers
for Optical Communications
ISBN 978-7-122-32647-8

Ⅰ.①光… Ⅱ.①大…②贾…③段… Ⅲ.①光通信-
半导体激光器 Ⅳ.①TN248.4

中国版本图书馆 CIP 数据核字（2018）第 155639 号

责任编辑：项 激 吴 刚 王友军　　　　　装帧设计：关 飞
责任校对：王鹏飞

出版发行：化学工业出版社（北京市东城区青年湖南街 13 号　邮政编码 100011）
印　　装：涿州市般润文化传播有限公司
710mm×1000mm　1/16　印张 16¼　字数 302 千字　　2020 年 11 月北京第 1 版第 2 次印刷

购书咨询：010-64518888　　　　　　　售后服务：010-64518899
网　　址：http://www.cip.com.cn
凡购买本书，如有缺损质量问题，本社销售中心负责调换。

定　　价：99.00 元　　　　　　　　　　　　版权所有　违者必究

译者前言

随着人类进入以互联网和多媒体标志的信息社会，通信网络已经成为一种基础设施，人们可以通过网络方便地获取和发布信息资源。视频、多媒体、流媒体、网格计算、文件备份等数据业务的迅猛发展，对通信的传输速度、传输容量要求也越来越高。由于光纤具有约30THz的巨大带宽、极低的传输损耗、较强的抗电磁干扰的能力以及价格低廉的优点而成为承载信息的主体，光纤通信技术脱颖而出成为信息时代支柱性的传输技术。

半导体激光器光通信芯片制造一直被国外公司所垄断，光通信技术近十年迅猛发展，而国内的芯片技术发展缓慢，无法满足市场飞速发展的要求。目前国内相继出现一些企业和研究所紧跟国际大好形势进行芯片的研发和生产，企业技术人员和研究机构的研究人员亟需一本理论结合实际的实用性书籍，美国纽约州立大学宾汉姆顿大学David J. Klotzkin教授的《Introduction to Semiconductor Lasers for Optical Communications》这本书无疑是一本最合适的书籍。我们也希望其他读者也可以通过阅读本书，对光通信用激光器制造和性能等方面产生兴趣，能够积极地参与这项事业中来。

本书译者一直从事激光器的制造工作，正在从大功率泵浦激光器领域拓展到光通信用激光器领域，通过阅读David J. Klotzkin教授的《Introduction to Semiconductor Lasers for Optical Communications》，我们从设计和工程角度获得了半导体激光器全面而实用的介绍，其中包括器件的物理特性，实际激光器的工程、设计和测试，从通用光通信以及对半导体激光器的需求开始，进一步讨论激光器的基础物理，并转换到半导体的有关细节，随后是光学腔、直接调制、分布反馈以及半导体激光器电性能，最后还涵盖制造和可靠性主题。此外书中还有很多例子来展示这一切。通过阅读我们更精细地了解了这些专门用途激光器的理论、设计、制造和测试等，为进一步研究其通信应用奠定了非常好的基础。

鉴于时间有限，书中疏漏难免，希望读者海涵并能够指正为盼。

贾晓霞、段瑞飞
2018年于北京

英文版前言

半导体激光器的重要性是毋庸置疑的。它们传递信息，构成互联网的支柱。另外它们也引入了越来越多的新应用，比如固态照明和光谱学，并且其波长也从氮化镓的紫外波段一直延伸到量子级联激光器产生的极长波长范围。在光通信中，激光器也可以作为不同应用方式，如使用直接调制器件的大城市链路，以及结合先进检测和调制方案的100Gb/s传输系统。

本书针对那些有工程或光学背景但不熟悉激光器的读者，希望从操作角度来介绍半导体激光器。这样做的目的，是让初学者，尤其高年级本科生和一年级研究生能够方便并有趣地了解目前的半导体激光器。本书的潜在目标读者是对半导体激光器职业生涯感兴趣的人群，而涵盖的内容则根据问题的重要性及其对整个领域的基础性来确定。希望读者们通过本书，能够对这门学科的科学性以及工程性方面都获得很好的借鉴。

主题和重点的选定主要基于作者在半导体激光器行业的经验。其目的，是让读者看完这本书之后，对激光器制造和性能等大多数方面都感兴趣，并能够立即积极地参与这一材料工程领域。

全书以通用光通信以及对半导体激光器的需求开始。随后讨论了激光器的基础物理，并转入到半导体的有关细节。书中包含光学腔、直接调制、分布反馈以及半导体激光器电学性能的章节，此外还涵盖激光器制造和可靠性的主题。

本书适用于高年级本科生或一年级研究生，作为主修的半导体激光器的一学期课程，也适合于作为光子学、光电子学或光通信课程的教材。

David J. Klotzkin
美国纽约宾厄姆顿

致 谢

我首先要感谢我的博士研究生导师，Pallab Bhattacharya 教授，是他带领我进入了这个让人着迷的领域。

我很高兴有机会在 LASERTRON，朗讯公司（现在的 Agere），Ortel（改为 Agere 的一部分，现在是 Emcore 的一部分）以及 Binoptics 工作。所有这些地方，都有有关激光器问题方面的工作！我也有幸与许多知识渊博、乐于助人的人们共事，尤其是 Malcolm Green，Phil Kiely，Julie Eng，Richard Sahara 和 Jia-Sheng Huang。特别感谢 Binoptics 允许我在本书使用一些数据。

我所教授的激光器课程和学生们一直驱动这项工作的进行，我很感谢他们的反馈，比如说这里展示得很好，或者说某些地方需要改进。我要特别感谢 Arwa Fraiwan，是她仔细阅读了各章节并进行了编辑。

我感谢施普林格的 Merry Stüber 和 Michael Luby，是他们请人进行评审本书，同时是他们的耐心推动了本项目的持续向前。

我还要感谢 Mary Lanzerotti，她对本项目从开始到结束都给予了巨大帮助。没有她的建议，这本书大概还不会着手去写。她同时也非常认真而辛苦地阅读了本书的所有章节，她是任何人都需要的最好编辑。

最后，非常感谢我的妻子 Shari 和家人，感谢他们在此期间对我的支持。我很高兴终于完成这本书，现在可以有时间陪陪他们了。

目录

8　激光器调制 ━━━━━━━━━━━━━━━━━━━━━━━ 153

1

绪论：光通信基础知识

Begin at the beginning and go on till you come to the end: then stop.
—Lewis Carroll，Alice in Wonderland

本章将介绍研究半导体激光器（光通信）的动机，然后概要描述本书内容。

1.1 概述

将光通信用半导体激光器这样的主题放到一本书中，同时还要易于理解，其实是很困难的一件事情。这跨了很多的领域，包括光学、光子学、固体物理以及电子学，其中每个领域本身就需要好几本教科书来系统介绍。好在这里的目标是将半导体激光器以既易于理解又有趣的方式，提供给高年级本科生和一年级研究生。本书的目标读者是那些潜在的对半导体激光器职业生涯感兴趣的人群，而涵盖的内容则根据问题的重要性及其对整个领域的基础性来确定。我希望读者通过本书，对这门学科的科学性还有工程性方面都能有很好的借鉴。

在我们开始描述光通信用半导体激光器主题的技术细节之前，比较好的做法是后退一步，首先来认识光通信中这些器件的重要历史和技术意义，以及光通信中对半导体激光器的需求。

最后，本章的结尾，我们将向读者介绍半导体激光器的形貌，并描述本书的组织结构。

1.2 光通信简介

1.2.1 光通信基础

光通信本身有着悠久的历史。基于激光器和光纤的现代光通信是令人难以置信、极具优势的通信解决方案，基础上和技术上的原因见表1.1。

表1.1 光通信的优势

光有巨大的带宽	作为具有上百太赫兹(THz)频率的电磁波,光可以携带比频率较低的常规电磁波更多的信息
光容易导向	柔性和极低损耗波导(玻璃纤维)的发明,使得这些光脉冲可以像电信号一样路由
光容易检测和生成	用于传输的最佳波长可以很容易地产生并可用半导体器件检测,而且这些光源和探测器可以实现低成本制造

最后一点是半导体激光器进行光通信的关键卖点。很久以前，保罗·里维尔就用灯笼来传递英国侵略者抵达和行进模式的信息。这些灯笼是由热形成的黑体光源，产生一定波长光谱的非相干光，并通过变化、有损耗的介质传播。但是即便如此，信息也可以传送至数公里之外。要想真正利用光的惊人的性能优势，并且把光传递到数百公里之外，就必须要有方便的单波长相干光源，同时还要有非常透明、无损耗的波导。第一个需求的解决方案就是半导体激光器。

光纤通信的基础，是利用光纤将激光器产生的光脉冲传送至数百或数千公里之外。同时每根光纤可以传递大量的信息。不同波长的光可以互不影响地传输，而且每种波长的光可以传输多达数 Gbps 的数据。

这些数据绝大多数是由半导体激光器产生的，它也是 20 世纪下半叶最实用的单项发明之一。1958 年，罗伯特·霍尔领导的一个团队首次获得了半导体中的相干发光。赫伯特·克勒默提出了第一个现代的双异质结激光器，最终他和若雷斯·阿尔费罗夫共同获得了 2000 年的诺贝尔物理学奖，奖励他们"开发出用于高速通信和光电子的半导体异质结构"（http://www.nobelprize.org)[1]。杰克·基尔也因为对"集成电路发明"的贡献而分享了 2000 年的诺贝尔物理学奖。

光纤技术实现了数十亿计比特的数据无缝而又不间断地从世界一端流动到另一端。

建设这种光通信网络的组成单元如图 1.1 所示。图 1.1(a) 给出的是成卷的光纤，展示出这种柔性方便的路由波导所具有的紧凑便携性能。图 1.1(b) 是单个半导体激光发射器，它具有电输入和光输出。与光纤连接的光进行电信号调制。在地下布上光纤后，任何地方都可以拥有巨大的带宽。

从图 1.2 中可以看到这种带宽使用的增加。截至 2006 年，数字数据量约每 1.5 年翻一番。现在世界范围的带宽使用大约是 20Tb/s。这里为了直观理解光纤传输能力，我们假设通过单根光纤发送的带宽约为 1Tb/s。光纤有巨大的带宽

---

[1] 一个有趣的故事：根据赫伯特·克勒默所述，他首先提出这个想法，并把它作为论文提交给应用物理快报，但是却遭到了拒绝。可见，有时候重要的想法也是很难被别人所认同的！

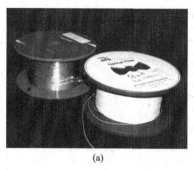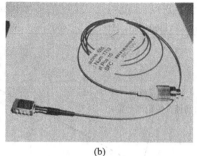

(a)　　　　　　　　　　　　(b)

图 1.1　（a）20km（12miles）不加护套的光纤和 100m 长加护套的光纤；
（b）半导体激光发射器，示出了光输出和电输入

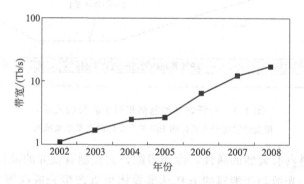

图 1.2　全球带宽使用的增长

（数据来自 http://www.telegeography.com/products/gb/，2011 年 10 月获取）

容量，而大部分光纤都没有得到充分利用。

1.2.2　重要的巧合

　　光通信是基于光脉冲通过光纤的传输。这归功于一个非常幸运的巧合，以及对一项偶然发明的重要应用。这个巧合示于图 1.3 中，而这个发明是由康宁公司的毛雷尔、舒尔茨和凯克获得的，1970 年他们首次在康宁公司演示了"低损耗"（20dB/km）的光纤。

　　图 1.3 显示出当前最先进的单模玻璃光纤的损耗，单位为 dB/km。目前，康宁 SMF-28 光纤在 1550nm 左右波长时，具有约 0.2dB/km 的最小损耗。如果目标是功率尽可能远地传输，1550nm 这个最低损耗波长就是最佳的波长选择。（至于原因，我们将在以后讨论，而 1310nm 附近的低色散窗口也是可取的。）

　　那么传输这些信息的光源又是怎么来的呢？半导体激光器用半导体材料制

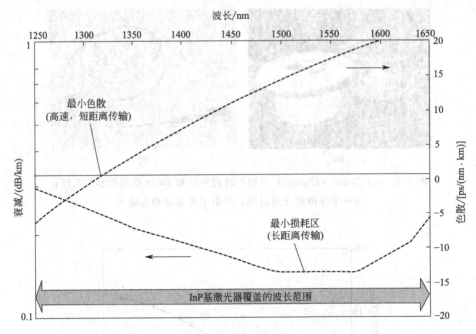

图 1.3　光纤衰减和色散相对于波长的关系
覆盖通常用于光通信的 InP 基半导体激光器带宽范围

成，半导体材料具有天然的属性，称为带隙，它控制着发光的波长。图 1.3 还示出了同时可用作光源和探测器的 InP 基半导体可以产生光或探测光的波长范围。碰巧，1300nm 和 1550nm 波长附近的光可以通过不同半导体的适当异质结构很方便地得到。

因此，在玻璃的低损耗区域（波长 1550nm 或 1.55μm 左右）产生光的光源，可以很容易地用半导体来制造。半导体激光器和发光二极管是非常奇妙的便利光源——它们体积小，制作简单，而且价格便宜，同时还可以利用世界各地已经成熟的制造半导体标准电子器件的所有专业知识和背景优势。这种方便制造的光源和对特定波长的需求幸运地匹配，从而实现了这一技术的爆发式增长，并且具有了无与伦比的重要性。如果没有这些方便的光源和可用的良好波导，可能成为通信首选的会是其他技术。

杰夫·赫克特的《光之城：光纤的故事》中，很好地概述了光纤技术及其快速增长。

1.2.3　光放大器

光通信技术中的第三个关键器件，是 1986 年（或 1987 年）发明的掺铒光纤放大器（EDFA，erbium-doped fiber amplifier）。即使光纤中的损耗已降低到100km传输不需要任何放大的程度，超过100km距离还是需要进行放大的。对于全球连接，需要一种方便的方式来光学放大这些信号。替代的技术是每100km接收光信号，将其转换回电信号，然后再重新光发送，这对于光通信的广泛采用会有严重的制约。

EDFA是一种能够直接在光纤中，对任何速度的光信号进行放大，而且并不需要将它们转换回电信号并再次生成光信号的器件。有了EDFA，长距离传输的限制就没有了（这将在后面讨论），根据发射器的不同，距离可以达到600km或者更长。

1.2.4　完整的技术

一系列互相关联的技术（包括我们没有提到的，如色散补偿光纤和光交换技术），促成了整个领域的起始和爆发。低损耗波导和光放大器，促成了这些信号在超长距离进行精确的布线传输，而半导体实现了方便的光源和光信号接收器，并利用了广泛的半导体制造基础设施的优势。如果伏尔泰还在，他也许真的会说，就光学而言，我们处于"所有可能世界中最好的那一个"。

1.3　半导体激光器图片

在我们介绍半导体激光器的构成和物理特性之前，展示一下它们的整体形貌会非常有用。本节概述的相关细节也将在以后的章节中涵盖。

半导体激光器开始于半导体晶圆（如InP衬底），以及沉积在其上的各种其他结构层。这种衬底上外延的晶圆（尽最大可能地按照设计得到）是一种完美的晶体。在可见光下看，抛光晶圆是很好的镜面。在低于带隙波长的远红外线照射下，晶圆和在普通可见光下看到的清洁窗玻璃一样透明。

晶圆的工艺是在上面沉积更多层，并最后机械划裂或"解理"成细条状的激光器巴条。每个激光器巴条上面都有几十个激光器。然后这些激光器巴条被划裂成单独的激光器，每个典型激光器的长度约0.5mm（大约和大点的米粒一样），并装架和封装。测试和封装这些器件通常比测试和封装电子器件更难，因为解理（划裂）晶圆要形成腔面反射镜的表面，必须保持完美的光学平整度。最终封装的器件将与光纤耦合，这也需要精确的机械夹取（相比而言，微处理器仅需要将电源接触到每个电极）！

激光器半导体的这些方面都将在后续的章节中详细介绍。然而在讨论一些背后的物理知识前，看到实物很有好处，因此我们在这里中断一下叙述过程，给大家展示一下半导体激光器。

图 1.4 示出了半导体激光器的制作阶段，从晶圆，到巴条，到芯片，到副支架。副支架将最终封装成图 1.1 所示那样。

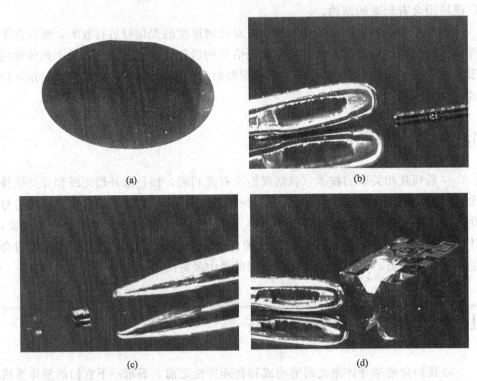

(a)   (b)

(c)   (d)

图 1.4　半导体激光器的制作阶段（图片来源 J. Pitarresi）

(a) 首先开始于外延晶圆，在其上生长不同层的材料，沉积金属，并进行各种工艺步骤。(b) 然后通过蚀刻，金属沉积和其他微加工步骤（这将在第 10 章进行说明），随后划裂为如图 (b) 所示巴条。(c) 巴条划裂成单个芯片，以及 (d) 单个激光器芯片焊接到副支架，随后与光纤耦合。图 (b) 和 (c) 中的对比是针尖；(d) 中是针眼。机械夹持这样的小器件是光发射机制造的一个重要步骤。每个激光器都独立封装；一个晶圆上能够获得数以万计的激光器

图 1.5 显示了一个典型的半导体激光器特写图。图中示出了波导（此处为脊形波导器件）、半导体有源区介质（量子阱）、顶部和底部接触金属（通过其进行电流注入）和光学模式（半导体中的光斑形状）。右边的二次电子显微镜照片示出了完整激光器的实际尺寸——脊形宽和高，通常为几个微米，而量子阱区域（"有源区"）厚度约 300nm。量子阱将在第 4 章重点讨论，是夹在其他材料中间的薄层材料，从而给予器件更好的特性。脊形长度为 $3\sim600\mu m$（约 0.5mm）。（这只是几种常见激光器结构之一，称为脊形波导。其他类型将在本书后面

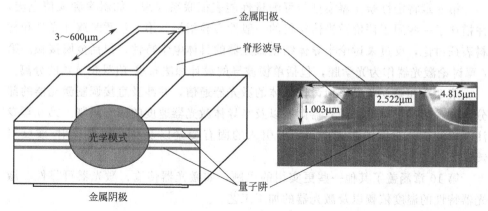

图 1.5   脊形波导半导体激光器示意图，以及脊形波导器件前腔面照片

介绍。）

图 1.5 中，电流通过顶部和底部注入，而光从正面和背面出射（沿着脊形方向）。

1.4   本书结构

总体而言，本书的主题将按照从最一般到最具体的顺序来涵盖，如表 1.2 所示。第 1 章介绍半导体激光器的研究动机以及光通信领域的一般概述。第 2 章将讨论各种材料制成的不同激光器的共同属性。第 3 章将讨论半导体作为激光器介质的基础知识，包括能带结构的细节、应变层生长以及直接和间接带隙半导体、异质结构、应变和生长的理想半导体，也包括带隙、态密度、准费米能级和光增益。第 4 章将介绍体材料和量子阱系统的态密度定量模型，并讨论粒子数反转的条件。

表 1.2   本书的结构

章	主 题
1	简介光通信和本书的结构
2	各种激光器、半导体或其他材料的结构和要求
3	理想半导体和量子阱,异质结构和应变层生长,直接和间接带隙
4	半导体激射介质的态密度,粒子数反转的条件,以及准费米能级
5	激光器模型和阈值电流及斜率效率的测量特性之间的联系
6	半导体激光器的电学特性。I-V 曲线,金属连接
7	半导体中的光学腔,增益和腔之间的关系,单模腔设计
8	半导体激光器的高速性能——速率方程模型
9	单波长激光器;分布反馈激光器
10	其他主题包括制造、通信、成品率和可靠性

第 5 章将定性激光器模型与可测量性能表征联系起来,如斜率和阈值电流,并描述了一些用于评价激光器材料的一般性实验指标。第 6 章暂时离开光学和材料表征讨论,反过来讨论半导体结型激光器的具体电学特性,包括金属接触。第 7 章讨论激光器作为光学腔,包括单模波导的设计和法布里-珀罗腔模式的分离。

第 8 章和第 9 章更多地讨论具体的激光器通信,并涉及直接调制激光器的部分内容。第 8 章讨论了激光器调制以及半导体激光器速度的固有限制。第 9 章专注于单波长分布反馈激光器,光栅引入的固有变量以及通常的高反射/减反射镀膜。

第 10 章涵盖了其他一些更实用的主题,如激光器传输、激光器可靠性、激光器特性的温度依赖以及激光器的加工工艺。

1.5 问题

Q1.1 什么是光通信?

Q1.2 为什么要在光通信中使用激光器和光纤?

Q1.3 半导体激光器在光通信中的特殊优势是什么?

Q1.4 识别出元素周期表的几种半导体。

Q1.5 EDFA 是什么?

Q1.6 半导体激光器有源区的典型尺寸是多少?

2

激光器的基础知识

But soft，what light through yonder window breaks…
—Shakespeare，Romeo and Juliet

本章介绍了各种激光器的重要的共同要素，并给出一些激射系统的例子，来指出在实际中如何实现这些要素。

2.1 概述

半导体激光器是促成光通信的光源选项。然而，半导体激光器的基本工作原理和所有激光器都一样。在这一章中，我们将讨论激射系统的要求和各种激光器的特性。非半导体的激光器的具体例子将用来展示这些特性，之后我们将专注于半导体激光器的特定组成和结构。

2.2 激光器简介

有了对光通信意义和底层技术的理解，我们就可以开始了解激光发射的基本过程了。在本节中，我们将介绍激射的基础：受激辐射。受激辐射的要点是，在一定条件下，一个光子可以制造相同波长和相位的更多光子。激光器就是基于这一原理，形成构成激光的相同波长和相位的光子"流"。

为了理解受激辐射，我们将首先描述经典物理问题之一的黑体辐射。

2.2.1 黑体辐射

黑体辐射是当"黑体"（一种没有任何特别颜色的物体）加热时，所发射的光谱。"红热"的铁和"黄热"的铁是红色和黄色的，因为它们加热的温度不同，其发光峰在约 600nm 和 550nm，从而看起来它们是红色或者黄色。太阳表面是经典黑体的另一个例子。测量结果表明，黑体发光的峰值光谱波长取决于它们的温度，在该波长上方和下方发射的较短和较长波长的光逐渐降低到零。峰值发光随着黑体温度的升高逐渐偏移到较短的波长。所有在相同温度下的黑体都有相同的发射光谱，并且不依赖于所用的材料。

20 世纪初时，该光谱背后的物理学对于当时的物理学家而言是一个巨大的谜。麦克斯·普朗克首先用一个简单的推导方程很好地描述了曲线的形状：

$$E(\nu)\,\mathrm{d}\nu = \frac{8\pi h\nu^3}{c^3}\frac{1}{\exp\left(\dfrac{h\nu}{kT}\right)-1}\mathrm{d}\nu \tag{2.1}$$

式中，$E(\nu)$ 是每个频率的能量密度数，以 $\mathrm{J/(m^3 \cdot Hz)}$ 为单位[1]。直到量子力学引入后，这个方程背后的理论才得以解释。

题外话：黑体光谱的强大和通用是令人惊讶的。从地球上是很难来衡量外太空辐射的，因为大气吸收了很长的波长。人们发射了宇宙背景探测器（COBE，cosmic background explorer）卫星来探测大气层上方的远红外线黑体谱。图 2.1

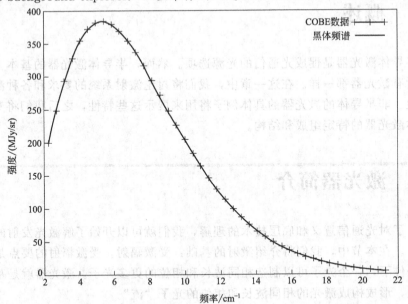

图 2.1　COBE 背景微波卫星最初的测量数据之一，展示了可以使用黑体光谱来测量温度
（图片来源 http：//en.wikipedia.org/wiki/File：Cmbr.svg，采集时间 2013 年 1 月）

❶　M. Planck，*On The Theory of the Law of Energy Distribution in the Continuous Spectrum*，Verhand006Cx. Dtsch. Phys. Ges.，2，237.

所示的是它记录的一个光谱。其形状完全吻合方程式(2.1) 所描述曲线的形状，而从这个数据可以获取宇宙的温度。得到的结果是，宇宙作为整体，具有温和的 2.75K 的温度。该结果目前已成为宇宙大爆炸理论的支持依据。很显然，这种可衡量的现象是通过基本物理来驱动的。最早的理论和宇宙背景辐射的发现，让彭齐亚斯和威尔逊在 1978 年获得了诺贝尔奖；而 COBE 卫星后续的测量结果，则让斯穆特和马瑟摘取了诺贝尔奖。

本质上，黑体公式可以理解为两种不同的方式：（ⅰ）宏观统计热力学观点，这归功于普朗克；（ⅱ）微观速率方程观点，这归功于爱因斯坦。两种观点都是正确的，同时都可以用于半导体激光器中。统计观点涉及态密度，我们在计算半导体激光器增益时会使用。而速率方程观点，我们在讨论建模激光器直流和动态性能时会再次采用。现在让我们先仔细介绍一下这两种观点。

2.2.2　黑体辐射的统计热力学观点

统计热力学观点，从本源上讲是普朗克的观点，它基于任何存在的"状态"，针对温度都具有特定的占据概率。随着温度升高，更有可能占据较高能量状态。在绝对零度下，只有最低能量状态被占据；而在更高温度下，较高的能量状态开始被占据。

这样，光谱就由两个因素决定：第一，概率分布函数，决定了基于温度的状态被占据的可能性；第二，态密度，是黑体中某个特定能量的状态数量。我们将在接下来的章节讨论这两个术语。

2.2.3　几种概率分布函数

让我们简要回顾一下光子和电子的概率分布函数。概率分布函数给出了根据状态能量和系统温度，已有状态被占据的概率。这些函数是热力学函数，适用于固定温度下的热平衡系统。表 2.1 示出了一系列统计分布函数及其所适用的系统（或粒子）。

这些函数中，E 指状态的能量；E_f 是系统的特征能量（费米能级），通常用于费米-狄拉克统计；而 kT 是玻尔兹曼常数乘以温度（以开尔文为单位）。在玻色-爱因斯坦和麦克斯韦-玻尔兹曼函数中，常数 A 取决于粒子的类型，对于光子是 1。

例子：如果半导体的费米能级在价带以上 1eV，室温时，价带以上 2eV 的电子状态被占据的概率是多少？

答案：通常采用费米-狄拉克函数求解，而事实上，由于 $E-E_f$ 足够高，所有的三个函数都给出同样的答案：$\exp\left(-\dfrac{1\mathrm{eV}}{0.026\mathrm{eV}}\right)=\exp(-40)\approx 10^{-18}$。

玻色-爱因斯坦分布函数适用于光子、声子以及自旋为整数（如质子）的粒子，其反映的事实是这些粒子在某个给定的态中可以有任意数目。

费米-狄拉克函数应用于遵从泡利不相容原理的粒子，至多一个粒子可以占据某个给定的能量状态。我们要注意，不相容原理是每个量子状态，而不是每个能级不能多于一个粒子。量子状态是一组描述粒子的量子数。很多情况下，具有相同能量的多个状态有不同的量子数群，比如原子 p 轨道的子能级。这些状态称为能量简并的状态。

分布函数仅是描述的一部分。在任何给定能量上，电子数取决于该能量的状态数目。因为其特殊的晶体排列，半导体的带隙中是不存在状态的。为了确定光子数目，我们推导出任何给定能量下，可以占据的态密度或光子状态的数目。

表 2.1　分布函数 $P(E)\mathrm{d}E$

分布函数名称	函数	适用于
玻色-爱因斯坦	$\dfrac{1}{A\exp\left(\dfrac{E}{kT}\right)-1}$	玻色子：光子和质子和自旋为 -1 的粒子
费米-狄拉克	$\dfrac{1}{\exp\left(\dfrac{E-E_f}{kT}\right)+1}$	电子等自旋为 1/2 的粒子
麦克斯韦-玻尔兹曼	$A\exp\left[-\left(\dfrac{E}{kT}\right)\right]$	高温下的所有粒子

2.2.4　态密度

为了应用分布函数，必须存在状态。这些状态是特定条件或者势能情况下，薛定谔方程的允许解。

黑体中态密度的计算，最好通过实例来说明。让我们首先考虑一个边长为 L 的立方黑体的光子态密度，并计算出每单位能量的态密度 $D(E)\mathrm{d}E$。立方黑体如图 2.2 所示。假定"体积"是宏观的，且比对应于该能量的光子波长大得多。

直观的图像表明，对于给定的体积，单位体积内的短波长、高能量光子应该远比长波长、低能量光子多得多。

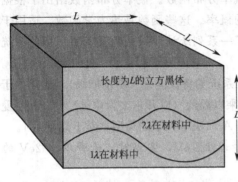

图 2.2　肉眼可见大小的立方体黑体

　　传统的方法是选择一个电磁边界条件，从而限制黑体内的光子，并且只允许那些波长是立方体长度 L 整分数的部分。例如波长 $\lambda_x = L$ 和 $\lambda_x = L/2$ 是允许的，而 $\lambda_x = 0.8L$ 是不允许的。对于其他两个方向的波长 λ_y 和 λ_z 也同样如此（图2.2）。

　　现在让我们来计算这些作为黑体中能量的函数的允许光子状态。

　　在倒易空间中分析该问题会更加简单，这时考虑传播常数 k 而不是波长。如果波长为 λ_x，则传播常数 $k_x = 2\pi/\lambda_x$。这种关系对于三个方向上的光子波长分量以及光子标量波长和 $\mathbf{k}$ 的振幅都是成立的。

　　我们将以如下两种方式，写出 λ 和 $\mathbf{k}$ 之间的关系：第一种采用 $\mathbf{k}$ 的 x, y 和 z 分量，而第二种采用 $\mathbf{k}$ 的振幅和 λ 的振幅。$\mathbf{k}$ 和 λ 的振幅与它们在三个正交方向上振幅的关系如下。

$$k_{x,y,z} = \frac{2\pi}{\lambda_{x,y,z}}$$

$$k = \sqrt{k_x^2 + k_y^2 + k_z^2}$$

$$\frac{1}{\lambda} = \sqrt{\frac{1}{\lambda_x^2} + \frac{1}{\lambda_y^2} + \frac{1}{\lambda_z^2}}$$

$$\lambda = \frac{2\pi}{k} \tag{2.2}$$

　　了解传播常数最简单的方法，就是把它们当作波长 λ 的倒数。波长和传播常数的乘积是一个完整的周期，2π。如果波长为一半，传播常数则加倍。按照上面给出的边界条件，可以得出允许波长和传播常数，而这给出了允许传播常数的间隔的图像。

　　允许波长是腔长的整分数，从而允许的传播常数是基础传播常数 $2\pi/\lambda$ 的整数倍，如式（2.3）所示。

$$\lambda_{允许的-x,y,z} = \frac{L}{m_{x,y,z}}$$

$$k_{允许的-x,y,z} = \frac{m_{x,y,z}}{L} 2\pi \tag{2.3}$$

　　这些允许的传播常数形成倒易空间平面中一组均匀间隔的格点，如下面的二维（x 和 y）所示。每个格点代表一个光子的有效传播常数，而点之间的 k 值不会在黑体中存在。

　　矢量 $\mathbf{k}$ 通过 k_x, k_y 和 k_z 分量给出传播方向，而在每个方向上，量子化条件［方程式（2.3）］都独立地实现。

　　图2.3示出了 x 和 y 方向上允许的 $\mathbf{k}$ 状态图。使用该图和光子的概率分布函数，我们计算出给定频率下光子的密度［黑体光谱，方程式（2.1）］。在给定能

量下，状态数作为光频率 ν[$N(\nu)\mathrm{d}\nu$] 的函数是什么呢？

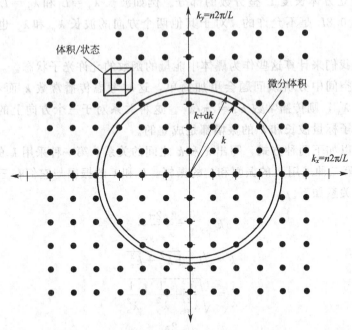

图 2.3　k 空间允许点的图，示出了计算黑体中光子模式的"态密度"
该图为 k 空间中的 xy 平面，但允许点在 z 方向间隔也是相等的

　　首先，我们认识到通过普朗克公式，由于 $E=h\nu$，光频率或波长 λ 可以等价描述能量。

$$E=h\nu=\frac{hc}{\lambda}=\frac{hck}{2\pi}=\hbar ck \tag{2.4}$$

　　尽管 k 是矢量，但在此表达式中的 k 是 $\boldsymbol{k}$ 的标量振幅。上图中，任何具有相同振幅的 $\boldsymbol{k}$（如圆圈所示）都具有相同的能量。计算态密度相当于计算半径为 k 的圆的点密度。

　　为清楚起见，上图实际上是三维系统的二维切面。我们将进行三维推导，因为存在 x，y 和 z 三个维度上的允许传播矢量。我们遵循的步骤是，计算固定半径为 k 的 $\mathrm{d}k$ 薄板的微分体积，然后除以每点的体积以获得该体积重的点数目。我们发现，三维微分体积是

$$V(k)\mathrm{d}l=4\pi k^2\mathrm{d}k \tag{2.5}$$

　　点密度作为 $\boldsymbol{k}$ 的函数，$D_p(k)$ 是用 $\boldsymbol{k}$ 空间的态密度除以体积，这里每 1 个态的体积为 $(2\pi/L)^3$，写为

$$D_p(k)=\frac{4\pi k^2\mathrm{d}k}{\left(\dfrac{2\pi}{L}\right)^3}=\frac{L^3 k^2}{2\pi^2}\mathrm{d}k \tag{2.6}$$

最后，由于能量和 k 之间关系表达如下：

$$E = hck \quad \mathrm{d}E = hc\,\mathrm{d}k$$

$$k = \frac{E}{hc} \quad \mathrm{d}k = \mathrm{d}E/\hbar c \tag{2.7}$$

代入上述表达式，我们得到

$$D_p(E)\mathrm{d}E = \frac{4\pi E^2\,\mathrm{d}E}{\hbar^3 c^3 \left(\frac{2\pi}{L}\right)^3} = \frac{L^3 E^2\,\mathrm{d}E}{2\pi^2 \hbar^3 c^3} \tag{2.8}$$

考虑到单位固定实空间体积 L^3 的态密度，我们给出接近最终结果的 k 空间点密度（D_p）等于

$$D_p(E)\mathrm{d}E = \frac{E^2\,\mathrm{d}E}{2\pi^2 \hbar^3 c^3} \qquad \mathrm{cm}^{-3} \tag{2.9}$$

最后必须给上面的表达式乘以 2，从而得到光子的态密度。因为每个状态，除了方向，还具有偏振。偏振可以用两个正交偏振状态来唯一指定，从而结果是态密度加倍，而总态密度 $D(E)$ 的最终表达式是

$$D(E)\mathrm{d}E = \frac{E^2\,\mathrm{d}E}{\pi^2 \hbar^3 c^3} \qquad \mathrm{cm}^{-3} \tag{2.10}$$

我们如此详细地推导出这个方程，是因为这将对应原子固体中态密度的讨论，而且采用完全相同的原则，可以得出具有特定量子限制结构中电子和空穴的"态密度"，如量子阱（二维板）、量子线（一维线）或量子点（尺度与原子波长可比拟的点材料）。

现在，我们来讨论一下这个结论。首先，固体的维度起着关键作用。由于"差分体积"的表达式中包含 k^2 项，这导致 $D(E)$ 对 E 具有四次方的依赖关系。当我们开始讨论原子固体时，特别是量子阱（QW，quantum well）、量子线（quantum wire）和量子点（QD，quantum dot），这个维度将是不同的，从而态密度对能量将具有不同的依赖关系。

其次，让我们再次强调一下"态密度"的含义。它意味着具有相同能量的状态数目，而不是具有相同量子数的。例如在黑体中，红色光子向所有方向辐射，从而具有不同的量子数 $k_{x,y,z}$，但是有相同的波长（能量）。态密度测量的是红色能量或波长光子的数目。

第三，返回去看一下，关键的假设是完全限制光子的电磁边界条件，这是唯一合理的，但是却并不严谨。

2.2.5 黑体光谱

讨论过态密度并计算了黑体中的态密度，我们现在来讨论黑体光谱。统计热

力学看待它的方式很简单：用分布函数（给定的已有状态被占据的概率）乘以态密度，从而来确定占据或者发射光谱。在这种情况下，该能量的光子数 $N(E)$ 写为能量的函数如下：

$$N(E)\mathrm{d}E = \frac{1}{\exp\left(\dfrac{E}{kT}\right)-1}\frac{E^2\mathrm{d}E}{\pi^2\hbar^3 c^3}\quad \mathrm{cm}^{-3}\qquad (2.11)$$

而如果作为能量 $\rho(E)$（能量/立方厘米）的函数，只需要简单乘以一个 E 就可以得到

$$\rho(E)\mathrm{d}E = \frac{1}{\exp\left(\dfrac{E}{kT}\right)-1}\frac{E^3\mathrm{d}E}{\pi^2\hbar^3 c^3}\quad \mathrm{cm}^{-3}\qquad (2.12)$$

留一个练习：请读者将 $E=h\nu$ 替代回去，从而得到普朗克黑体光谱方程式 (2.1)。

所有这些讨论，我们猜测大家都应该比较熟悉。现在，我们想用一个稍微不同的方式来处理这个问题，并看看我们可以基于此对于激射有什么新的领悟。

2.3　黑体辐射：爱因斯坦的观点

前面关于黑体的讨论中给读者介绍了分布函数和态密度，这些概念都将在半导体激光器的语境中再次出现。但是，这里再让我们探讨一下源自爱因斯坦的微观速率方程观点，认识光子保持分布的过程。

让我们考虑在某个时刻，金属中电子和原子"海洋"构成的黑体。对于任何给定的时刻，金属都吸收一些数目的光子，使得电子跃迁到更高的能级，同时由于电子弛豫到较低的能级，从而发射出一些其他的光子。对于温度固定的黑体（即温度控制的热力学系统），这些向上和向下跃迁的速率在平衡状态黑体中是相同的。光子吸收的速率必须等于光子发射的速率。

爱因斯坦假设黑体中有三个独立的过程在进行。

(1) 吸收，其中材料吸收光子，而材料（或材料中的电子）处于激发状态。

(2) 自发辐射，其中材料或电子弛豫到低能量状态且发射光子，并且不受其他光子的影响。

(3) 受激辐射，其中当受到其他光子激发时，材料或电子弛豫到另一能态且发射光子。

这三个过程如图 2.4 所示。

正是最后这个过程会形成激射，我们将会详细讨论它，因为可能有些读者不是很熟悉。当考虑这种机制时，我们会在这个与黑体辐射的统计热力学模型等效

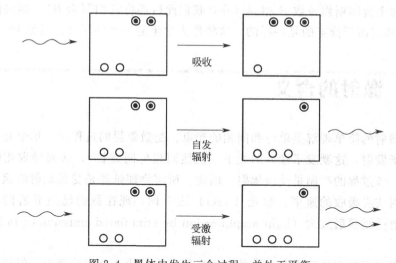

图 2.4　黑体中发生三个过程，并处于平衡

顶部，吸收；中间，自发辐射；底部，受激辐射。带黑点圆圈代表处于能量 E_2 的激发态，

而空心圆圈表示处于较低能量 E_1 的非激发（基）态

的模型中，证明它事实上是和万有引力一样有效的物理过程。

现在，让我们着手建立这两种模型之间的对应关系。首先在平衡时，激发和弛豫过程的速率必须相等。让我们继续前行，并假设下述相对速率的线性模型。

平衡时，图 2.5 描绘的过程可以示意性地写成下式

$$AN_2 + B_{21}N_2N_p(E) = B_{12}N_1N_p(E) \tag{2.13}$$

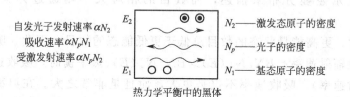

自发光子发射速率 αN_2　　　　　　　　　　N_2——激发态原子的密度

吸收速率 $\alpha N_p N_1$　　　　　　　　　　　　N_p——光子的密度

受激发射速率 $\alpha N_p N_2$　　　　　　　　　　N_1——基态原子的密度

热力学平衡中的黑体

图 2.5　黑体中发生的过程

描绘成光子，激发/未激发电子态的集合

式中，N_2 和 N_1 为状态的占据比例，N_2 对应能量 E_2 而 N_1 对应能量 E_1；$N_p(E)$ 为光子密度作为能量 $E = E_2 - E_1$ 的函数；A 为吸收速率线性比例系数；B_{12}，B_{21} 分别为受激辐射速率和吸收速率的线性系数。这里还存在着额外的物理现象，即状态 N_1 和状态 N_2 的数量处于热力学平衡，表述如下

$$\frac{N_2}{N_1} = \exp\left(-\frac{E_2 - E_1}{kT}\right) \tag{2.14}$$

这里 E_2 和 E_1 是状态的能量。有了这些事实，可以证明，如果受激辐射和

吸收的两个爱因斯坦系数 B 相等（并且我们此后都将它们写为 B），则黑体光谱 $N_p(E)$ 和前面所推导的是一样的。这将作为学生的一个练习（见习题 P2.2）！

2.4　激射的含义

对激射的简单理解是单色和同相的光束。受激辐射的过程中，单个光子激发其他光子发射，这激发了额外的光子（仍然同相位同波长），从而导致相同光子的雪崩。该过程的机制是受激辐射，因此，所需物理条件是受激辐射的速率大于自发辐射或者吸收的速率。激光（laser）这个词，现在我们已当成名词，最初是光辐射受激辐射放大（light amplification by stimulated emission of radiation）的缩写。

读者可以发现速率方程是突然冒出来的，没有什么合理的理由，但却给出了新的非平凡过程（受激辐射）。这就是现实，但事实也证明，随着时间推移，它已成为通用的精确模型，并因此保留下来。这里我们认为上面的方程是有效的，并将验证它对激射的意义。

现在让我们对上述方程进一步分析，并查看它对于激射系统的意义。

首先，它描述了动态平衡。在材料中，电子不断地吸收和发射光子，但激发态和基态的电子和光子数目保持恒定。方程两边每一项的单位都是速率（cm^3/s）。当这些转换率相等时，方程描述了一种稳态情形；热平衡时，数目可以用玻尔兹曼分布来描述，而数目的相对大小则通过方程式（2.14）给出。

平衡时，更高能量状态的数目总低于更低能态的数目，因此，吸收速率总是大于受激辐射速率；$BN_2N_p(E)>BN_1N_p(E)$（热平衡时，吸收速率总是大于受激辐射速率）。吸收速率不仅是更大，而且是非常之大。在典型的半导体激光器中，$E_2-E_1 \approx 1eV$，得出室温时，基态和激发态的相对数目为 $\exp(-40)$。因为平衡时 $N_2 \ll N_1$，受激辐射比吸收少得多，所以平衡时激射是不可能的。

这意味着，实际的激射系统必须以某种非平衡的方式来驱动，通常是光或者电。不可能以热来驱动某种东西，从而使得受激辐射占据主导。实际的激射系统通常由（至少）三个能级构成：其间系统弛豫并发射光子的上能级和下能级，以及可以激发系统的第三个泵浦能级。这将在 2.6 节中予以说明。

此外，为了产生激射，自发辐射速率也必须远小于受激辐射速率。虽然两个过程都产生光子，但自发辐射的光子是在随机时间发射，因此相比受激辐射产生的相干光子具有随机的相位。这些光子因而并不真正贡献相干激射光子。对于激射系统，$BN_2N_p(E) > AN_2$。

这有可能但是也有可能不取决于 A 和 B 以及不同 N_s 的相对值。我们注意到，更高的光子密度 N_p 肯定会更有利于平衡。更高光子密度比更低光子密度时，受激辐射更多，因此，为了让受激辐射占主导，更高光子密度是很有好处的。在激光器中，总是通过某种光学腔机制比如基于反射镜或其他波长选择反射器，从而实现内部的高光子密度。

第一个方程（受激辐射大于吸收）意味着激射系统是非平衡的（$N_2 > N_1$），并称为粒子数反转。第二个方程（受激辐射大于自发辐射）则意味着高光子密度。这两个条件一起，构成了作为激射系统物理基础的数学模型。

$$BN_2N_p(E) > AN_2 \xrightarrow{\text{意味着}} \text{高光子密度 } N_p$$

$$BN_2N_p(E) > BN_1N_p(E) \xrightarrow{\text{意味着}} \text{具有 } N_2 > N_1 \text{ 的非平衡系统}$$

第一个条件意味着，我们不可能构建只要加热就激射的激光器。任何热驱动的过程，根据定义都是热平衡过程，而在这样的过程中，吸收而不是发射将始终占据主导。在真正的激光系统中，这种非平衡的要求通过为系统提供能量来实现，例如在半导体激光器中，空穴和电子通过电注入，而不是加热来产生。这些要求如图 2.6 所示。激射系统中，形成粒子数反转的介质称为增益介质。

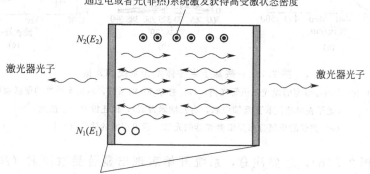

图 2.6　激射系统的要求以及实际实现的方式

非平衡泵浦通过电或光注入完成，从而激发大多数状态。高光子密度通过反射镜或其他类型的光学反射器来实现，从而保持光学腔体内部的高光子密度。激光器通常看起来类似这个概念图

在接下来的两节中，我们将要讨论自发辐射、受激辐射和激射之间的本质差

异，并给出实际中的一些激射系统例子，来看看如何实现这两个要求（非平衡激励和高光子密度）。

2.5　自发辐射、受激辐射和激射之间的差异

图 2.7 示出了一些激射、自发和受激辐射占主导系统的光谱，以期大家了解激射作为相干光子束和激射意味着什么。激射并没有清晰的数学定义。激射的含义是受激辐射占主导的单色光子束。图 2.7 示出了一个标准半导体激光器（分布反馈激光器）的光谱，该光谱是受激辐射占主导，显示出近单色光的波峰；一个发光二极管的光谱，其发射显示出源自半导体带隙的自发辐射宽峰特性；最后，掺杂 Eu 的系统，该系统已经实现了粒子数反转，但没有非常高的光子密度，因此表现出光谱变窄但还没有窄到如图 2.7(c) 中所示。我们将在本书后面再次参考该图，并讨论一些光谱的细节。现在，我们只希望读者注意激光器的一个特性是极窄的光谱，而对于受激辐射、自发辐射和激射的每个不同机制，光谱都有不同的定性特征。

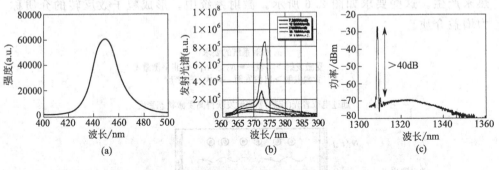

图 2.7　一些基于半导体发光系统的光谱

(a) 40~50nm 带宽的发光二极管光谱；(b) 掺杂 Eu 的系统，示出实质性的受激辐射
（光子在峰值波长正反馈级联，有几纳米带宽），但还没有产生激光；
(c) 完整的单模分布反馈激光器的光谱，示出很窄的线宽（<1nm）

对于图 2.7(b)，还要注意，系统开始表现出显著受激辐射（$BN_2N_p > AN_2$）的功率密度是很清晰的。激光系统中另外还有一个动力学元素。因为粒子数必须反转（$N_2 > N_1$），激发态在其弛豫前存在时间的长度极其重要，并且可能影响如激射系统阈值等属性。这也将在后面进行详细讨论。

我们还注意到，吸收也可以被认为是一个"受激"过程，只是正好和受激辐射相反而已。

2.6 一些激射系统例子

所有激光器都包含增益介质、非平衡泵浦方式以及通过反射镜或者其他机制的限制来获得高光子密度的腔体。我们现在展示几个具体的例子，从而说明如何实现这三个属性。因为本书的大部分内容是讨论半导体激光器，这些示例将选取其他的激光器系统。

除了增益介质，这里也将展示各种用于限制光子的光学腔的形成方法。

第一个，掺铒光纤激光器采用具有原子能级的铒（Er）原子作为增益介质，光泵浦作为手段来诱导非平衡，而集成到光线中的布拉格光栅腔体作为腔镜来实现高光子密度。

第二个，我们将讨论常用的红光氦-氖气体激光器，它采用氖原子能级作为增益介质，高压交流电源作为电激发（泵浦）分子的方法，而高反射率反射镜则用来定义腔体。

2.6.1 掺铒光纤激光器

图 2.8 示意性地给出了掺铒（Er）光纤激光器的能级和物理结构。这种结构类似于掺铒的光纤放大器，但具有专门设计的腔体。光纤制造时，掺入具有光学活性的 Er 原子，左上方示出了 Er 原子能级的简化版本。原子被 $1\mu m$ 波长的泵浦光激发到激发态（$4I_{15/2}$ 态），然后迅速（ns 级）弛豫到约 $1\mu m$ 能隙的态（$4I_{13/2}$ 态）。该状态具有约毫秒级的寿命，从而系统可以实现粒子数反转，其中处于 $4I_{11/2}$ 态的原子密度比处于 $4I_{13/2}$ 态的高得多。这里，三个状态（$4I_{15/2}$、$4I_{13/2}$ 和 $4I_{11/2}$）分别是泵浦能级、高能级和低能级。

此系统中，动力学实际上是至关重要的。如果 $4I_{15/2}$ 和 $4I_{13/2}$ 之间的弛豫更慢，或者 $4I_{13/2}$ 和 $4I_{11/2}$ 之间的弛豫更快，则系统实现"粒子数反转"会相当困难，因为激射所要求的数目是要满足 $4I_{13/2} > 4I_{11/2}$。

激射的另一个要求是高光子密度。这是通过集成在光纤中的布拉格光栅来实现的，光栅限制了大部分 $1.55\mu m$ 光子在光纤激光器腔体中。为了让泵浦光自由进入，这些光栅必须在 $1\mu m$ 处具有低反射率。这个系统实现了器件应用，当高强度的 $1\mu m$ 波长光耦合到光纤中时，该器件产生 $1.55\mu m$ 的单色光束输出。

2.6.2 氦-氖气体激光器

光学实验室中使用的传统红色激光器，通常是氦-氖气体激光器。这种激光器的示意图及其工作原理如图 2.9 所示。增益介质是密封在管中的氦-氖分子。外加高的直流电压来产生电子，从而激发氦原子。然后，氦原子将能量传输到氖原子。氖原子随后通过受激辐射到较低能级，从而弛豫，期间发射 $\lambda = 632\text{nm}$ 的红光光子。即使发射了光子，氖原子之后还要通过几个更多能级来非辐射下降到基态，从而能够再次利用。最后，光子被保持在管两端反射镜构成的腔体中。反射率通常是约 99% 或者更高，所以，激光器内部的光子密度比腔体外的光子密度要高得多。

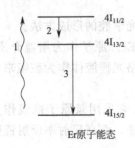

掺Er光纤激光器中的激射
1. 首先，Er原子吸收1μm(1.24eV)光子，进入更高能态；
2. 接着原子快速弛豫到较低能态；
3. 最后，原子弛豫(或者自发或者受激发射)发出1.55μm波长(0.8eV)光子

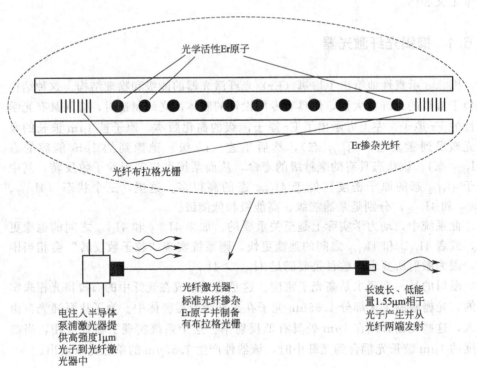

图 2.8　掺 Er 光纤激光器

在 $4I_{13/2}$ 和 $4I_{11/2}$ 能级之间通过光泵浦的非平衡过程，实现了粒子数反转。高光子密度通过布拉格反射镜来实现，在光纤激光器的长度内保持了大部分的 $1.55\mu\text{m}$ 光子

氖原子具有几个原子能级。通过调整腔长可以限制不同波长的光子（特定用于红、绿或红外波长的反射镜），同样的系统可实现绿、红外以及红光的激射。所有这些波长的商业氦-氖激光器都在市场上有售。

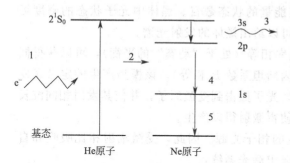

1. 电子与He原子碰撞，激发其到2^1S_0态；
2. He原子将其能量转移给Ne原子；
3. 受激的Ne原子通过受激发射弛豫，发出光子；
4, 5. Ne原子通过非辐射机制弛豫回基态

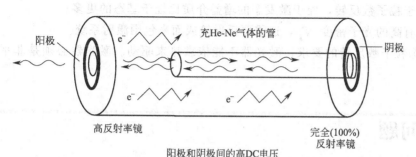

图 2.9　氦-氖气体激光器

图中示出增益介质（氖原子）、高光子密度（通过高反射率反射镜产生）以及电激励的非平衡泵浦。
底部显示出氦-氖激光器的物理图像；管子是激光器有源区，而其周围的区域是气体储备腔

图 2.9 中，上面部分示出氦-氖激光器工作原理的原子能级图。分子首先被激发，而其从激发态弛豫的时间足够长，从而系统可以进入粒子数反转。一旦实现了粒子数反转，由于受激辐射占主导，再通过高反射腔面保持高的光子密度，从而产生激射。激光器腔体示于下部。

半导体激光器将在下面章节中广泛介绍。一般情况下，它们都采用电注入作为泵浦方法，其中导带和价带作为增益介质。半导体激光器有许多可用的反射镜方法；最简单的是直接解理，形成具有折射率 $n = 3.5$ 半导体与空气界面（$n = 1$）的反射镜。

2.7　小结

A. 分布函数描述已有能量状态被占据的概率。它们描述热力学平衡的系

统。不同的函数适合于不同的情况。费米-狄拉克分布函数适用于遵循不相容原理的粒子（电子或空穴）；玻色-爱因斯坦分布函数适用于光子或质子或其他喜欢聚集的粒子；而玻尔兹曼分布函数是两者的经典近似。

B. 态密度函数是系统中在给定能量的状态数目。黑体中光子状态的密度可以计算，而结合适当的分布函数则可以给出黑体的发射光谱。

C. 通过让粒子弛豫和激励的速率相等（处于"动态"的平衡），可以获得同样的黑体发射光谱图（假定二者爱因斯坦系数 B 相等）。该模型产生的定义光发射（新）机制称为受激辐射，其中，光子撞击到受激原子，并使其发射相同波长和相位的另一光子。正是这种机制使得激射得以产生。

D. 激光器是通过受激辐射产生的相干光源。因此，受激辐射相比吸收和自发辐射必须都占据主导。这些标准要求激光系统：

ⅰ. 处于粒子数反转，处于激发态的增益介质比处于基态的更多；

ⅱ. 具有高的光子密度 N_p，这需要反射镜或面来包围激射系统。

E. 因为粒子数反转的要求，激光器不能依靠热来驱动。激光器必须是非平衡系统。

2.8　问题

Q2.1　定义辐射中的受激辐射。

Q2.2　解释如何可以通过黑体光谱测量温度。

Q2.3　用自己的话解释黑体辐射的统计热力学表述。

Q2.4　用自己的话解释黑体辐射的微观表述。

Q2.5　定义术语"分布函数"。

Q2.6　定义术语"粒子数反转"。

Q2.7　什么分布函数适用于光子？电子呢？

Q2.8　什么时候适合使用高斯分布函数？

Q2.9　定义术语"状态密度"。

Q2.10　如果一个特定光子态的 k 值非常大，该光子的波长是长还是短？该光子的能量是高还是低？

Q2.11　列出任何激射系统的三个要求。

Q2.12　用自己的话解释本章中讨论的两类激光器是如何满足这些要求的。

Q2.13　He-Ne 激光器系统中的三个能级分别是什么？

2.9 习题

P2.1 证明方程式(2.11)可以简化为普朗克的黑体光谱表达式，即方程式(2.1)。

P2.2 证明对处于热平衡的系统，受激辐射系数 B_{21} 等于受激吸收系数 B_{12}。（提示：利用 $\dfrac{N_2}{N_1}=\exp\left(-\dfrac{\Delta E}{kT}\right)$ 的事实，以及爱因斯坦和普朗克黑体光谱必须一致的事实）。

P2.3 光子波长为 500nm。

(1) 它是什么颜色的？

(2) 它的能量是多少？

① 以 J 为单位；

② 以 eV 为单位。

(3) 它的空间传播矢量 k 的大小是多少？

(4) 求它以赫兹为单位的频率。

P2.4 （此习题由 Kasap[1] 授权使用）。假设一个 $1\mu m$ 的立方腔体，具有中等折射率 $n=1$：

(1) 证明可以存在的两个最低频率是 260THz 和 367THz。

(2) 考虑没有光子的单个受激原子。假设 P_{sp1} 是该原子自发辐射光子到 $(2,1,1)$ 态的概率，而 P_{sp2} 是原子自发辐射出 367THz 频率光子的概率密度。求 P_{sp2}/P_{sp1}。

P2.5 这个问题探讨动力学对 Er 原子能级分布的影响。图 2.8 中，绘出了 Er 原子的能级。

(1) 如果 Er 原子每秒吸收 10^{18} 个光子，而激发态的寿命为 1ns，那么原子的 $4I_{11/2}$ 稳态分布数量是多少？

(2) 如果 $4I_{13/2}$ 状态寿命为 1ms，$4I_{13/2}$ 稳态分布数量是多少？

(3) 每秒钟会发射多少个 $1.55\mu m$ 光子？

[1] S. O. Kasap, Optoelectronics and Photonics：Principles and Practices. Upper Saddle River：Prentice Hall (2001)

3

半导体激光材料 1：基础

You can observe a lot by just watching
—Yogi Berra

　　本章给出的概述是以后章节中半导体和光学特性数学建模的基础。这里，我们从应用于半导体激光器的角度，讨论了半导体量子阱的相关属性。首先，我们将介绍一般概念，即半导体激光器是由半导体混合物（用于选择合适的晶格常数和带隙）组成。不同半导体混合物的物理极限都会在此介绍。其次将讨论使用和制造半导体激光器中的实际影响因素，如直接和间接带隙、应变和临界厚度等。

3.1　概述

　　正如第 2 章所介绍，激光器可以使用许多不同的材料系统来制造，而且不同的激光器有不同的应用。例如，氦-氖激光器作为相干光源用于光学实验。高功率 Ti：蓝宝石激光器可以用于产生很短波长、高功率强度的光脉冲，而 CO_2 气体激光器可以产生极高功率脉冲，多用于加工材料。本书重点讲解用于光通信的半导体激光器。

　　本章中，我们将讨论半导体作为激光介质的基础知识，以及设计和制造这些复杂激光器异质结构的实际细节。首先，我们要解决设计不同化合物异质结构的细节，并且讨论生长这些异质结构薄膜的考虑因素。然后，我们将讨论真实半导体的能带结构。

3.2　能带和辐射复合

　　半导体是半导体激光器的增益介质。半导体的电子结构如图 3.1 所示。一般情况下，半导体具有有效空穴（正电荷）存在并传导电流的价带，以及电子（负电荷）存在并传导电流的导带（或电子带）。

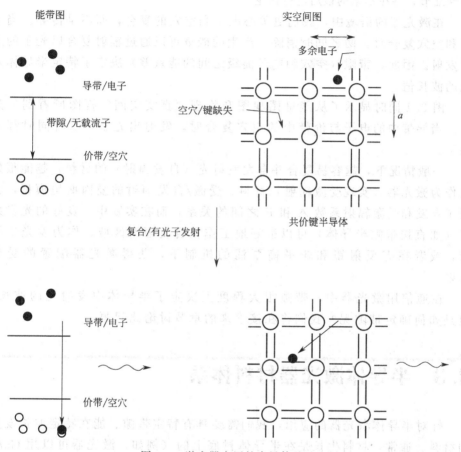

图 3.1   激光器应用的半导体基础

它们通过越过带隙的电子和空穴复合而发射光。右上图中的距离 a 表示半导体的晶格常数

    通常，半导体要通过掺杂来影响它们的电学性能。掺杂意味着半导体（如硅）中，有一定量的其他原子结合到其中（如硼）。这里，每个硼原子在其外壳中只有三个电子，所以掺杂半导体平均略小于每个原子四个电子。价带中这些缺失的电子作为导体。掺杂的半导体中，一种或另一种带电载流子占据主导。例如，上述带电载流子就是带有正电的空穴。

    因为晶体排列的周期性，晶体中与原子相关联的能级成为能带。这导致了禁止电子能量存在的带隙。半导体混合物中，平均每个原子四个电子可以足够精确地填满最低能级，并让更高能级全空。这种情形下，形成了中等带隙的有用半导体性能，而导电性很容易通过掺杂来控制。

　　真实的半导体能带要远比单一带隙所示的复杂得多。例如，只有具有直接带隙的某些半导体，如 GaAs 和 InP，支持电子-空穴复合发光。能带的这些和其他定性细节，将在本章的最后进行讨论。

　　在激光器的语境中，我们更关心电子和空穴的复合，而不是传导。当电子和空穴复合时，两者同时消除，产生的能量可以通过辐射复合以光子的形式发射。因此，带隙（空穴和电子能级之间的能量差）决定了特定半导体发光的波长值。

　　图 3.1 同时显示了从能量图视图和物理"真实空间"视图所看到的过程。当导带中的电子与价带中的空穴复合时，发射出光子，二者同时都消除了。

　　一般情况下，越容易复合并自发发射光（自发辐射）的材料，越能很好地作为激光器（实现受激辐射）材料。受激/自发辐射的爱因斯坦模型，预测了自发和受激辐射系数 A 和 B 之间的关系，而在实践中，良好的光发射器（如直接带隙半导体）可以很好地工作在自发辐射区域，作为发光二极管，或者在有反射镜和非平衡泵浦的机制下，获得激光器配置的受激辐射。

　　在通信用激光器中，带隙很大程度上决定了半导体中发射光的波长。但是如何确定带隙呢？我们将在接下来的章节讨论此问题。

3.3　半导体激光器材料体系

　　针对半导体激光器的应用，我们需要具有特定带隙、能在特定波长发光的材料。通常，材料生长是在半导体衬底上的（例如，激光器可以用 GaAs 衬底上的 InGaAs 量子阱制作）。材料的晶格常数（这是单胞的特征尺寸，"a"，如图 3.1 的二维视图和图 3.3 的三维视图所示），必须非常匹配衬底的晶格常数，才能获得成功生长。为了获得可工作的激光器，生长的材料必须与所用衬底接近晶格匹配，并且有合适的带隙从而获得特定波长的发光。

　　（顺便说一句，激光器材料有时会故意地非完美晶格匹配——即设计让它与衬底略有不同。我们到后面的章节再来讨论这个话题）。

　　各种半导体激光材料体系的详细说明放到下面章节进行，作为具体的例子，我们谈谈 InGaAsP 激光器体系，这通常生长在 InP 上，并用于 $1.3 \sim 1.6\,\mu m$ 的重要通信频谱。该体系为四元系（基本的Ⅲ-Ⅴ族化合物由两种元素构成，如 GaAs 或 InP），带隙和晶格常数列于表 3.1 中。

表 3.1 InGaAsP 体系中二元化合物的带隙和晶格常数

二元化合物	带隙/eV	晶格常数/Å	二元化合物	带隙/eV	晶格常数/Å
InP	1.34	5.8686	GaAs	1.43	5.6531
InAs	0.36	6.0583	GaP	2.26	5.4512

通信激光器制备中需要的层为量子阱层，通常生长在 InP 衬底上。无论发光在什么波长，很重要的是该层的晶格常数值接近 5.8686Å[❶]（这是衬底的晶格常数）。这个材料系统的使用，源于能够生长近乎完美的四元异质结构，其中 In 和 Ga 可以随意互换，而 As 和 P 可以随意互换。四元化合物 $In_xGa_{1-x}As_yP_{1-y}$ 有一系列很宽的带隙和晶格常数范围。

图 3.2 示出了上面的二元（以及其他许多）化合物的带隙和晶格常数，以带隙（或发射波长）作为 x 轴，而晶格常数作为 y 轴绘制于曲线图上。为了生长与 InP 晶格匹配的 $1.55\mu m$ 激光器（这是一种很常见的情况），组分应该位于直线 $y=1.55\mu m$ 和 $x=5.8686$Å 的交点。两个条件的交点位于四个二元化合物所

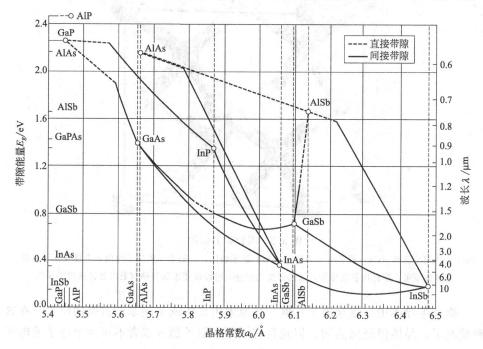

图 3.2 半导体图表显示出组分与属性的关系（晶格常数和带隙，以 eV 和 μm 为单位）
（来自 E. F. Schuber, Light-Emitting Diodes, Cambridge University Press，2006，授权使用）
二元半导体之间的线，代表了由二元材料构成的三元异质结构的特性。
四元化合物可能位于四个边界所围成区域的任意点

❶ 1Å＝0.1nm＝10^{-10}m。

包围的参数范围内，表明有某种 InGaAsP 化合物（表示为 $In_xGa_{1-x}As_yP_{1-y}$），能够同时匹配晶格常数和满足期望的带隙。

　　III-V 族化合物半导体对于通信光电子器件，正如 Si 对于普通 CMOS 电子器件一样。InP 基激光器通信应用的开发，源于其带隙与 $1.55\mu m$ 和 $1.3\mu m$ 重叠的事实，这分别是光纤的低损耗和低色散窗口。而针对不同的场合，GaAs 基激光器作为关键放大器组件，用来产生约 $1\mu m$ 波长的激光器。

　　为了给出半导体晶格的物理图像，图 3.3 示出了 GaAs 和 InP 基异质结构的闪锌矿晶格（事实上，硅也有相同的结构，只是仅有 Si 原子而已）。单胞的长度是晶格常数 a。暗点是 III 族原子，而亮点是 V 族原子。在此晶格中，III 族原子可以占据任意 III 族的格点。每个 III 族原子（价态为 3）由四个价态为 5 的 V 族原子包围，所以未掺杂结构作为整体具有平均价态 4。

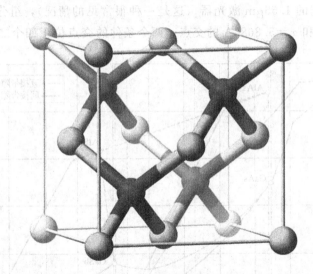

图 3.3　闪锌矿晶格图

图中示出每个 III 族（Ga）原子由 4 个 V 族（As）原子包围，且每个 V 族原子也由 4 个 III 族原子包围。
III 族原子可占据任何 III 族位置，而通过变化组分，可以改变带隙晶格常数以及其他相关属性

　　掺杂半导体中，掺杂原子占据一些原来由 III 族或 V 族原子占据的位置。在这种情况下，晶体仍是完美的，但是具有了每个原子超过或者不足 4 个电子的电子标称数量。

3.4　确定带隙

　　如果我们受限于自然，只使用具有固定带隙的二元化合物，我们就不会有半

导体激光器为基础的光通信，因为根本没有足够用的波长！但是，我们可以混合并匹配原子，从而实现具有更宽带隙和波长范围的材料。

具有给定带隙 E_g 的材料，其发射波长 λ 由下式给出

$$\lambda = \frac{hc}{E_g} \qquad (3.1)$$

这是普朗克的光子能量和波长 λ 之间的关系。简单的记忆方法是常数 $hc = 1.24\text{eV} \cdot \mu\text{m}$。所以，上面方程可以写为：

$$\lambda(\mu\text{m}) = \frac{1.24\text{eV} \cdot \mu\text{m}}{E_g(\text{eV})} \qquad (3.2)$$

这意味着，如果带隙单位是 eV（这是带隙的常用单位），用 1.24 除以该数值将给出单位为 μm 的波长数值。

例子：半导体需要什么样的带隙，才能够发出非常长的 $10\mu\text{m}$ 波长光子？相比室温下的热能 kT 是什么关系？

解答：如果假设半导体在 $10\mu\text{m}$ 发光，带隙（单位 eV）可以确定为 $1.24\text{eV} \cdot \mu\text{m}/10\mu\text{m} = 0.12\text{eV}$。室温下热能 kT 是 0.026eV，约为此带隙的 1/4。该器件或许只能工作在非常低的温度下。

3.4.1 Vegard 定律：三元化合物

现在让我们演示如何设计具有特定带隙的异质结构。这很容易通过下面给出的三元化合物实例来说明。

例子：$\text{In}_x\text{Ga}_{1-x}\text{As}$ 中，In 摩尔分数 x 为多少时，会产生发光波长为 $1\mu\text{m}$ 的材料？

解答：化合物 $\text{In}_x\text{Ga}_{1-x}\text{As}$ 由 GaAs 和 InAs 组成。我们假定，带隙特性是 GaAs 和 InAs 带隙的线性插值。对应于 $1\mu\text{m}$ 光发射，能量是 $1.24\text{eV} \cdot \mu\text{m}/1\mu\text{m}$，即 1.24eV，从而所需的带隙在室温下为 1.24eV。使用表 3.1 中的数据，方程式 $1.24\text{eV} = xE_g(\text{InAs}) + (1-x)E_g(\text{GaAs}) = x0.36 + (1-x) \times 1.43$，给出 $x = 0.17$。因此，In 的摩尔分数为 $x = 0.17$ 时，会得到 1.24eV 带隙的材料。

让我们再来看另一个计算已有半导体性质的例子。

例子：$\text{In}_{0.17}\text{Ga}_{0.83}\text{As}$ 的晶格常数是多少？

解答：和带隙平均方式相同，晶格常数也同样可以平均。在这种情况下，$\text{In}_{0.17}\text{Ga}_{0.83}\text{As}$ 的晶格常数 a 将是 $0.83a(\text{GaAs}) + 0.17a(\text{InAs}) = 5.7222\text{Å}$，其中 a（化合物）代表该化合物的晶格常数。

　　当然要注意，Ⅲ族和Ⅴ族原子的总数是相同的，因为半导体具有数目相等的Ⅲ族和Ⅴ族原子。例如，化合物 $In_{0.2}Ga_{0.1}As$，它的Ⅴ族原子比Ⅲ族原子更多，肯定不是半导体，而且非常有可能无法制备。

　　二元化合物之间的线性插值称为 Vegard 定律，并作为非常有用的一阶近似，指导我们如何利用给定的带隙和晶格常数来设计材料组分。一般情况下，对于一个三元合金 $A_{1-x}B_xC$ 的属性 Q，

$$Q(A_{1-x}B_xC)=(1-x)Q(AC)+xQ(BC) \tag{3.3}$$

其中 $Q(AC)$ 和 $Q(BC)$ 是相应二元化合物的属性。实践中，通常做的是通过类似这样的某种估算技术，近似到某个特定带隙的化合物。然后实际生长材料，并测量组分。组分的微小变化通过随后的生长来校正（如何生长材料将在随后的3.5.1节和第 10 章讨论）。

　　从图 3.2 可见，线性插值用于近似 $In_{1-x}Ga_xAs$ 的属性是非常适用的。通过调整异质半导体的组分，可以选定带隙、折射率和晶格常数。这些化合物的能力和应用，依赖于通过混合Ⅲ族和Ⅴ族原子来设计性能（如带隙，折射率和晶格常数）所能达到的范围。三元化合物（如 $In_{1-x}Ga_xAs$）具有一个自由度（Ga 原子分数），并因此可以通过选取晶格常数，来设定带隙。四元化合物（如 $In_{1-x}Ga_xAs_{1-y}P_y$）具有两个自由度，且在一定范围内，可以独立地选取带隙和晶格常数。这种自由度，允许在 InP 上生长的薄层实现期望的应变和带隙。

　　具有不同带隙（或波长）的宽范围材料，可以通过制造异质结构或混合二元化合物来制备。平均化过程包括随机排列多组不同的Ⅲ族原子位于Ⅲ族格点，Ⅴ族原子位于Ⅴ族格点，如图 3.3 所示。整体化合物始终限制要有相等数量的Ⅲ族和Ⅴ族原子。

3.4.2　Vegard 定律：四元化合物

　　请再看一遍图 3.2 所示四个二元化合物的带隙和晶格常数。以表 3.1 中 4 个二元化合物为界，显然，带隙的范围（从 InAs 的 0.36eV 到 GaP 的 2.3eV），可以在晶格常数从 $5.45\sim6.05\text{Å}$ 的范围内实现，特别是匹配于磷化铟的晶格（5.86Å）。参数（晶格常数、带隙或有效折射率）又是如何依赖于这些四元化合物的组分呢？

　　我们这里给出的基本结论是，对四元化合物 $A_{1-x}B_xC_{1-y}D_y$，性质 Q $(A_{1-x}B_xC_{1-y}D_y)$ 由下式给出

$$Q(x,y)=xyQ(BD)+x(1-y)Q(BC)+(1-x)yQ(AD)+(1-x)(1-y)Q(AC)$$

$$(3.4)$$

这个公式基于二元化合物之间完美的线性插值假设，给出了所能获得固定带隙的很好的起点。尽管该公式给出了很好的一阶近似，通常有必要进行组分的微调，以获得准确的期望性质。仔细看图 3.2，可以发现性质对组分的依赖很少是完全线性的。

3.5　晶格常数、应变和临界厚度

目前为止，我们已经讨论了如何生长具有给定性质如带隙的材料，本节我们将专注于衬底上薄膜的生长。薄膜很重要，因为绝大多数激光器的制备，是通过在衬底上沉积薄膜来形成量子阱。因此，在衬底上沉积薄膜时，所发生的事情对于电子和物理属性都极其重要。

晶格常数是半导体单元的基本尺寸。薄膜和它所在衬底材料之间的晶格常数不匹配，会引起材料中的应变。就像一个弹簧，当它被压缩或拉伸时，产生应变并会施加力，以便返回其希望的尺寸，材料沉积在不同晶格常数材料上也会受到应变。应变层不能无限生长，当生长得太厚时，原子键将被破坏（正如弹簧会弹回到其正常尺寸），此时会形成位错或者失去原子键。应变层可以生长而又不导致位错的最大厚度，称为临界厚度，它依赖于材料中的晶格失配程度。当生长这些用于激光器的薄层时，应变应力和临界厚度是非常重要的，因为低缺陷密度对于良好的激光性能是非常必要的基础。源于应变产生的位错是一种材料缺陷。图 3.4 示出了形成量子阱所定义的激光器有源区的薄层。

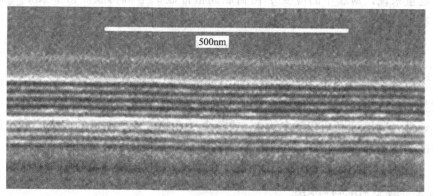

图 3.4　半导体量子阱结构的 SEM 图

有源区域是由垒层包围的量子阱，整个堆叠小于 1400Å。薄膜与衬底的晶格常数失配必须在百分之几之内

3.5.1　薄膜外延生长

对于发光器件，它们必须由近乎完美的晶体组成。缺陷，如缺失原子或多余原子，会形成复合中心，使载流子复合产生热而不是光。这种半导体激光器需要近乎完美晶体的技术要求，是半导体激光器制造一半是科学、一半是工程技术的部分原因（而它们的生长则有一半是艺术！）。当然，激光器也规定了对这些薄层晶格常数的特定要求。对于作为发射体的器件，这些半导体薄膜需要相当接近地匹配衬底的晶格常数。

半导体有源层生长在半导体晶圆上，称为衬底（InP 是一种典型的衬底）。所有的各种半导体生长方法［分子束外延（MBE, molecular beam epitaxy）或金属有机物化学气相沉积（MOCVD, metallorganic chemical vapor deposition）］都是将原子沉积到已有衬底上，其中原子与原子逐个键合到下面的层上。

让我们看看沉积到晶格常数不太一样的材料层时，会发生什么。

一个类比是叠放不同尺寸的泡沫砖到墙上。如果堆叠的砖块尺寸与墙上已有的砖只是稍有不同，那么新的砖可以在墙上挤压或略微拉伸使用，从而与已有的砖相匹配。这就是在新层中引入应变。

如果新的砖或者新的材料比衬底大得多，那么就不可能砖对砖地排列。大自然的解决方案是留下一块砖（或键），从而更合适地匹配新砖。这个省去的砖或原子，称为位错。这些位错（缺失或多余的原子）对激光器而言是致命的。它们充当了非辐射复合位中心，与辐射复合竞争，从而消耗载流子。图 3.5 同时显示出了应变和位错。

定量来说，薄膜中的应变 f 由衬底晶格常数 $a_{衬底}$ 和薄膜晶格常数 $a_{薄膜}$ 之间的差给出

$$f = \frac{a_{薄膜} - a_{衬底}}{a_{衬底}} \tag{3.5}$$

该应变 f 通常报道为百分比。如果薄膜材料晶格常数比衬底更大，就说该薄膜受到压应变；反之，则说它受到张应变。

通常，薄层可以具有至多约 1% 或稍多一点的应变。适量的应变有利于改善器件的速度或其他属性，这些我们将在后面的章节讨论。

3.5.2　应变和临界厚度

正如人们可以想象的一样，堆叠在一起的原子层（或弹簧，或砖）越多，用

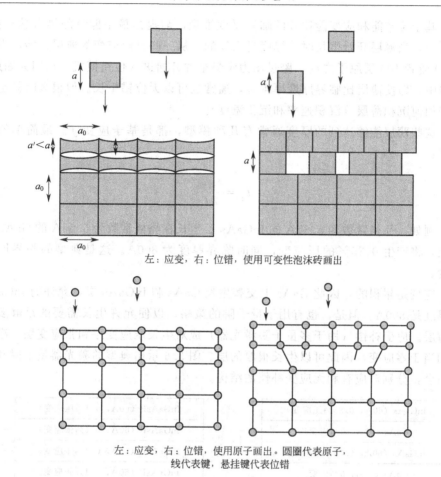

左：应变，右：位错，使用可变性泡沫砖画出

左：应变，右：位错，使用原子画出。圆圈代表原子，
线代表键，悬挂键代表位错

图 3.5　应变和位错

左侧显示应变导致扭曲（应力），并分布在各沉积单元晶胞（或泡沫砖）上。

右侧，位错通过界面处键的缺失而产生能量补偿，其后则变成完美晶体。

这些界面处的位错充当了非辐射复合中心，并对激光器有害

来将它们挤进非平衡形状的能量将会越多。这些薄层只能生长到一定厚度，否则将开始出现位错。这个厚度称为临界厚度，对于激光器异常重要。量子阱激光器由量子阱组成，这是一种薄层材料（约 100Å）由另外材料所包夹。这些层通常与它们的衬底晶格并不完全匹配，因此认识这些层的应变及可以堆叠材料的厚度极限就非常重要。

　　理解该现象的一种方法是，认识到大自然会选择能量最低的解决方案。如果薄层中只有几个原子，它们将产生应变，并与衬底匹配；如果在有大量原子的厚应变层中，能量上更有利的方式是在某一层中有几个悬挂键，随之生长与衬底平衡晶格常数不匹配的弛豫层。

基于位错能和应变能比较的临界厚度模型，前提是最小能量的热力学平衡。现实中，当薄层开始生长时，厚度是未知的。从一些已经应变的薄层开始，当生长 50 或者 100 层原子之后，跨过动力学势垒并开始进入位错模式。正因为如此，实践中，即使薄层比临界厚度厚得多，通常也可以无位错生长。但很多时候也取决于如何沉积薄层（沉积速率和沉积温度）。

这些薄层能够达到的厚度通常有几种模型，都是基于应变 f。最简单的一种是：

$$t_c = \frac{a_{薄膜}}{2f} \tag{3.6}$$

例如，晶格常数为 5.67Å 的 InGaAs 层生长在晶格常数为 5.65Å 的 GaAs 衬底上，将产生 0.35% 的压应变，同时临界厚度为 800Å。这是典型的临界厚度尺度。

应变是累积的，因此 GaAs 上交替生长 GaAs 和 InGaAs 层，允许的 InGaAs 总厚度是 800Å。但是，也有用于量子阱的策略，以便允许生长需要的足够多不同薄层。应变补偿（用于多量子阱激光器）成对生长压应变层和张应变层。净效果相当于零应变，因此可以生长很厚的层。图 3.6 示出典型的激光器量子阱和势垒组合，分别对应有和无应变补偿的结构。

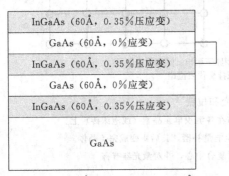

InGaAs(a=5.67Å) 在 GaAs (a=5.65Å) 上。　　　　交替压应变和张应变 InGaAsP 在 InP
只能够在无位错出现前生长总共 800Å InGaAs　　上生长——没有临界厚度限制

图 3.6　应变和应变补偿（采用典型的量子阱堆叠来加以说明）

例子：GaAs 衬底上生长 $In_{0.17}Ga_{0.83}As$ 的临界厚度是多少？

解答：如我们从前面的例子中所见，$In_{0.17}Ga_{0.83}As$ 的晶格常数 a 是 5.7222Å。因此，应变为 (5.65315−5.7222)/5.65315=0.0122，属于压应变，因为薄膜晶格常数大于衬底的晶格常数。临界厚度为 5.7222/(2×0.0102)，或 234Å。

3.6 直接和间接带隙

本章的目的是尽量定性地描述激射系统中，所使用半导体材料的基本限制和约束。例如，带隙和晶格常数等属性由材料的成分决定，而薄膜（虽然它们可以将电子和空穴限制到非常高的密度，并实现激射）则有某些额外的约束，主要是由于材料所能承受的应变量。在结束本章前，我们要解决的非常基本的问题是，为什么有些半导体可以制作激光器（如 GaAs 和 InP 及相关化合物），而其他却不能（像元素硅或锗）。

要定性回答这个问题，让我们回到前面讨论的带隙，并更深入学习固体能带结构的真正含义。

本节中，我们以 GaAs 作为直接带隙半导体的例子。事实上，它是一种重要的激光器衬底，特别是用于 980nm 泵浦激光器和更短波长（基于 GaAs/In-GaAs/AlGaAs）的材料系统。用于波长较长（$1.3\sim1.6\mu m$）材料的衬底是 InP，但是，针对 GaAs 的所有讨论同样适用于 InP。

3.6.1 色散图

作为基本出发点，系统中的能级由如下薛定谔方程的解给出：

$$\frac{-\hbar^2\nabla^2\psi}{2m}+U(x,y,z)\psi=E\psi \tag{3.7}$$

比如原子，得到的是离散的能级。将原子势能（源自原子核中的质子）带入方程中时，从薛定谔方程中能够求得这些能级。[得到的能级预测了所有观察到的原子壳层（s，p，d，f 等），并可以认为这是量子力学的一个主要验证！这些壳层可通过 X 射线或电子束激发原子，然后可以通过激发原子发射的 X 射线进行实验观察。]图 3.7 示意性显示出，原子中能级是如何成为固体中能带的。

当应用此方程到三维周期性原子势能阵列（半导体晶体）时，数学上变得复杂，但结果是众所周知的。晶体中的能级成为固体中的能带，其中出现了带隙。半导体的特性在于，晶体中每个带保持 4 个电子/原子，且半导体价态为 4。这产生了几乎全空和几乎全满的带，以及所有希望的半导体性能，如通过掺杂控制导电性和载流子类型（电子或空穴）。

薛定谔方程将各能级 E_n 与 $\boldsymbol{k}$ 矢量（k_x，k_y，k_z）相关联。三维情形中，方程的解通常具有 $\exp(jk_x x+jk_y y+jk_z z)$ 的形式，其中 $\boldsymbol{k}$（如我们上面的讨论）的基本定义是 $2\pi/\lambda$，这里 λ 是指定方向上的空间波长。

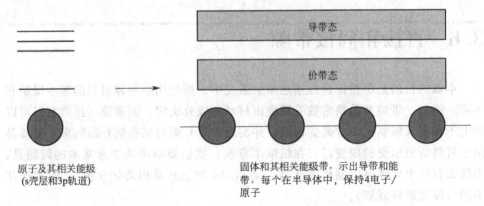

图 3.7　当原子位于三维晶体中时，原子能级成为能带

固体能级的一个重要性质是它们对 k 的依赖关系。直观地说，电子能量取决于波长和材料中与电子相关联的方向是有道理的。沿着不同方向运动的电子，通过不同的方式与晶体进行相互作用。

通常，这种关系可以用色散图来给出，包括了 E 和 k 之间在几个不同方向上的关系，并将用来说明为什么 Si 和 Ge 都不是好的发光半导体。

图 3.8 示出了实空间和倒易空间中 GaAs 的单胞（立方晶格）。实空间版本给出了单胞的尺寸；倒易空间版本则示出了电子波长从 0（去局域化）到 $2\pi/a$（局域于晶体中）时，所关联的适当 k。

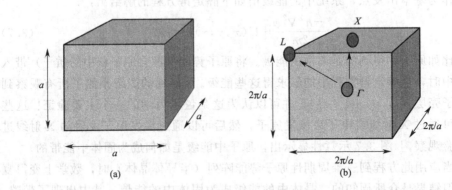

图 3.8　（a）实空间晶格图像，示出了单元立方体（图 3.3 中有更详细描述）；

（b）倒易空间图像，其中每个维度绘制了 $2\pi/a$ 个单位❶

图 3.9 所示的色散图示出了 E 与 k 的关系曲线，其中 k 沿所示的方向

图 3.8 中标记的特殊点是区域中心 Γ、面心中心 X 和拐角（L 点）。立方半

---

❶ 原著中两个分图对应图名错误——译者注。

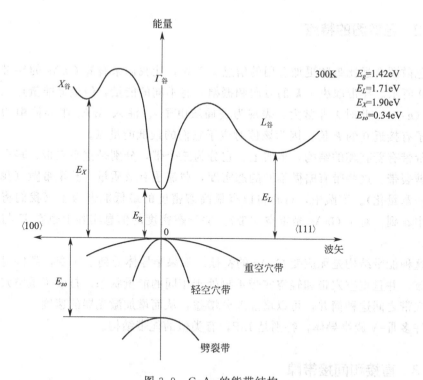

图 3.9　GaAs 的能带结构
注意：价带中有几个带，此外带隙在不同的 k 值处是不同的
（来自 Handbook Series On Semiconductor Parameters，M Levinshtein，S Rumyantsev，
M Shur，ed.，©1996，World Scientific Pub. Co. Inc.，经授权使用）

导体系统的典型色散图显示出，从 $k=0$ 开始朝向 X 和 L 的 E 和 k 关系。半导体的色散图给出固体中 E 与 k 的依赖关系。由于 k 具有方向，色散图绘制为方向的函数。图 3.9 中的图示出了 GaAs 的 E 与 k 关系，其中 k 开始于 0（具有非常长波长的去局域电子），并朝向晶体的面心（X）[米勒指数指示为 (100) 的方向，以及朝向晶体 (111) 方向的拐角（L）]。此图的关键点是，能量同时取决于 k 的振幅以及与载流子相关联的方向。另一种主要的光电子衬底材料 InP，看起来与 GaAs 很类似，也有重和轻空穴带、劈裂带，并且也是直接带隙。

　　注意，给出的这些只是晶体中的典型方向，还有许多其他方向也是我们可能会感兴趣的，特别是当考虑特定方向的传输时。当然，这些已经给出了 $E\text{-}k$ 的曲线图，并阐明了直接带隙和间接带隙半导体之间的根本区别。通常，我们最关心的是最高价带能级和最低电子能级之间的最小距离。由于电子和空穴处于它们的最低能量状态，这是大多数载流子停留并将彼此复合的地方。

3.6.2　色散图的特点

色散图有远比带隙更加有用的信息。首先，让我们来看看 GaAs 的导带，如图 3.9 所示。导带取决于 k 的方向和振幅，有不同的能量，但最低能量点在区域中心（$k=0$，此时 λ 非常大，表现为去局域电子）。注入 GaAs 半导体中的大部分电子有接近 0 的 k 值，因为该值对应于它们的最低能量点。

价带有着有趣的结构，事实上，它分为三个带，分别是重空穴带、轻空穴带以及劈裂带。这些带有略微不同的态密度，载流子有效质量，甚至带隙（我们将在下一章量化）。实践中，材料将以有最高态密度的最低能带为主（我们将在下一章中看到，对于 GaAs 是重空穴带）。关于态密度的信息实际上也在 E 与 k 曲线中。

这种能带结构是无应变 GaAs 的特征。如果半导体受到了应变，某些对称性将打破，并且重空穴带和轻空穴带不再处于相同的能量状态。打破了重空穴带和轻空穴带之间这种简并，可以增加差分增益，从而增加激光器的速度。

许多Ⅲ-Ⅴ族半导体，特别是 InP，有类似的能带结构。

3.6.3　直接和间接带隙

价带中，空穴向上移动。大部分空穴也是在区域中心，即导带最小值正上方的价带（空穴）最小能量处。这对于激光器材料至关重要，原因如下所述。

定性上，电子和空穴都有与其关联的动量，类似于能量，动量需要在相互作用时，以某种方式守恒。晶体中电子或空穴（或光子）相关的动量，通过德布罗意关系给出

$$p = \hbar k \tag{3.8}$$

当发生复合时，电子从导带中的状态跃迁到价带中状态，导致动量产生净改变，$\hbar \Delta k$，而能量的变化则大约等于带隙。能量被发射的光子占用，但是所发射光子的动量非常小。为了使辐射复合中动量守恒，要么 Δk 必须是零，要么动量必须以某种其他方式守恒［例如通过晶格振动（声子），这将在 3.6.4 节讨论］。涉及三种量子态（电子、空穴、声子）的辐射复合，其概率将小得多。

Δk 等于零的要求需要半导体是直接带隙材料，其导带最小值恰好在价带（空穴）最小能量的正上方。实际中，这意味着对于电子和空穴，有 $k=0$。

半导体像 GaAs 和 InP，以及大部分它们的异质结构如 InGaAsP，都是直接带隙半导体，其中价带和导带能量的最小值都在相同的 k 值处。半导体 Si，其色散图如图 3.10 所示，不是直接带隙材料。可以看到，在 $k=0$ 处，导带最小值

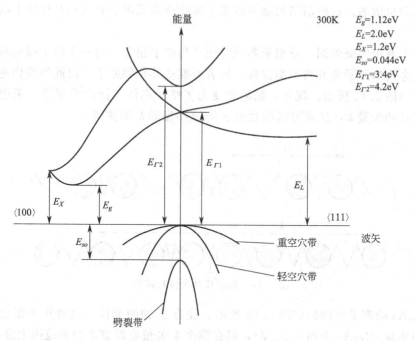

图 3.10   硅的能带结构

（图中示出导带最小值位于 L 方向，朝向面心，来自 Handbook Series On Semiconductor Parameters，
M Levinshtein，S Rumyantsev，M Shur, ed.，©1996，World Scientific Pub. Co. Inc，经授权使用）

与价带（电子）最小值不重叠。因此，无论多么先进的工艺技术或制备出多么廉价的 Si 晶圆，Si 永远不能是很好的经典带隙激光器或发光器件。我们可能要永远注定采用昂贵而美丽的 Ⅲ-Ⅴ 族衬底了❶。

有趣的是，Si 可以作为很好的光探测器。当吸收光时，动量通过声子（晶格振动）的相互作用守恒；光被吸收后，除了生成电子空穴对，原子中还会产生晶格振动（声子）。对于吸收，这个过程远比复合要高效，因而 Si 能够探测光，但是却并不能够轻易地产生光。

3.6.4   声子

上一节中提到的晶格振动，称为声子，在实现不同 k 值载流子之间的复合和吸收时，它们起着非常重要的作用。半导体晶体是由很多结合在一起的原子组成，但当温度高于 0K 时，每个原子都在其平衡位置附近振动。随着温度升高，

---

❶ 但是，研究人员已经演示通过硅的拉曼散射实现激射。这种突破可能最终会在 Si 上实现实用的激光源！

原子振动也增加。这些晶格振动可以用于吸收许多载流子和光相互作用中的多余动量。

一个有用的概念图，是想象弹簧将原子与原子相连。当一个原子振动时，它推动它旁边的原子离开其平衡位置，后者再推动其相邻原子，以此类推到更远的原子，如图 3.11 所示。现在，振动就变为了整个晶体范围内的现象，采用其特有的波长和矢量 k，从而可以绘制出 E 与这些振动 k 的曲线。

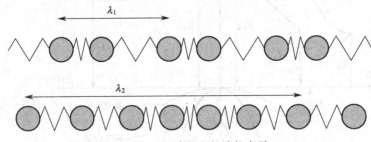

图 3.11 短波长和长波长声子

GaAs 的声子谱结构如图 3.12 所示。注意 x 轴的刻度。这些声子振动有相当低的能量（GaAs 中约 30meV），但在整个 k 矢量也即整个动量范围上分布。

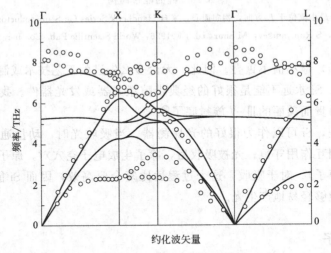

图 3.12 GaAs 的声子谱

呈现很宽范围的 k（x 轴）和很小的能量（y 轴）。注意，10THz 对应于 40meV 能量

（来自 Journal of Physics and Chemistry of Solids，J. Cai，X. Hu，

N. Chen，v. 66，p. 1256，2006，经授权使用）

Si 的光吸收通过声子相互作用来实现。硅吸收一个 700nm 的光子，用约 $\dfrac{2\pi}{3a}$ 的 Δk 跃迁。系统动量的变化或者通过发射光学声子发射体现，导致吸收的能量

比 1.77eV（相当于 700nm 的能量）低约 30meV，或者通过吸收光学声子体现，导致吸收的能量高约 30meV。

3.7　小结

A. 半导体晶圆所发射的光波长取决于材料的带隙，并通过 $1.24\text{eV}\cdot\mu\text{m}/E_g(\text{eV})=\lambda(\mu\text{m})$ 给出。

B. Ⅲ-Ⅴ族半导体使用 Ga，As，In，P，Al 和其他材料制成，可形成异质结构（如 $\text{In}_{0.25}\text{Ga}_{0.75}\text{As}$），其性质（如带隙、折射率和晶格常数）近似为二元组分的加权平均。

C. 因为属性大致为二元组分的加权平均，InP/InGaAsP 材料系统可以获得的波长覆盖通信范围（从 $1.3\sim1.6\mu\text{m}$），并且仍然可以实现与 InP 衬底的晶格匹配。

D. 认识图 3.2（二元Ⅲ-Ⅴ族化合物晶格常数和带隙图）！

E. 激光器由堆叠到其他层中的薄层（量子阱）制成。晶格常数失配材料的堆叠产生应变（层的扭曲）或位错（原子键缺失）。

F. 位错对于激光器是致命的。有源层的生长中，非常重要的是尽量减少位错。

G. 存在外延的临界厚度，超过后将形成位错，低于临界厚度时，薄层是应变的。

H. 临界厚度的极限可以通过应变补偿来克服。

I. 色散图表示出半导体中载流子和声子的 E 与 k 依赖关系。k 与载流子或声子的动量相关，这对于电子或空穴都是成立的。

J. GaAs 和 InP 是直接带隙半导体，很容易发光。Si 和 Ge 是间接带隙半导体，不容易发光，通常不能用于激光器。

K. 在 E 与 k 图中，直接带隙半导体的最小电子能量正好位于最低空穴能量上方。电子和空穴间的复合（发射光子）不涉及动量改变。这是必要条件，因为光子携带的动量很小！

L. 声子是晶格振动的量子。在间接带隙材料的光吸收中，通过它们来确保动量和能量都是守恒的。

3.8　问题

Q3.1　半导体的什么性质决定了特定半导体所发射光子的波长？

Q3.2　半导体发光过程的名称是什么？

Q3.3　图 3.2 中，InP 的晶格常数是多少（单位 Å）？对应于 InP 带隙的波长是多少？对应 eV 为单位的带隙又是多少？

Q3.4　图 3.2 中，假设一个半导体由 In，Al，Ga 和 As 制成。估计带隙能跨越的能量范围以及晶格常数可以跨越的范围（提示：参考二元材料的属性）。

Q3.5　为什么 InP 基激光器对于光纤通信尤其有用？

Q3.6　判断对错。当 $In_{1-x}Ga_xAs$ 中 In 的摩尔分数增加时，Ga 的摩尔分数减小。

Q3.7　什么是 Vegard 定律？这是用来计算什么的？

Q3.8　什么是薄膜？薄膜有多厚（单位为 nm）？

Q3.9　材料的晶格常数是什么？

Q3.10　材料的应变是什么？

Q3.11　用自己的话定义半导体的临界厚度。

Q3.12　判断对错。如果材料的晶格常数与所用衬底不同，材料上生长的薄膜将应变。

Q3.13　判断对错。当薄膜生长在体材料上时，为了减轻应变，在界面处可能产生位错。

Q3.14　判断对错。当薄膜和衬底之间的晶格失配降低时，薄膜中产生的应变也将降低。

Q3.15　半导体激光器中薄膜的应变典型值是多少（%）？

Q3.16　判断对错。当应变程度增大时，临界厚度减小。

Q3.17　什么是直接带隙半导体？请举出两个例子。

Q3.18　什么是间接带隙半导体？请举出两个例子。

Q3.19　判断对错。当传播常数的值增加时（对于电子或空穴或光子），动量值也增加。

Q3.20　什么是声子？

Q3.21　用自己的话，解释间接带隙半导体如硅是如何能够吸收光，且保持能量和动量守恒的。

Q3.22　见图 3.2。解释为什么当带隙增加时，晶格常数通常会减小。

3.9　习题

P3.1　GaAs 的折射率是 3.1，具有 1.42eV 的带隙。InAs 的折射率是 3.5，具有 0.36eV 的带隙。（a）求出 $In_xGa_{1-x}As$ 的组分，使得折射率为 3.45。（b）求在该组分时的带隙。

P3.2　下面表格提供了有关 InGaAlAs 系统的数据。

化合物	带隙/eV	晶格常数/Å
InAs	0.36	6.05
GaAs	1.42	5.65
AlAs	2.16	5.66

在 InP（$a = 5.89$Å）上生长 $In_{0.5}Ga_{0.3}Al_xAs$ 量子阱。

（1）x 是多少？

（2）估计量子阱的带隙，假设是体材料。

（3）当在 InP 上生长这种材料时，应变如何（大小以及是压还是张应变）？

（4）估计无位错生长可以达到的厚度。

P3.3　使用表 3.1 中的数据，求带隙为 $1.560\mu m$，且 InP 上生长有 1% 应变的 $In_xGa_{1-x}As_yP_{1-y}$ 合金组分。（注：虽然可以解析求解，使用电子表格或 Matlab 可以更快得出答案。）

P3.4　正如 3.6.4 节所述，声子可以帮助实现间接带隙材料的光吸收。因此，材料实际上可以通过吸收声子，从而吸收"略微"低于带隙的光。定性描述硅的吸收系数（$E_g = 1.12$eV），牢记吸收可以在略低于带隙和略高于带隙的位置发生，光子吸收有两个机制（涉及声子发射与声子吸收）可用。

P3.5　（此习题选自 Kasap[1]，经授权使用）。图 3.2 示出了四元Ⅲ-Ⅴ族合金系统的带隙 E_g 和晶格参数 a。

化合物半导体 $In_{0.53}Ga_{0.47}As$ 具有与 InP 相同的晶格常数，并可与 InP 混合来获得四元合金，$In_xGa_{1-x}As_yP_{1-y}$，其属性介于 $In_{0.53}Ga_{0.47}As$ 和 InP 之间。因此，它们都和 InP 一样具有相同的晶格参数，但是有不同的带隙。

（1）证明当 $y = 2.15(1-x)$ 时，四元合金是晶格匹配的。

（2）对于与 InP 晶格匹配的 $In_xGa_{1-x}As_yP_{1-y}$，以 eV 为单位的带隙能量 E_g 通过经验公式给出，$E_g(eV) = 1.35 - 0.72y + 0.12y^2$，请计算适合于 $1.55\mu m$ 发光器件的 As 组分。

---

[1]　S. O. Kasap，Optoelectronics and Photonics：Principles and Practices. Upper Saddle River，NJ：Prentice Hall，2001.

4

半导体激光材料 2：态密度、量子阱和增益

If it cannot be expressed in figures, it is not science, it is opinion…
— Robert A. Heinlein.

前一章中，我们讨论了半导体中与激光器直接相关的性质，包括带隙、应变和临界厚度。本章，我们将谈论半导体和半导体量子阱的理想特性，包括态密度、粒子数统计以及光增益，并且我们将推导其基于理想模型的定量表达。基于此将获得光增益的定性和定量表达。

4.1 概述

通过限制载流子，实现量子阱中的复合，从而形成半导体激光器的总体思路描述见第 3 章，其中还有实现复合的能带结构的各种特征（直接与间接带隙）以及量子阱层的应变和非应变生长极限。然而，要真正关注材料、成分和维度（体材料、量子阱与量子点）对于光增益的精确效果，我们需要推导出载流子密度和载流子性质的表达式。本章中，我们在低维结构中，推导出了载流子密度和光增益的定量关系，这将让我们定量理解量子阱（以及其他低维结构）对于激射的优势所在。本章最后，我们将会给出基于半导体中载流子密度的光增益。

4.2 半导体中电子和空穴的密度

简单来说，本章我们将要脱离半导体的实际情况，只考虑理想的半导体。我

们希望确定半导体中，电子（和空穴）密度相对于能量和温度函数的依赖关系。这种能带函数对于确定半导体的光增益至关重要。

首先就是计算电子态的密度。这里，与第 2 章中，我们求黑体中光子态密度时使用的逻辑相同。取在空间中，长度为 L 的半导体立方体，并考虑立方体中，哪些波长 λ 或传播矢量 k 将精确匹配。

初始假设是，电子就像光子一样，有允许的波长，仅是假设的半导体材料立方体中一个精确适合的简单点。

$$\lambda_{允许的 x,y,z} = \frac{L}{m_{x,y,z}}$$

$$k_{允许的 x,y,z} = \frac{m_{x,y,z} 2\pi}{L} \tag{4.1}$$

这个推导和光子推导之间的差别是，电子与光子有不同的 E 与 k 关系。对于光子（如第 2 章所示），能量和光学频率或波长通过普朗克常数相关联，表述为 $E = h\nu = \hbar ck$。

对于电子，该关系是不同的。量子力学的一个基本思想是波粒二象性：电子是粒子，同时具有质量 m 和能量 E；也是波，具有波长 λ（或传播常数 $k = 2\pi/\lambda$）。在自由空间，能量与 k 的关系式为

$$E = \frac{\hbar^2 k^2}{2m} = \frac{1}{2} m\nu^2 = \frac{p^2}{2m} \tag{4.2}$$

这是德布罗意粒子的波长和动量与质量的关系❶，在第 3 章有提到，在此重复一下，

$$p = \hbar k \tag{4.3}$$

上面的方程是粒子波长的基本描述。根据这两个方程，可以得到粒子（如电子或空穴）的 k 与 E 关系：

$$k = \frac{\sqrt{2mE}}{\hbar} \tag{4.4}$$

正如在第 2 章所述，k 空间中点的微分密度是 k 空间中的体积

$$V(k)dk = 4\pi k^2 dk \tag{4.5}$$

除以 k 空间中一个点的体积

$$V_{允许态} = (2\pi/L)^3 \tag{4.6}$$

从而给出 k 空间中的点数目为

$$D(k)dk = \frac{4\pi k^2 dk}{(2\pi/L)^3} = \frac{L^3 k^2 dk}{2\pi^2} \tag{4.7}$$

对于 k 空间中的每一个点，我们需要乘以因子 2，表示每个状态中电子的两

---

❶ 这个想法出现在德布罗意的博士论文中。谁能有如此重要的论文呢！

个自旋态（因而有两个电子）。要用能量项来写出方程式(4.7)，我们需要将 k 和 dk 都用能量来表达。对方程式(4.4)求微分，我们可以得到

$$\mathrm{d}k = \frac{2m\,\mathrm{d}E}{\hbar\,\sqrt{2mE}} \tag{4.8}$$

将 k 和 dk 都转换为能量项，带回方程式(4.7)中，然后除以 L^3（获得每单位实空间体积的态密度）可得到

$$D(E)\mathrm{d}E = \frac{(2m)^{3/2}E^{1/2}}{2\pi^2\hbar^3}\mathrm{d}E \tag{4.9}$$

我们对这些仅做快速讨论，因为我们希望更多地谈论物理而不是数学，并且与前面讨论的黑体中光子态密度也密切呼应。

这里重要的是，方程式(4.9)所表述的物理思想。在三维体晶体中，态密度正比于能量的平方根以及载流子（有效）质量的 3/2 次方。稍后，我们将它与薄板材料（量子阱）的态密度相比较，从而来考察量子阱具有的重要优势。

4.2.1　方程式 (4.9)的变换：有效质量

方程式(4.9)中包含有质量。半导体晶体中，E 与 k（或 E 与 λ）的公式比自由空间中电子的更加复杂，因为其中不同有效波长的电子或空穴，与晶体中的周期性原子以不同的方式相互作用（见 3.6 节）。其中包含荷电载流子与原子核相互作用的势能项，非常依赖于荷电载流子的 k 值。

晶体内部，根据前述的自由空间描述［式(4.2)］，允许的能量基于晶体原子的存在而进行了修改。但是，如果我们用有效质量 m^* 取代自由电子质量 m，态密度公式基本上是正确的。有效质量包括了单一集总数中，晶体对电子的效果。越接近大部分载流子所处的带隙底部，该近似越接近真实。通过改变为单个质量来替换晶体中的净效果，从而可以忽略相互作用的所有细节。

有效质量通过 E 与 k 曲线定义为

$$\frac{1}{m^*} = \frac{1}{\hbar^2}\frac{\partial^2 E}{\partial k^2} \tag{4.10}$$

该定义对于任何方向（x，y，z）和任何 E 值都是成立的。色散图、有效质量以及态密度本质上都是对相同事情的描述。

如果色散图上 E 与 k 曲线更尖锐，则载流子的有效质量更轻。例如，上一章图 3.9 中，GaAs 的色散图。GaAs 中电了的有效质量约为电子静止质量的 0.08 倍，而空穴的有效质量约为 $0.5m_0$。从色散图可以清楚看到：在区域中心（$k=0$），导带的曲率比价带的尖锐得多，这就是为什么导带电子轻得多。而因为态密度正比于质量，导带中的态密度要低得多。

方程式(4.10)中定义的有效质量依赖于 k 的方向，且每个方向都有有效质量。此外，也有适合用于传导（涉及外场的应用）及用于态密度/粒子数统计[方程式(4.9)]的不同有效质量，这不涉及某个特殊方向。价带中，载流子可以占据几个带（重空穴和轻空穴），并且它们每个也有不同的有效质量。

用于一般传导的有效质量由下式给出

$$\frac{3}{m^*_{传导}} = \left(\frac{1}{m^*_l} + \frac{2}{m^*_t} \right) \tag{4.11}$$

式中，m^*_l 和 m^*_t 分别是平行和垂直相应最低能量谷方向的 E 与 k 质量。例如，硅中，其最小能量在（100）方向，纵向设定为（100），横向是（011）方向。这个表达式有效地平均了有效质量。直接带隙半导体中，$k=0$ 处（去局域电子）具有最小能量，用于传导和态密度的有效质量就是有效质量。

用于态密度的有效质量[方程式(4.9)]不涉及方向。它是由纵向和横向有效质量的几何平均给出，如下所示

$$m^*_{态密度} = (m_l m_t^2)^{1/3} \tag{4.12}$$

价带中的情况更加复杂，其中有几个都可能包含载流子的子带（见图 4.1 中

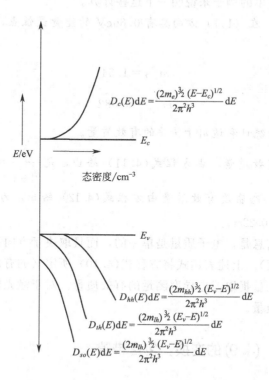

图 4.1　GaAs 中电子和空穴态密度的定性图像

示出导带和价带以及重空穴带和劈裂带

讨论）。式（4.10）中，项 $\dfrac{\partial^2 E}{\partial k^2}$ 是我们所述的特定带 $E(k)$ 的函数。例如，重空穴有效质量取决于重空穴带的曲率。

组合的价带中，各能带的有效质量需要另一次平均。劈裂带中只是有极少数载流子，因为它比其他两个能带有更高的能量。计算空穴有效质量的重空穴和轻空穴能带的合适平均为

$$m^*_{\text{态密度}} = (m_{hh}^{3/2} + m_{lh}^{3/2})^{2/3} \tag{4.13}$$

这里的重点在于，用于粒子数统计以及传导的有效质量，是通过 E 与 k 曲线曲率确定的有效质量的合适平均值。对于激光器应用，针对传导的有效质量并不太重要，因为器件的速度不是由载流子传输来确定的。相反，针对粒子数统计的有效质量影响阈值电流密度等方面。当然，在高速电路中，针对传导的有效质量是关键的参数，因此，设计更高频率工作电路（像 GHz 蜂窝电话接收机）通常使用 Ge 或 GaAs 系半导体，这些具有低得多的有效质量载流子（尤其是对电子）。

下面用一个简单的例子来说明一下这些计算。

例子：Ge 中，在（111）方向具有 0.66eV 的能量最低点，电子横向和纵向有效质量是

$$m^*_{e,l} = 1.64$$
$$m^*_{e,t} = 0.082$$

估算适用于粒子数统计和适用于传导的有效质量。

解答：传导有效质量，由方程式（4.11）给出，是 $\dfrac{3}{m^*_{\text{传导}}} = \left(\dfrac{1}{1.64} + \dfrac{2}{0.082}\right)$，或 $m^*_{\text{传导}} = 0.12 m_0$。态密度有效质量由方程式（4.12）给出，为 $m^*_{\text{态密度}} = (1.64 \times 0.082 \times 0.082)^{1/3} = 0.22 m_0$。

本节的额外信息是，电子质量是单一的，而且取决于方向、能带以及使用场景（传导或态密度）。上述表达式将方程式（4.10）所定义的有效质量，关联到可以通过回旋共振测量提取或电导率测量的有效质量。对于激光器，有用的有效质量是态密度有效质量。

4.2.2 方程式 (4.9)的变换：包含带隙

除此之外，半导体晶体带隙中的态密度为零，并且对电子和空穴有不同的态密度表达式。如图 4.1 所示，是方程式（4.9）的修改版本，另有态密度的示意，

用于正确表达相关的关系。

因为态密度是质量的函数，态密度对于低有效质量的能带也较低。例如，GaAs 系统中，导带的曲率远比价带的更尖锐，因此，电子的有效质量更小，而导带中的态密度更低。

GaAs 的价带实际上由三个能带构成：重空穴带、轻空穴带和劈裂带（图 3.9 和图 4.1）。重空穴带有较低的曲率、更高的有效载流子质量以及更大的态密度。更进一步来说，由于重空穴带确实有更多的载流子空间，大多数空穴将位于重空穴带，从而 GaAs 或其他Ⅲ-Ⅴ材料中，空穴的性质倾向于通过该能带的性质支配。

第三个能带，劈裂带能量比其他两个略高，并且一般没有很多的自由载流子。

所有的能带结构细节和复杂性，均来自薛定谔方程针对非常复杂原子势能的详细解。这个特定问题求解超出了本书的范围，但 4.3 节，我们将看到非常简单的量子阱结构势能的解。

4.3　量子阱激光材料

让我们引入量子阱，并展示它对半导体激光器的重要性。

量子阱是较低带隙材料制成的薄层，夹在两个较高带隙的其他材料之间。这中高能量壁垒，限制绝大多数载流子（电子和空穴）都留在阱里。实际上，这个真正的"阱中粒子"是经典量子力学盒中粒子的极好类似实例。

图 4.2 同时示出了阱的概略图，其中电子和空穴限制在薄层中，以及激光器的电子显微镜照片示意图，为不同材料成分形成一组多量子阱（通常是大多数激光器形成方式）和一组量子阱的扫描电子显微镜图像。盒中的粒子跑到了盒子外面！而且现在这是有用的工程实施例。

这些半导体量子阱形成限制势能（或"小盒子"），从而会捕获载流子（电子和空穴）。因为它们受到周围能量势垒的限制，同一位置上，电子和空穴的密度会比其他方式高得多。这种载流子密度的增强，对实现高性能半导体激光器至关重要。

量子阱对于现代半导体激光器的重要性，再怎么强调都不为过。使用体半导体材料，让激光器在高温下工作是相当困难的。非限制的载流子和光需要更高的电流密度来实现激射。相比具有相同电流输入的体 p-n 结（pn 结），量子阱中的载流子密度高得多，并且所有的性能特性也要好得多。

现在让我们来进一步量化量子阱中的态密度和能级。

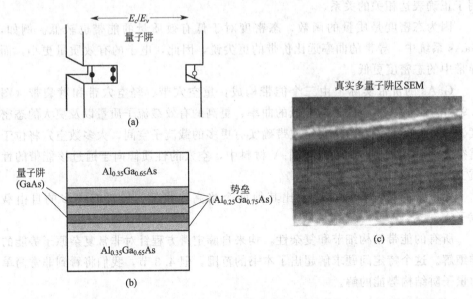

图 4.2　(a) 单量子阱图，示出电子和空穴如何限制在量子阱中，产生量子化能级；

(b) 多量子阱激光器的示意图，示出由势垒隔开的各个阱；

(c) 扫描电子显微镜图像，示出实际激光器量子阱

几乎所有的半导体激光器都是多量子阱激光器

4.3.1　理想量子阱中的能级

让我们先看看宽度 a 的理想量子阱能级，并直接求解该系统的能量和波函数，如图 4.3 所示。

第 3 章中，方程式 (3.7) 示出三维形式的薛定谔方程。这里，我们要求解一维形式的薛定谔方程，其中 ψ 是波函数，U 是势能函数，而 E_n 是能量本征值。

$$\frac{-\hbar^2 \nabla^2 \psi}{2m} + U(x)\psi = E_n\psi \tag{4.14}$$

该方程也可用于给出很好的量子阱对半导体能带结构作用的模型。

上述理想量子阱的势能分布为，势能在 $x=0$ 和 $x=a$ 之间，$U=0$；而该范围之外，则为无穷大（具有粒子禁带）。在边界 0 和 a 处，要求波函数 ψ 是连续的，适当的边界条件是，波函数和其导数在阱的边界处等于 0。

对于这个简单的情形，阱内的薛定谔方程可以写为

$$\frac{\hbar^2 \nabla^2 \psi}{2m} = E\psi \tag{4.15}$$

其解具有如下形式

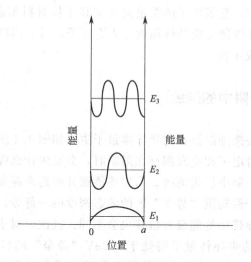

图 4.3　无限深量子阱中，粒子的能级和波函数图

0～a 之外的区域中，能量势垒是无限的，且粒子被约束保持在

0～a 的范围内。直线显示能级，而曲线表示与之相关联的波函数

$$\psi(x) = A \sin(k_z z) \tag{4.16}$$

式中，A 是待定的常数。这个表达式在 $x = 0$ 处始终为零，并且如果 $k_z a$ 是 π 的整数倍，则在 $x = a$ 处也等于 0，表述为

$$k_z = n\pi \tag{4.17}$$

方程式(4.17) 定义了 k_z，而剩下的唯一变量是 A。为评估 A 的值，回顾波函数的解释，$\psi \times \psi$ 使得产生了空间域中特定位置的概率密度。因此，整个容许区域中，$\psi \times \psi$ 积分应等于1，要求粒子应该存在于某个地方。数学上有

$$1 = \int_0^a A^2 \sin^2(n\pi z) \mathrm{d}z = \frac{aA^2}{2}$$

$$A = \sqrt{\frac{2}{a}} \tag{4.18}$$

为了简化评估积分，我们回顾一下，在任何整数个半周期上，$\sin^2(x)$ 或 $\cos^2(x)$ 的平均值都等于 1/2，因而评价积分仅需将范围的宽度（本例中为 a）乘以该平均值即可。这种类型的积分到处都用，所以应该记住采用！

我们现在确切知道波函数 $\psi(x)$ 是什么。代入上述方程式(4.15) 中，就可以得到允许的能量值（或能量本征值），这是薛定谔方程允许的。我们得到能量本征值

$$E_n = \frac{n^2 h^2 \pi^2}{2ma^2} \tag{4.19}$$

由于粒子被限制，受限粒子的能量提升到高于体材料基态能级的 E_n。阱越窄，提升越多。一维限制势能的作用就像人造原子，具有离散的能级。能级之差与量子数 n 的平方成正比。

4.3.2　实际量子阱中的能级

让我们用两步法来理解真正的半导体量子阱，如图 4.4 所示。首先，当限制势不是无限大，并对电子和空穴都存在限制时，会发生什么呢？定性上，结果的本质是不变的。量子阱中出现能级。当这些能级升得越来越高时，最终会逃脱限制势，然后成为量子阱周围"势垒"区的体态密度的一部分。因为电子和空穴的质量不同，价带和导带中的能级和偏移也会不同。其次，对于实际的量子阱（例如，具有 1eV 带隙的半导体量子阱处于 1.2eV "势垒"的包层中，如图所示），根据材料系统的不同，0.2eV 的总限制势垒以不同方式分到价带和导带之间。（本主题将在下一章讨论）

因为量子阱中电子和空穴态之间发生高效率复合，其带隙比体材料中更高。有效带隙是空穴第一能级和电子第一能级之间的能量差值，如图 4.4 所示。

让我们做一个真实的例子来计算这种影响的大小。

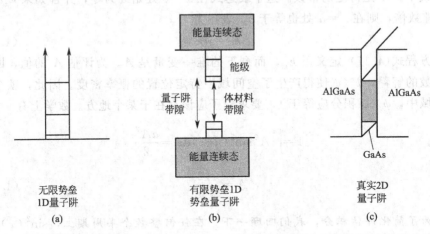

图 4.4　(a) 具有无限势垒的 1D 理想量子阱；(b) 有限 1D 量子阱，同时具有电子和空穴势垒；(c) 实际的一个半导体量子阱，示出有限势垒，受限于量子阱的非约束 k_x 和 k_y 和 k_z　x 轴显示位置，而 y 轴显示能量

例子：体材料带隙为 $1.3\mu m$ 的 InGaAsP 层限制在 80Å 宽的量子阱中。空穴的有效质量为 $0.6m_0$，而电子是 $0.08m_0$。估计此量子阱的发射波长。

解答：对应于 $1.3\mu m$ 的能级是 0.954eV。根据方程式(4.19)，价带的近似偏移是

$$\Delta E = \frac{1^2 \times (1.05 \times 10^{-34})^2 \times 3.14^2}{2 \times 0.6 \times 9.1 \times 10^{-31} \times (80 \times 10^{-10})^2} = 1.55 \times 10^{-21} \mathrm{J} = 0.010 \mathrm{eV}$$

类似地，在导带中，是 $\Delta E = 0.072\mathrm{eV}$。如图 4.4 所示，这些偏移量增加到体材料带隙上，从而产生 $0.954 + 0.010 + 0.072 = 1.034\mathrm{eV}$ 的净带隙，相应复合波长为 $1.20 \mu\mathrm{m}$。

效果形象示于图 4.4。价带和导带中形成的量子阱带隙向上偏移，相比体材料发射波长值减小。

4.4 量子阱中的态密度

在 4.3 节的开始，我们定性描述了量子阱对激光器性能有很多帮助。为了量化这种描述，我们需要推导用于量子阱态密度的表达式。

图 4.5 所示的是一个非常薄的板材（量子阱），及其在 k 空间中 k_x 和 k_y 方向上的态密度图。我们首先计算这个薄板材料单位为"状态/cm^2"（不是 cm^3）

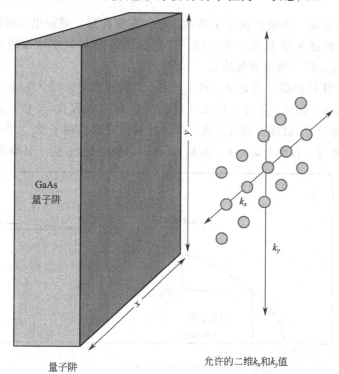

图 4.5 量子阱示意图

示出薄的 z 和大的（宏观）x 和 y。相邻的是二维 k 空间图，示出在 k_x 和 k_y 中允许的 k 值的态密度。这是严格的二维计算。

然后，我们可以加上方程式(4.17) 允许的 k_z 值，从而形成"状态/cm³"的示意图，涵盖材料的厚度。

像前面一样，假定边界条件是尺寸为 L 的二维正方形，当 $y=x=L$ 时波函数等于0。现在，面状态密度 A_d 图是半径为 k 的圆内点的部分或 k 空间中的面积

$$A_d(k)\mathrm{d}k = 2\pi k\,\mathrm{d}k \tag{4.20}$$

除以 k 空间中一个点的面积

$$A_{允许态} = (2\pi/L)^2 \tag{4.21}$$

或 k 空间中点的面密度，我们得到

$$A_d(k)\mathrm{d}k = \frac{2\pi k\,\mathrm{d}k}{(2\pi/L)^2} = \frac{L^2 k\,\mathrm{d}k}{2\pi} \tag{4.22}$$

每个电子态有两个允许的自旋态。使用方程式(4.4) 和式(4.8) 中能量相对 k 和 $\mathrm{d}k$ 的表达式，并乘以2，以计入两个自旋态，量子阱的态密度作为每平方厘米能量的函数是

$$A_d(k)\mathrm{d}k = \frac{m^*_{态密度}}{h^2\pi}\frac{\mathrm{d}E}{} \tag{4.23}$$

有趣的结果是，态密度独立于能量。仔细观察计算，显示出二维结构正好有维度，这样对传播矢量 k 的二次依赖，正好抵消了随 k 幅度增加的 k 点密度依赖。质量 $m^*_{态密度}$ 是态密度有效质量。

但是该计算只获得了考虑 k_x 和 k_y 时，二维的密度。图4.6示出了当我们在第三维加入 k_z 和 E_z 会发生什么［这些分别通过方程式(4.17) 和式(4.19)给出］。由于每个 k_z 意味着能量的固定值，能带的底部偏移了 E_1。当能量到达与 E_2 关联的密度时，有两个具有 k_x 和 k_y 中相同态密度的 k_z 值，且净态密度加倍。

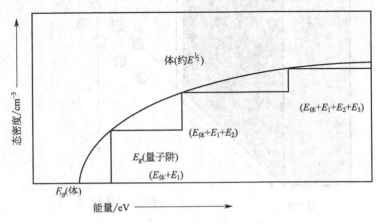

图4.6　量子阱态密度与体半导体材料态密度示意图

台阶表示量子阱的子带，且对应不同 k_z 值

这些想法由图 4.6 中的态密度示意图所勾勒，其比较了体半导体与量子阱。

这种突变的阶梯状态密度相比体材料逐渐增加的态密度，造成导带边高得多的载流子密度，十分重要。对于相同数目的注入载流子，特定能量的载流子密度将比体半导体更高。由于光增益取决于给定能量的载流子密度，在某个能量具有更高载流子密度显然是有益的！

4.5　载流子数

接下来，我们感兴趣的是给定能带中载流子（电子或空穴）的数目。体半导体中的基本表达式是

$$n(E)\mathrm{d}E = D(E)f(E,E_f)\mathrm{d}E \tag{4.24}$$

式中，$n(E)$ 为作为能量 E 函数的载流子数；$D(E)$ 为能量 E 的态密度；$f(E,E_f)$ 为作为能量和费米能级 E_f 函数的费米-狄拉克分布函数。我们提醒读者，这种费米函数给出了已有状态占据的概率。根据第 2 章，费米函数给出为

$$f(E,E_f) = \frac{1}{\exp\left(\dfrac{E-E_f}{kT}\right)+1} \tag{4.25}$$

"费米能级"E_f 的思想从根本上而言，并不适用于激光器。费米能级用来描述热平衡的系统，而正如我们在第 2 章中讨论的，激光器不可能处于热平衡。它们必须通过一些非平衡手段驱动（通常对半导体激光器是电注入），以便进入粒子数反转状态。然而，通过引入准费米能级，上面的表达式仍然适用。

4.5.1　准费米能级

上述方程式(4.25) 针对激光器仍然有一些应用。虽然电子和空穴彼此间不处于热平衡，我们可以假定电子群和空穴群分别处于热均衡状态，但每个群有不同的"准费米能级"。概念如图 4.7 所示。

图 4.7(a) 示出 n 型掺杂半导体中，处于真正热平衡的半导体。如果费米能级接近顶部（例如，通过 n 型掺杂），价带中将有很多电子而导带中仅有少数。如果在 p 型掺杂量子阱中，费米能级处于底部附近，则会有很多空穴但很少电子。图 4.7(b) 示出了 p 型掺杂系统中的真正热平衡。

图 4.7(c) 表示施加正向偏压，但并不处于热平衡的 p-n 结。单独的电子和空穴"准费米能级"E_{qfe} 和 E_{qfh} 分别描述导带和价带中的粒子数密度。当我们计算导带中的电子密度时，使用电子的准费米能级；而计算空穴密度时，使用空

穴的准费米能级。

图 4.7(d) 表示强正向偏压下的 p-n 结，其中电子和空穴的准费米能级不在带隙中，实际上已经在能带中。这种情况下，导带和价带中具有非常高的电子和空穴密度，而且事实上对激射非常必要。

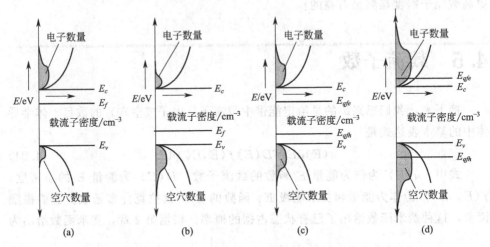

图 4.7　载流子分布与费米能级（a）和两个单独"准费米能级"
[（b）、（c）]的函数关系。（d）中有大量的电子和空穴

导带电子的分布仍假定为"平衡"。它们彼此相互作用，且可用态密度之间的分布是热分布，并可根据费米分布函数确定。但是，电子数通过准费米能级来确定。想象的图像是，大量电子从结的 n 侧注入量子阱的导带中，然后在那里，它们彼此之间以及与原子晶格之间相互作用，快速进行自身的热分布。同样地，空穴从结的 p 侧注入，然后也进行自身的热分布。该图中，准费米能级是能带中载流子数目的近似。

4.5.2　空穴数与电子数

为了避免可能的混淆，我们分别写出空穴密度和电子密度的单独表达式。费米-狄拉克表达式给出了电子态占据的概率。其为空或被空穴占据的概率为 $1-f(E,E_f)=f(-E,-E_f)$。空穴的态密度随着能量减少而增加（当电子能量减少时，空穴能量增加）。通常情况下，我们感兴趣的是低于费米能级的粒子数，那里 $E-E_f$ 是负的。所有这些表达式的组合，给出了空穴密度作为能量函数的表达式。相应的空穴和电子的函数列于表 4.1 中。

记忆这些的一个好方法是，空穴能量应理解为向下增加，也就是说，在每个能量值前加一个负号，因为这是能量之间出现的唯一差别，计算就正确了。

表 4.1　半导体的电子和空穴密度

	电子	空穴
合适的准费米能级	E_{qfe}	E_{qfh}
分布函数	$f_e(E,E_{qfe})=\dfrac{1}{\exp\left(\dfrac{E-E_{qfe}}{kT}\right)+1}$	$f_h(E,E_{qfh})=\dfrac{1}{\exp\left(\dfrac{E-E_{qfh}}{kT}\right)+1}$
态密度	$D_e(E)\mathrm{d}E=\dfrac{(2m_e)^{3/2}(E-E_c)^{1/2}}{2\pi^2\hbar^3}\mathrm{d}E$	$D_h(E)\mathrm{d}E=\dfrac{(2m_h)^{3/2}(E_v-E)^{1/2}}{2\pi^2\hbar^3}\mathrm{d}E$
载流子数	$n_e(E)\mathrm{d}E=\dfrac{1}{\exp\left(\dfrac{E-E_{qfe}}{kT}\right)+1}\dfrac{(2m_e)^{3/2}(E-E_c)^{1/2}}{2\pi^2\hbar^3}\mathrm{d}E$	$n_h(E)\mathrm{d}E=\dfrac{1}{\exp\left(\dfrac{E-E_{qfh}}{kT}\right)+1}\dfrac{(2m_h)^{3/2}(E_v-E)^{1/2}}{2\pi^2\hbar^3}\mathrm{d}E$

4.6　激射条件

至此，我们已有了电子密度和它们各自准费米能级数的表达式。激射需要有什么样的电子和空穴浓度呢？

正如第 2 章所讨论，为实现激射，受激辐射需要超过吸收：

$$BN_2N_p(E)>BN_1N_p(E)\xrightarrow{\text{意味着}}\text{非平衡系统}N_2>N_1 \qquad (4.26)$$

式中，N_2 为受激原子的密度；N_1 为基态原子的密度；$N_p(E)$ 为特定能量 E 处的光子密度。这里，我们谈论的都是离散的原子状态，其中原子本身要么是受激态，要么是基态。我们需要在电子和价带中，以粒子数来写出这个条件。

首先，正如 3.6.3 所述，光子几乎不带来动量的改变。对于这些光学跃迁，Δk 必须为 0。对于任何特定的电子能量 E_{ec}，都有一个匹配的价带能量，具有相同的 k，而这两者之间的复合具有特定的复合能量 E。

开始时使用的一个合理假设是，吸收正比于价带中的电子数以及导带中的空态（空穴）数。由于这些是独立的，并可以用准费米能级独立给出，所以总吸收率正比于两者的乘积。同样，我们假设，受激辐射正比于导带中电子的数目和价带中空态（空穴）的数目

$$\text{受激辐射}\propto f(E_{ec},E_{qfe})[1-f(E_{ev},E_{qfh})]D_e(E_{ec})D_h(E_{ev})$$
$$\text{吸收}\propto f(E_{ev},E_{qfh})[1-f(E_{ec},E_{qfe})]D_e(E_{ec})D_h(E_{ev}) \qquad (4.27)$$

式中，E_{qfe} 和 E_{qfh} 分别是电子和空穴的准费米能级；E_{ec} 和 E_{ev} 分别是导带

和价带中，与特定光子能量相关联的电子能量。

　　为了让受激辐射大于吸收，根据上述表达式，意味着

$$f(E_{ec},E_{qff})[1-f(E_{ev},E_{qfe})]D_e(E_{ec})D_h(E_{ev})>f(E_{ec},E_{qfe})[1-f(E_{ev},E_{qfh})]$$
$$D_e(E_{ec})D_h(E_{ev})f(E_{ev},E_{qfh})>f(E_{ec},E_{qfe}) \tag{4.28}$$

　　利用用一点代数知识，上述表达式可以重新排列为

$$E_{ec}-E_{ev}<E_{qfe}-E_{qfh} \tag{4.29}$$

　　为了使受激辐射比吸收更大，且让激射成为可能，准费米能级中的劈裂必须大于激光器能级！这个条件称为伯纳德-拉夫格条件（1961 年给出），如图 4.8 所示。

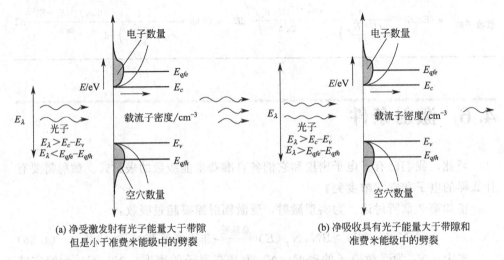

(a) 净受激发射有光子能量大于带隙　　　　　　　(b) 净吸收具有光子能量大于带隙和
但是小于准费米能级中的劈裂　　　　　　　　　　准费米能级中的劈裂

图 4.8　伯纳德-拉夫格条件

（a）光子入射到半导体，其能量比带隙更大，但小于准费米能级的劈裂，这将诱导净受激辐射，并且有可能激射。（b）比带隙更高的更高能量光子，只是经历净吸收，而不是受激辐射

　　半导体激光器不仅不处于平衡状态，而且是远离平衡态。准费米能级间的劈裂（我们还记得在平衡时为零），必须至少和带隙（电子和空穴能量之间的最小距离）一样大，以便有可能在半导体中实现激射。

4.7　光增益

　　从方程式(4.27) 和式(4.28) 到光增益的表达式只需要前进一小步。让我们首先定义光增益为可测量的参数，然后写出半导体中光增益的表达式，包括我们已经发展的态密度和准费米能级的思想。

　　光增益，是指当光照射材料或通过时，出去的光子比进来的多。光的吸收更

普遍（从窗帘到太阳镜无处不在），但在物理和技术领域，光增益都占据着重要的位置。允许光传输数千英里的掺铒光纤放大器，就是基于光增益，并且可以将信号放大上千倍。

唯象上，光增益和吸收通过下面的方程来描述

$$P = P_0 \exp(gl) \tag{4.30}$$

式中，P_0 为初始光功率；P 为最终功率；l 为传输长度。"增益" g 以长度倒数为单位，对于实际增益为正，而对吸收为负（在典型的激光器情景中，增益和吸收表都以 cm^{-1} 为单位来表示）。两个简单的例子就足以说明这个公式。

例子：对 1cm 厚的窗玻璃，约 95% 的功率能够透过。请问窗玻璃的吸收系数是多少？100W 光束将会有多少通过窗户？

解答：$\dfrac{P}{P_0} = 0.95 = \exp(gl)$，所以 $g = \ln(0.95) = -5.1 cm^{-1}$，或者吸收 $5.1 cm^{-1}$。

例子：掺铒光纤放大器通过约 3m 长光纤时，具有大约 30dB 的增益。请问以 cm^{-1} 为单位的增益是多少？如果输入是 1W，输出功率是多少？

解答：30dB 增益是指 $30 = 10\ln(P/P_0)$，因此 $P/P_0 = 1000 = \exp(-g3000)$，而 $g = \ln(1000)/3000 = 0.0023 cm^{-1}$。30dB 的输出功率增益，意味着输出增加了 1000 倍，给出输出功率为 1mW。

4.8　半导体光增益

最后，让我们写出半导体中光增益的表达式，这是材料性能、态密度以及准费米能级的函数。这个表达式给出了取决于载流子注入水平、量子限制程度和材料性能的增益。

简单的光增益表达式包含三个独立项的乘积，代表三种不同的因素。它们分别是：可能复合的密度（这称为"联合"或"缩减"态密度，这在后面进行讨论）；占据因子，与电荷密度相关，通过电子和空穴的准费米能级来确定；比例因子（对于每个可能的吸收或复合态的增益数量）。这些项写入方程如下

$$g_s(E_\lambda) = D_j(E_\lambda) O(E_\lambda, E_{qfn}, E_{qfp}) A \tag{4.31}$$

增益作为光子　　该能量处的联　　依赖于准费米　　材料依赖
能量的函数　　　合态密度　　　　能级和光子能　　正比因子
　　　　　　　　　　　　　　　　量的占据因子

最终，还有一个线宽展宽因子，包括源于严格 k 守恒产生的微小偏离，允许略微不同 k 值的电子-空穴复合。在后面还将讨论这个主题。

4.8.1 联合态密度

图4.9中，显示的是严格 k 守恒条件下的复合过程。所发射光子的能量根据带隙同时加上价带和导带中的偏移而给出。在严格 k 守恒时，任何特定的光子能量 E_λ 具有与复合相关的唯一 k 值。

然后，光子能量 E 与 k 的关系通过下面的表达式给出

$$E_\lambda = E_g + \frac{\hbar^2 k^2}{2m_e} + \frac{\hbar^2 k^2}{2m_h} = E_g + \frac{\hbar^2 k^2}{2m_r} \tag{4.32}$$

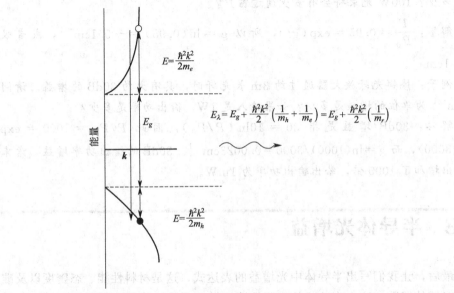

图4.9　光子能量 E_λ、带隙能量 E_g 和 k 之间的关系

长的向下箭头示出发射光子的复合，而两个较短箭头表示到能带边缘的距离

其中术语 m_r 定义为约化质量

$$\frac{1}{m_r} = \frac{1}{m_e} + \frac{1}{m_h} \tag{4.33}$$

这两个方程给出了光子能量 E_λ 与 k 的关系

$$k = \frac{\left[2m_r(E_\lambda - E_g)\right]^{1/2}}{\hbar} \tag{4.34}$$

正如考虑电子和空穴的态密度一样，每个允许的 k 值构成一个态。这里，k 的每个值代表一个单独允许的跃迁。因此，可能的光子发射密度（称为缩减态密度或联合态密度）采用与电子态密度同样的过程而给出，只需稍微修改一下方程

式（4.35）给出的 E 与 k 关系

$$D_j(E_\lambda)\mathrm{d}E = \frac{(2m_r)^{3/2}(E_\lambda - E_g)^{1/2}}{2\pi^2\hbar^3}\mathrm{d}E \qquad (4.35)$$

联合态密度项是增益表达式的一部分，代表了给定光子能量 E_λ 的跃迁密度。

4.8.2　占据因子

当然，正如电子态中可能有也可能没有电子，联合态密度必须适当填充，以提供增益或吸收。让我们考虑固定光子能量 E_λ 的"复合态"。此复合中，有众多电子参与（所有这些都是在相应的电子能量下）。能够参与的电子数量根据费米函数 $f(E_{qfe}, E_{ec})$ 给出，而空穴数量根据价带中空电子态的数量 $1 - (E_{qfv}, E_{ev})$ 给出。正比于电子和空穴的"增益态"总数，也正比于乘积 $f(E_{qfe}, E_{ec})[1 - f(E_{qfv}, E_{ev})]$。（正如在 4.5 节中，$E_{qfx}$ 是合适的空穴或电子准费米能级，而 E_{ec} 和 E_{ev} 是对于给定复合能量和波长 E_λ 下，满足 k 守恒的能量。）

同样，吸收态的总数，也正比于在适当导带能级的空电子位置数量，以及适当价带能级占据电子态数量的乘积，$f(E_{qfv}, E_{ev})[1 - f(E_{qfe}, E_{ec})]$。

净占据因子正比于增益态减去吸收态的总数，写为

$$O = f(E_{qfe}, E_{ec})[1 - f(E_{qfv}, E_{ev})] - f(E_{qfv}, E_{ev})[1 - f(E_{qfe}, E_{ec})]$$
$$= f(E_{qfe}, E_{ec}) - f(E_{qfv}, E_{ev}) \qquad (4.36)$$

此叙述通过图 4.10 的简单能带图来形象说明。图中示出单个导带和价带能级，适合于特定光子能量 E_λ 的复合。净增益通过向下箭头表示的复合态，以及

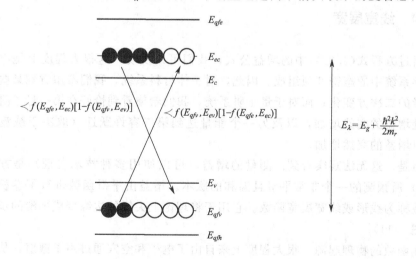

图 4.10　占据因子 O 示意图

这表示复合和吸收相对数量之差。只有一个导带和价带能级参与特定光子能级的辐射复合

向上箭头表示的吸收态的数量之差来表示。所示图中，相关电子能级为 E_{qfe}，$E_{ec}=0.66$，而相关空穴能级为 $f(E_{qfv}, E_{ev})=0.33$。

　　首先，如果两个态都包含空穴，或两个态都有电子，则复合是不可能的。为了获得增益，我们需要粒子数反转，这意味着电子在导带中，而空穴在价带中。

4.8.3　比例常数

　　从最终答案开始，是得出可用跃迁数目和以 cm^{-1} 为单位的增益之间"比例常数"的最有效方法。增益的表达式可以写为

$$g(E_\lambda)dE = \frac{(2m_r)^{3/2}(E_\lambda - E_g)^{1/2}}{2\pi^2\hbar^3} \times f(E_{qfe}, E_{ec}) - f(E_{qfv}, E_{ev}) \times \frac{\pi\hbar q^2}{6\varepsilon_0 m_0 n_r E_\lambda} f_{cv}$$

$$(4.37)$$

　　这看上去是一个很吓唬人的表达式，但实际上前两部分的起源应该是明确的，而最后一部分就是比例常数 A。表达式中，ε_0 是自由空间的介电常数，而 n_r 是半导体的相对介电常数。f_{cv} 对应于电子从导带到价带跃迁的量子力学振子强度，代表复合可能发生的概率。作为材料常数，GaAs 中，对于允许的跃迁（$\Delta k=0$），f_{cv} 为 23eV，而对于禁止的跃迁 $\Delta k <> 0$，f_{cv} 为 0。

　　如果使用一致的单位进行正确评估，该方程给出单位为 cm^{-1} 的增益。

　　回忆一下，E_{qfe} 和 E_{qfv} 是替代的载流子密度表达方式，E_{ev} 和 E_{ec} 不是独立的能量值，而是由光子能量 E_λ 唯一给出的量。

4.8.4　线宽展宽

　　通过方程式(4.37)中的增益公式，我们可以发现，这很大程度上是由我们所观察系统中的态密度项组成。因此，对于体材料系统，我们希望看到某些性质随能量的二次方变化；而对于量子阱系统，我们希望看到恰好在第一量子阱能级跃迁处增益的突然增加，以及另一个能量达到第二容许跃迁（取决于载流子数目）时增益的突然增加。

　　但是，这无法观察看到。测量的增益（可以使用多种技术实现）是方程式(4.37)所预测的一个非常平滑且温和的版本。增益由平滑函数进行了卷积，这个函数称为线形或线宽展宽函数。它用于将理论上尖锐的边缘变成平滑的步进上升（图 4.11）。

　　此函数的物理起源，很大程度上来自由于电子和空穴通过声子散射，从而改变了绝对严格的 k 守恒。如果它们相互作用，电子和空穴复合时，能量守恒方程将包括声子的能量。因此，单一的电子-空穴复合可发射具有窄能量范围的光

子，而不是仅由空穴和电子能级之差给出的确切波长。如果这种相互作用对所有
复合的整个增益带是均匀的，则称为均匀展宽。如果这种现象针对某个波长范围
或某个空间区域，则称为非均匀展宽。

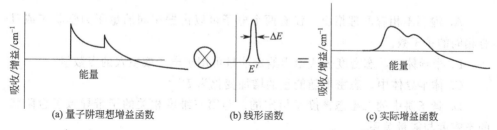

(a) 量子阱理想增益函数　　　　(b) 线形函数　　　　(c) 实际增益函数

图 4.11　原始增益表达式、进行卷积的线形函数以及最终（测量增益）的示意图
⊗表示卷积运算。ΔE 是线形函数的宽度特征，而形状略取决于是高斯还是洛伦兹而不同

　　然后，对于这个展宽增益 $g_b(E_\lambda)$ 的新增益方程，通过与原来带有函数 $g(E_\lambda)$
的线形函数卷积而给出

$$g_b(E_\lambda) = \int g(E_\lambda) L(E' - E_\lambda) \, \mathrm{d}E' \tag{4.38}$$

　　式中，$L(E)$ 是适当的线形函数。该函数通过唯象线宽选择并归一化，从
而其积分为 1。

　　该线形函数有两种常见的形式。最常见的称为洛伦兹线形函数

$$L(E' - E_\lambda) = \frac{1}{\pi} \frac{(\Delta E/2)}{(E' - E_{0\lambda})^2 + (\Delta E/2)^2} \tag{4.39}$$

　　式中，ΔE 是线宽函数（对于这类模型，通常为大约 3meV）的宽度。洛伦
兹函数经常用于模拟均匀展宽。

　　此外用于模拟线宽展宽的是高斯表达式

$$L(E' - E_\lambda) = \frac{1}{\sqrt{2\pi}\,\Delta E} \exp\left[\frac{(E' - E_\lambda)^2}{2\Delta E^2}\right] \tag{4.40}$$

　　一言以蔽之，本节开发了作为材料参数和注入密度函数的增益表达式。通过
光谱分析直接测量光增益的一种有趣方法，将示于第 7 章。

4.9　小结

　　本章介绍了用于半导体激光器的大部分常见模型和概念，包括量子限制的优
势、增益表达式、准费米能级以及伯纳德-拉夫格条件。有了这些基础，我们希
望读者可以理解，建模和优化大部分可能遇到的激光器属性和实验特性。

4.10 学习要点

A. 泡利不相容原理指出，没有两个电子可以占据相同的量子力学状态或具有相同的量子数。

B. 半导体中，态密度公式给出给定能量可用于电子或空穴的点数量。

C. 体半导体中，态密度随能量的增加变化为 $E^{1/2}$。

D. 量子阱中的二维态密度是恒定的。与第三维度相关的子带导致了台阶状的态密度与能量关系。

E. 量子阱中态密度的陡然增加，对于激射是非常有益的，因为在同样的能量下，产生了更大量的载流子。因此，阈值电流密度低得多，现在，半导体激光器普遍是量子点或更小尺寸。

F. 给定能量处，态密度和费米函数的乘积给出能带中载流子的数目。

G. 电注入（或光注入）条件下，半导体不处于热平衡。在这种情况下，电子和空穴的数目可通过单独的准费米能级来加以描述。

H. 准费米能级是每个能带中，载流子数量和分布的简单描述。

I. 激射能量 E_λ 必须小于准费米能级之间的劈裂，以使受激辐射超过吸收。

J. 光增益取决于态密度（依赖系统的维度和有效质量）；空穴和电子的占据（依赖准费米能级）；比例常数；线宽展宽因子。

K. 线宽展宽因子通常建模为洛仑兹或高斯表达式，能够唯象地确定线宽。

4.11 问题

Q4.1 半导体中，载流子密度的表达式是什么？解释每项（符号）所代表的含义。

Q4.2 在三维体单晶以及二维量子阱中，态密度与能量的依赖关系是什么？

Q4.3 有效质量是什么？为什么态密度和传导的有效质量不同？

Q4.4 当 E 与 k 曲线的曲率增加时，有效质量的值会发生什么变化？

Q4.5 什么是量子阱？量子阱是怎么构成的？同时在数学和物理结构上加以解释。

Q4.6 判断对错。当量子阱的宽度增加时，它的能级降低。

Q4.7 体能带边缘的能量偏移比导带和价带中的更大吗？

Q4.8 体 $In_{0.3}Ga_{0.7}As$ 还是量子阱中的 $In_{0.3}Ga_{0.7}As$ 发光波长更长？

Q4.9　什么是伯纳德-拉夫格条件？

Q4.10　什么是光增益？

Q4.11　哪些因素决定了半导体中的光增益？

Q4.12　为什么方程式（4.37）中预测的尖锐增益边缘不能在增益测量中看到？

4.12　习题

P4.1　推导 1D 量子线的态密度，其中电子在两个维度量子受限，仅在一个维度自由运动。答案单位应该是 $cm^{-1} \cdot eV^{-1}$。

P4.2　一个简单的 3D 模型 E 与 k 曲线在 $k=0$ 为 $E(k)=A\cos(k_x a)\cos(k_y b)\cos(k_z c)$。在 $k=0$ 态密度的有效质量是多少？

P4.3　一个 3D 量子盒可以描述为具有形如 $\Psi(x,y,x)=A\cos(k_x x)\cos(k_y y)\cos(k_z z)$ 的波函数。如果盒子是边长为 a 的方盒子，

（1）写出以量子数 n_x，n_y，n_z 表示的能级表达式。

（2）画出这个系统态密度的前 4 个能级。

P4.4　在给定的半导体系统中，$T=0K$ 时电子的态密度如图 4.12 所示。

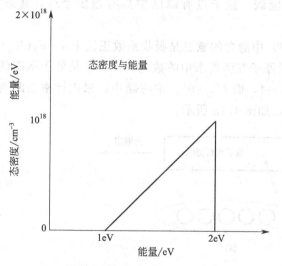

图 4.12　一种罕见半导体系统的态密度

（1）如果系统每（cm^3）包含 2×10^{17} 个电子，费米能级是多少？

（2）如果费米能级为 0.8eV，系统包含有多少个电子？

（3）画出 300K 时的电子密度与能量，假设费米能级处于 1.5eV。

P4.5　光纤具有 0.2dB/km 的损耗。如果输入功率为 2mW，计算以每公里为单位的损耗，以及 100km 后光纤中的剩余功率。（这是半导体光传输的典型数量。）

P4.6　计算并绘制 GaAs 简化模型中的光增益与能量关系，其中在它们各自的能带中，$m_e = 0.08m_0$，$m_h = 0.5m_0$，$E_{qfv} = E_{qfe} = 0.1\text{eV}$，而 $\Delta E = 3\text{meV}$，具有高斯线型函数。

P4.7　图 3.10 示出了硅的能带结构。

(1) 画出导带最低能量的定性有效质量与 k 关系，标明哪里是负的、正的或无限大，从<000>方向朝向<100>方向。

(2) 价带包括重空穴带、轻空穴带和劈裂带。简要地解释这些带中，哪个对确定价带中载流子密度与温度和费米能级最重要。

(3) 估计 Si 光电二极管可以探测的最长波长。

(4) 简要地解释，为什么即使硅是间接带隙半导体，仍然可以吸收光子。

P4.8　希望使用 InGaAsP 的 60Å 量子阱获得 1310nm 发射波长。如果电子的有效质量为 $0.08m_0$，而空穴的有效质量为 $0.6m_0$，估计所生长体 InGaAsP（视为体半导体）的目标发射波长，考虑量子阱效应。

P4.9　量子点是一小块具有离散能级的 3D 材料。量子点激光器是由许多这些分布在有源区的点的集合组成。量子点的一个简单模型是，单一的电子能级以及每个点的空穴能级。量子点有源区中具有很多个点，其态密度由点的数量给出。

方程式(4.15) 中隐含的意思是吸收系数正比于 $\alpha = \alpha_0(N_2 - N_1)$。

其中，N_2 是原子在激发态中的数量，而 N_1 是处于基态的点数量。初始点中没有电流（$N_1 = 1$，而 $N_2 = 0$）。本习题中，采用严格匹配两个能级间隙的光照射到有源区上，如图 4.13 所示。

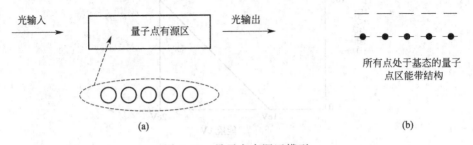

图 4.13　量子点有源区模型

(a) 示出结构范围内部的点；(b) 是各点的能带结构，示出所有基态的点

(1) 非常低水平的光 I_0 照射到 1mm 长的量子点有源区上。输出光是输入光的 5×10^{-4} 倍。求 α_0。

（2）中等水平的光照射在有源区上，以保持 $N_1=0.75$ 而 $N_2=0.5$。如果小的额外光增加 ΔL_{in} 照射到有源区上，那么光输出的增加 ΔL_{out} 是多少？

（3）如果大量的光照射在有源区上（$L\rightarrow\infty$），N_1 和 N_2 将会是多少？有没有可能光泵这一区域形成粒子数反转？

P4.10　量子点类似原子，有一个以上的电子能级。假设 100 个量子点构成了量子点激光器的有源区，如图 4.14 所示。第一能级是某个参考点以上 0.1eV，而第二能级为相同参考点以上 0.3eV。

参考第 2 章中表 2.1。

（1）如果室温下费米能级比第一能级低 0.05eV，有多少这些能态是被占据的？

（2）如果第一能级能态的一半被占据，电子的准费米能级是多少？

（3）为什么在第二能级会有 300 个状态，但最低能级只有 100 个状态？

（4）从第一能级获得激射的最低电子数是多少（假设注入价带的空穴数目等于导带中的电子数目）？

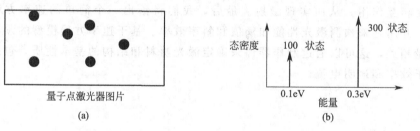

图 4.14　（a）是激光器有源区域内的量子点排列图；（b）为量子点的态密度图

5

半导体激光器的运行

Rail on in utter ignorance of what each other mean, and prate about an elephant not one of them has seen!
—John Godfrey Saxe The Blind Men and the Elephant

前面的章节中，我们讨论了半导体和半导体量子阱的理想性质，包括态密度、粒子数统计和光增益，并推导出其基于理想模型的表达式。本章中，我们将退后一步，来看看光增益和电流注入，研究它们是怎样与腔体和光子密度相互作用，从而实现激射。最后，我们将给出一个简单的速率方程模型，并用它来预测激光性能如阈值和斜率效率。基于速率方程模型的预测与测量相关，这可以通过制作器件来确定激光材料和结构的基本性质，包括内量子效率和透明电流。

5.1 概述

在萨克森的著名诗篇盲人和大象中，六个盲人争论大象像绳子、风扇、树、长矛、墙和蛇。诗句的寓意在于，虽然他们每个人都专注于这个动物的某个方面，但是他们全部都没有理解大象的要领。正如大象一样，半导体激光器也是几种东西的综合。它同时是 PIN 二极管（电子器件）和光学腔，而且这两个部分必须协同工作，才能成功地实现单色光源。

如果我们只对激光器的各部分来单独进行研究，最终就会像诗中的盲人那样，只熟悉部分而不是全部。本章中，我们介绍典型的半导体激光器结构，并详细描述了波导和电气运行以及金属接触，这些都是随后的章节中主要的研究点。让我们在分解大象之前，先整体看看这个可怜的家伙！

5.2 简单的半导体激光器

让我们再来看看图 1.5 中的结构。单个半导体巴条既在电流注入时作为增益介质，又作为腔体用于限制光。

第 4 章的后面部分，我们讨论了光增益，而且我们看到有光增益的材料可以将入射光放大。我们也了解了直接带隙半导体获得光增益的原因，因为如果空穴和电子能级足够高，准费米能级将会在各自的能带中。所有这一切都是光放大器的简单描述，但它尚不足以产生理想激射系统的干净单波长输出。

在第 2 章中，我们讨论了激射所需要的高光子密度，并举了 He-Ne 激光器的例子，其中通过反射镜使大多数光子保持在腔体内部，从而实现了高光子密度。在最基本的半导体边发射器件中，反射镜保持半导体光腔内部的高光子密度，反射镜通常由解理的半导体晶片形成。由于半导体的折射率 $n_{半导体}$ 通常约为 3.5，相比而言，空气的折射率 $n_{空气}$ 为 1，界面处的振幅反射率 r 由下式给出

$$r = \frac{n_{空气} - n_{半导体}}{n_{空气} + n_{半导体}} \tag{5.1}$$

而功率反射率 R 是

$$R = \left(\frac{n_{空气} - n_{半导体}}{n_{空气} + n_{半导体}} \right)^2 \tag{5.2}$$

对于典型的半导体激光器折射率，R 约为 0.3。这些解理的激光器巴条具有内置的反射镜，可以将约 30% 的入射光反射回腔体内。这个反射率足以在这些结构中实现激射。一般情况下，商业化器件的反射镜会在制造中涂敷介电层，从而增加（或减少）其在特定波长下的反射率。

5.3 激光器的定性模型

图 5.1 是一个定性的激光器模型图。它显示出很多电子和空穴作为电流，电注入腔体中。让我们想象在这腔体内，光波在反射镜之间来回反射，由于腔体的增益而呈指数增加，正如第 4 章结尾所示。当光波穿过腔体时，由于来自半导体的光增益，其强度增加。让我们反问一下：由于来回反射，振幅是否可以持续地无限制增长呢？

答案是不可能：增益和光子密度之间有反馈，这在光子密度很大时很重要。每个光子的产生暗示了一个电子和一个空穴的失去，随着光子密度的增加，空穴

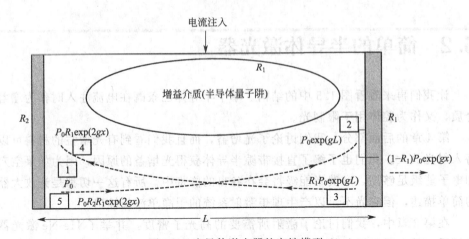

图 5.1　半导体激光器的定性模型

示出了光波向前和向后传播，而通过腔体内部的载流子提供了增益。

由于光子和增益介质之间的反馈，需要单位往返增益，其中 $P_0 = P_0 R_1 R_2 \exp(2gL)$

和电子密度降低，增益减小。激光器不只是光放大器，而且是具有反馈的光放大器！

　　有了光子增加导致增益下降（这反过来又会导致光子的减少）的这个思想，让我们证明为什么在稳态条件下，激光器中必须有"单位往返增益"。图 5.1 显示了当往返传输时，激光器腔体内部的光学模式指数增加，同时从各个腔面逃逸了许多光子。为了后面的讨论以及两个面上反射率的差异，将两个面上的反射率分别标记为 R_1 和 R_2。

　　术语"稳态"是指不随时间而变化：对于注入电流以及腔体中的载流子密度和光子密度，现在或者 15min 前或者 15min 后都是一样的。激光器中的术语"单位往返增益"意味着来回反射之后，光波功率应与光波开始时有相同的水平，包含了从面内所泄漏功率的净收益应该是 1。

　　图 5.1 中，当在激光器腔体增益 g 腔内来回反射时，我们遵循光学模式路径。首先，在位置 1，光波开始于值 P_0，当它行进到右侧面时，根据腔体增益，g 指数增加；当它到达右边的位置 2 时，其振幅为 $P_0 \exp(gL)$。在右侧面上，反射率为 R_1，所以返回到左边的振幅为 $P_0 R_1 \exp(gL)$。最后，光波传播回左边时，它经历了另一个周期的指数增益 $[P_0 R_1 \exp(gL) \exp(gL)$，或 $P_0 R_1 \exp(2gL)]$ 以及另一次反射 $P_0 R_1 R_2 \exp(2gL)$。值 $P_0 R_1 R_2 \exp(2gL)$ 必须等于初始光子密度 P_0，这给出了增益的值。

　　让我们想象一下，如果图 5.2 中的增益更高会发生什么。首先，在一个循环之后，光波会更大一点。其次，随着光波再次循环，它仍会变得更大。最后，当腔体中的光子密度变得太大时，增加的密度会耗尽电子和空穴，并降低增益。

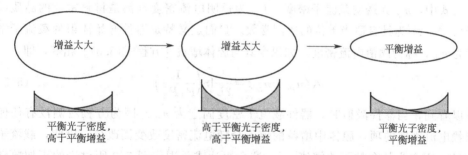

图 5.2　光子密度和增益之间的反馈

椭圆表示载流子，提供增益。由右至左，说明了如果增益太大，

载流子最终将会耗尽，而增益将降低并回到平衡值

（眼尖的读者可能已经注意到，即使在此条件下，光子恒定地产生来替代那些逃逸出平面的光子，即恒流进来，仅足以替代那些逃逸出平面的光子，这在下面两段中都将忽略不计）。如果增益比平衡时低，也可以得出类似的结论。载流子密度将逐步增加，从而达到单位往返增益。

增益的值必须如此，才能够保持激光器处于稳定状态，这是基于光子密度和载流子密度之间的相互联系。特定的均衡增益 g 值取决于腔体的性能，如平面反射率。图 5.2 中，我们示出光子密度驱动增益，当然也可以通过其他方式看待，如增益驱动光子密度。无论如何，增益是常数，并在激光腔体中固定，从而获得单位往返增益。

单位往返增益方程给出腔增益 g_{cav} 和面反射率之间的关系

$$1 = R_1 R_2 \exp(2g_{cav}L)$$

$$g_{cav} = \frac{1}{2L}\ln\left(\frac{1}{R_1 R_2}\right) \tag{5.3}$$

稳态、直流、激射增益通过腔体条件（面反射率和长度）给定。这里不详细地分析增益对准费米能级和能带结构的依赖，我们仅简单地看看用腔长和反射率确定激射增益的表达式。

对于那些有电子学背景的读者，这种情况类似于运算放大器或晶体管的开环和闭环增益。我们在第 4 章研究了开环增益，它是能带结构和半导体材料系统细节的函数。方程式(5.3) 中的闭环增益，取决于其周围放置的反馈元件（在此情况下为激光器腔体）。类似电子学中，所设置器件属性里更重要的是闭环增益，虽然本征材料给增益设置了极限值。

半导体激光器峰值增益作为载流子密度或电流密度 J 的函数，其最简单有用的模型由下式给出

$$g = A(n - n_{tr}) = A'(J - J_{tr}) \tag{5.4}$$

式中，n_{tr} 为透明载流子密度；J_{tr} 为透明电流密度（都是材料常数的品质因子）；A、A' 为具有适当单位的比例常数。我们定义特定器件开始激射的载流子密度为 n_{th}，称为阈值电流密度。如果令其与腔体增益 [方程式(5.3)] 相等，即

$$A(n_{th} - n_{tr}) = \frac{1}{2L}\ln\left(\frac{1}{R_1 R_2}\right) \qquad (5.5)$$

可以看到，当器件激射时，器件载流子密度固定为 n_{th}。因为方程右侧没有任何依赖电流密度的项，腔体中增益的值不会随电流密度改变而改变，因此，载流子数目 n 固定为某个粒子数阈值 n_{th}。这个表达式是围绕图 5.2 所讨论的更加数学化思维方式的重申。腔体内部（以及逃逸出激光器）的光子密度将发生变化，但激光器腔体内的载流子密度固定为阈值以上，并且与光子密度无关。当我们讨论激光器速率方程模型及其电气特性时，将回顾这个思想。

例子：浴缸上有一个孔。浴缸用喷管以 5gal/min 的速率填充，同时水通过浴缸中的孔按照每分钟浴缸水体积 10％ 的速度排出。问浴缸中有多少水？

解答：如果作为稳态下有确定答案的系统，这个问题很容易解决，其中浴缸中水的量和从浴缸中排出水的量之间具有负反馈。如果浴缸有超过 50gal 的水，则浴缸中水量将减少；如果浴缸中的水少于 50gal，则浴缸中水量将增加。因此，浴缸正好有 50gal 的水。

你会问这和激光器有什么关系呢？光子损失率由于腔体而保持为常数（像浴缸的喷口），而光子增加的速率必须与增益相关，依赖于载流子密度（像出水口）。这也许不是个好的类比，但是很形象生动。

5.4　吸收损失

现实中，为了让这个模型真正有用，增加一些参数是非常必要的。首先，图 5.1 中定义的腔体有与之相关联的一定吸收损失。腔体中的光来回反射，经历了光增益，但也由于某些不依赖于载流子注入的机制而被吸收。首先，让我们把这种吸收参数作为腔体模型的唯象部分加入进来，然后我们再简要讨论吸收的机制。

腔体中包含吸收损失（α）产生了如下的增益循环表达式

$$1 = R_1 R_2 \exp(2gL)\exp(-2\alpha L)$$

$$g_{cav} = \frac{1}{2L}\ln\left(\frac{1}{R_1 R_2}\right) + \alpha$$

$$= A'(J_{th} - J_{tr}) \qquad (5.6)$$

它定义了通过腔体参数和吸收损失来表示的激光增益。

上述方程式(5.6)中，第一项$\frac{1}{2L}\ln\left(\frac{1}{R_1R_2}\right)$称为分布式反射镜损失，它代表了光子通过反射镜的"损耗"，看起来反射镜损失是整个激光器长度上的集总参数。同样地，吸收损失代表由于光子通过自由载流子、脊形边缘的散射或其他方式，从而被吸收导致的光学损失。

这个吸收损失并非通过带隙的光吸收——后者是材料泵浦到粒子数反转时成为增益的吸收。有几种不依赖载流子密度的机制会引起光吸收。让我们简要地介绍一下。

5.4.1 带间和自由载流子吸收

激光器设计中，最重要的外加吸收因子称为"自由载流子吸收"。该机制如图5.3所示，图中还示出了与带间吸收的对比。

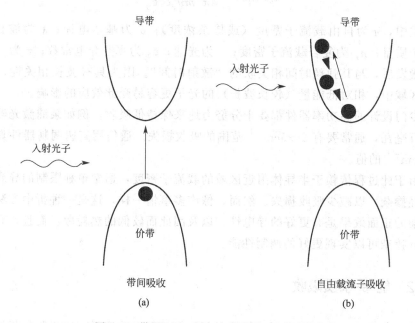

图5.3 带间 (a) 和自由载流子 (b) 吸收

光子被载流子（电子或空穴）吸收，但不是推动电子从价带到导带（左），而是推动载流子从其带底到顶部。载流子（如电子）然后通过与其他电子和晶格相互作用，失去能量从而弛豫回到带底

带间吸收系数的值由方程式(4.37)中表达式给出，依赖于准费米能级。（具有带隙下劈裂准费米能级的负增益，意味着吸收而非增益。）对于激光器泵浦到粒子数反转，需要带间增益而非吸收。方程式(5.6)中的增益项是由于带间

跃迁。

　　带间吸收的一个子类称为激子吸收，通常在非常低的温度下，或者有时在较高温度下非常纯的半导体和量子阱中，才可以看到。激子是电子-空穴对。低温下，电子和空穴形成库仑束缚，降低了两者的能量。这种束缚的电子-空穴对就是激子，当吸收光子后，激子就消除了。半导体能带边缘所看到的额外吸收峰，就是由于激子吸收引起的。

　　自由载流子吸收是激光器中的损失因素，也是方程式(5.6)中 α 项的一部分，其机制如下：光子入射到半导体上，激发出载流子（电子或空穴）；电子或空穴被推动到其能带的更高处；激发的载流子通过与晶格和与其他载流子的相互作用，弛豫回到其能带的平衡位置。这个过程依赖于掺杂浓度：掺杂浓度越高，就越有可能发生此吸收过程。由于这个原因，量子阱周围单独的限制区域通常保持为非掺杂。定量上，自由载流子吸收是掺杂浓度的函数，表述如下

$$\alpha_{自由载流子}=\frac{nq^2\lambda^2}{4\pi^2mn_rc^3\varepsilon_0}\frac{1}{\tau} \tag{5.7}$$

　　式中，n 为自由载流子密度（或掺杂浓度）；q 为基本电荷；λ 为波长；m 为电子质量；n_r 为复合载流子密度；c 为光速；ε_0 为真空介电常数；τ 为一旦载流子激发后，与其弛豫时间相关联的"散射时间"。因为具有波长相关性，更高掺杂区域中，相对低能量（较长波长）的光子更容易受此效应的影响。

　　专门设计的高功率器件都要十分努力地来保持低吸收，例如泵浦激光器设计为几百毫瓦，通常要有 $2\sim5\text{cm}^{-1}$ 范围的吸收损失。通信用高速调制器件具有接近 20cm^{-1} 的值。

　　由于此过程依赖于半导体附近区域的载流子密度，通常单独限制的异质区域保持轻掺杂，以减少吸收损失。然而，像许多事情一样，这是一种折中方法。增加掺杂的正面效果是有更好的导电性，以及因此而较低的热耗散。而且，有源区增加 p 掺杂可以实现更好的调制性能。

5.4.2　能带-杂质吸收

　　基于完整性，我们观察到一般情况下，光可以在载流子可以吸收的任何地方被吸收，并诱导能级之间的跃迁。例如，半导体中的杂质捕获载流子，也可以作为吸收中心，并且通常有从杂质到导带或价带（或者有时候能带之间，如重空穴带和轻空穴带之间）的低能量吸收。这些机制在激光器中并不非常重要。一般情况下，对于标准的通信激光器，吸收能量远低于激射能量，而且在良好的激射材料中，杂质非常少。这种机制如图5.4所示。

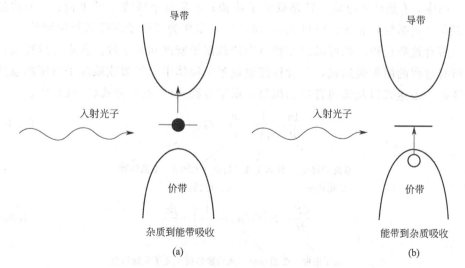

图 5.4 杂质到能带和能带到杂质的吸收示意图

水平线代表带隙之间的缺陷态。通常激光器具有很少的缺陷或杂质,此外该机制用于能量比带隙低得多的光子

5.5 速率方程模型

理解激光器运行最有用和最有力的工具之一,就是速率方程。它的思想很简单,而当我们采用它工作时,却能给出最好的结果。图 5.5 示出了激光器腔体示意图,其中含有一定的载流子密度 n 和光子数 S。这里正在发生一系列的物理过程:电流注入、光子发射、内部载流子通过受激辐射和自发辐射机理转化为光子。

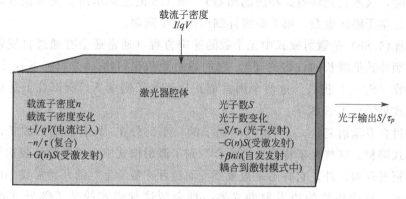

图 5.5 激光器腔体

示意了可同时改变光子数和载流子数的过程

　　图中，I 是注入电流；V 是载流子体积；q 是每个载流子的电荷；τ 为载流子寿命（包括辐射和非辐射过程），而 $G(n)$ 是作为载流子密度函数的增益。

　　所有这些过程，都可以改变腔体中的载流子密度和光子数。我们可以写出针对所有过程的简单表达式，并设置该数量等于腔体中光子数或载流子密度的总速率变化。表达式以及每项背后的机制，示于方程式(5.8a) 和式(5.8b) 中。

$$\frac{\mathrm{d}n}{\mathrm{d}t} = \frac{I}{qV} - \frac{n}{\tau} - G(n)S \tag{5.8a}$$

载流子密度　　注入电流　　复合（大部分　　受激辐射
变化速率　　　　　　　　是自发辐射）

$$\frac{\mathrm{d}S}{\mathrm{d}t} = S\left(G(n) - \frac{1}{\tau_p}\right) + \frac{\beta n}{\tau_r} \tag{5.8b}$$

光子密度　　受激辐射　　来自腔体的　　光子发射耦合
变化速率　　　　　　　　光子发射　　　到激射模式

　　方程式(5.8a) 右边的第一项代表注入电流。此电流的单位为"载流子/秒"，限制在某种体积 V 内（量子阱区域），同时存在载流子寿命 τ（而这意味着它有从库伦到载流子 q 的转换因子，测量的单位为库伦）。第二项代表自然复合过程中的载流子衰变（包括但不限于辐射复合）。由于每个载流子仅存在 τ 秒，密度下降速度为 n/τ。

　　第三项表述是，每通过受激辐射产生一个光子，都将失去载流子。表达式 $G(n)$ 是一个便捷的表达式，同时具有合适的单位以及增益对载流子密度的依赖关系。也可使用相对方程式(5.6) 的其他形式。表达式 $G(n)$ 在这里代表模式增益（或光学模式经历的增益），而不是材料增益（如果所有的光都完全限制在增益区时，这才是光学模式经历的增益）。图 1.5 的左侧示出了光学模式，通常仅部分与量子阱区重叠。第 7 章将详细讨论这个问题。

　　方程(5.8b) 是激射模式中光子数的速率方程（通常还会有通过自发辐射形成的、额外其他波长的许多光子）。它们通过受激辐射增加 $[G(n)S]$，通过腔面和吸收（S/τ_p）损失。这两个因素都正比于光子密度 S，所以在上述括号中的表达式里给出了 S 因子。

　　通过自发辐射复合 n/τ_r 所产生光子的一小部分 β，具有合适的波长，并与激射模式同相。这些光子称为是"耦合"到了激射模式中。通常除了表达数学上的受激辐射开始之外，它并不是很重要，而这种"数学上"的开始需要小的初始光子密度。对于传统的边发射激光器，耦合到这种模式的光子部分 β 通常是 10^{-5} 量级。

5.5.1 载流子寿命

这里适合来讨论关于速率方程中的时间常数，载流子寿命 τ。自发辐射载流子的寿命，是载流子复合和消失之前，在有源区中存在时间的典型量。时间常数源于除了通过受激辐射的载流子耗尽之外的所有其他机制。

实际上，载流子有几种不同的复合方式，如图 5.6 所示。我们最熟悉的，是图 5.6 中左侧所示的直接双分子辐射复合。电子与空穴复合，能量通过发射光子来吸收。如果材料中有缺陷，电子（或者空穴）可能落到缺陷中，当带有相反电荷的载流子落入缺陷中时，它将最终消失，并再次成为中性粒子。在这种情况下，能量通过声子吸收。这就是肖克莱-里德-霍尔复合，或称为基于陷阱的复合，如图 5.6 所示。

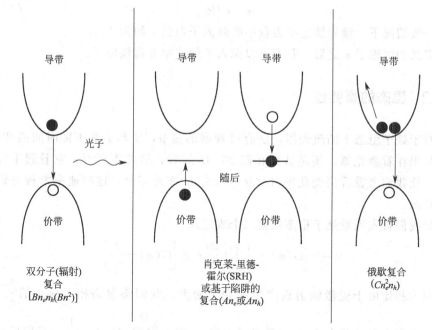

图 5.6　载流子的复合机制：双分子，缺陷和俄歇

最后，俄歇复合的机理示于图 5.6（右）。在这种机制中，电子和空穴复合，但并不发出光子，而是将能量转移到另一个载流子上。第三个载流子被激发到更高能量，并将载流子分布的温度升高。这里给出的俄歇复合是两个电子和一个空穴；当然，它也可以发生在两个空穴和一个电子之间，甚至可以涉及带间跃迁（如重空穴带和轻空穴带）。这种非辐射方式的基本特征在于，需要三个载流子，且复合能量将转移给第三个载流子而不是发射光子。

这三种复合速率的相对重要性，可以通过总自发复合率 R_{sp}（以 $s^{-1} \cdot cm^{-3}$ 为单位）看出，为

$$R_{sp} = An + Bn^2 + Cn^3 \tag{5.9}$$

式中，An 为缺陷相关的复合速率；Bn^2 为双分子（辐射）复合速率；Cn^3 为俄歇复合速率。如果复合速率越高，则载流子寿命越低。载流子寿命对激光器阈值电流的影响，可以从后面的方程式(5.15)中看出。这里，我们没有区分电子 n_e 还是空穴 n_h，通常（特别在未掺杂的激光器有源区），它们都相同并用 n 来表示。

良好的激光器通常具有非常低的缺陷密度，所以基于缺陷的复合项往往可以忽略不计。对于较短波长器件（如 980nm），主导的是双分子复合。对于较长波长（较低能量和带隙）器件，俄歇复合会更加显著，另外如方程式(5.9)所示，载流子密度越高，俄歇复合也越显著。复合速率 R_{sp} 项中，复合时间 τ 可以写成

$$\tau = n/R_{sp} \tag{5.10}$$

一般情况下，激光器速率方程中的载流子寿命 τ 约为 1ns。

定义和讨论了 τ 之后，我们可以深入了解速率方程模型了。

5.5.2　稳态的重要性

对于处于稳态下的激光器，所有可观察的量 n，S 和 I 都不随时间而变化。我们是现在看激光器，还是从现在起 20min 后看，这并不重要，它看起来完全一样。让我们来看看当变化率 dn/dt 和 dS/dt 都是零时，这些速率方程告诉我们些什么。

让我们首先来看处于稳态的第二个表达式。

$$0 = S\left[G(n) - \frac{1}{\tau_p}\right] + \frac{\beta n}{\tau_r} \approx S\left[G(n) - \frac{1}{\tau_p}\right] \tag{5.11}$$

因为相比由于受激辐射而产生的光子密度，我们将忽略相对较小的 $\frac{\beta n}{\tau_r}$ 项。于是，方程表示，要么 $S=0$（低光子密度），要么增益 $G(n) = \frac{1}{\tau_p}$（我们后面将讨论增益的单位问题，这里，它们显然以 s^{-1} 为单位）。

增益 $G(n)$ 显然取决于 n，而腔体中的光子寿命仅取决于晶面镀膜和光吸收，而不是 n。因此，首先最重要的观察，是增益 $G(n)$ 在阈值载流子密度 n_{th} 处有固定值 $G(n_{th})$，这由激光器腔体决定，并且不随着载流子注入的进一步增加而增加。5.3 节也得到了同样的结论。

因此，激射增益的实际值基本上由腔体给定，而不是来自于增益区的机制。

到目前为止，最有效的改变激射增益进而改变像阈值电流这些参数的方法，是改变腔体特性，包括长度和阈值镀膜。有源区的属性基本上给出了阈值电流密度 n_{th}。

低于这个"阈值"载流子密度时，光子密度约为零。在 n_{th} 处，增益由腔体的属性所确定。

让我们借此研究方程式(5.8a)。

$$0 = \frac{1}{qV} - \frac{n}{\tau} - G(n)S = \frac{1}{qV} - \frac{n}{\tau}, \text{对 } n < n_{th} (S = 0)$$

$$0 = \frac{1}{qV} - \frac{n}{\tau} - G(n)S = \frac{1}{qV} - \frac{n_{th}}{\tau}, \text{对 } n = n_{th} (S > 0)$$

(5.12)

对于 n 低于和达到阈载流子密度（当光子密度为 0 时），上述方程式(5.12)直接给出注入电流随载流子密度线性地增加，如下

$$n = \frac{I\tau}{qV}$$

(5.13)

每个注入载流子都存在特征时间 τ，占据体积 V，并有将电流转换为载流子的电荷 q。方程式(5.13)几乎可以直接从常识角度写出。通常情况下，寿命 τ（包括除了受激辐射外的其他复合过程）约为 1ns。

如果 $n = n_{th}$（记住，我们的结论是 n 不能大于 n_{th}），我们可以将方程式(5.12)改写为

$$S = \frac{1}{G(n_{th})}(I - I_{th})$$

(5.14)

式中，I_{th} 为阈值电流。通过方程式(5.13) 在 $n = n_{th}$ 时定义为

$$I_{th} = \frac{qVn_{th}}{\tau}$$

(5.15)

方程式(5.12) 和式(5.14)预测下图中很容易观察到的激光特性。低于某一阈值电流 I_{th}，几乎没有光出来。注入的电流用来增加载流子密度。高于阈值电流密度，载流子密度固定，并进一步增加电流、增加光子密度（图 5.7）。

正如光子密度（以及出光腔体）在阈值电流处定性变化，阈值电流处电性能也定性地（但微妙）改变。这将在第 6 章讨论。

5.5.3 增益和光子寿命的单位

第 4 章和本章开头，我们写出以 cm^{-1} 为单位的增益表达式，根据其对长度的指数依赖，定义 $P = P_0 \exp(gx)$。而在速率方程模型中，很显然 $G(n)S$ 需要以 s^{-1} 为单位。那么哪个是正确的呢？

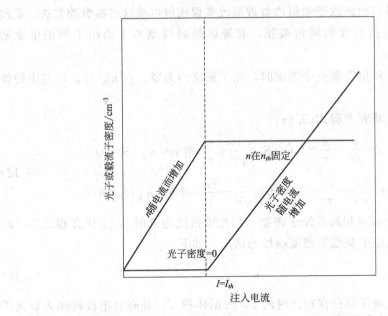

图 5.7　相对于载流子密度 n 和光子密度 S 所预测的速率方程

阈值以下，电流密度通过仅源于自发辐射的标称光子密度确定；

阈值以上，载流子密度固定，而光子密度随注入电流线性增加

答案是都正确。以 cm^{-1} 为单位的增益可以转换为以 s^{-1} 为单位的增益，可以通过如下使用光速作为转换因子来进行转换

$$g[cm^{-1}] = g[s^{-1}]\frac{c}{n} \qquad (5.16)$$

式中 $\frac{c}{n}$ 是群速度。

我们也注意到，增益可以随意写成正比于电流、电流密度、载流子密度和载流子数目，并且可以用 cm^{-1} 或者用 s^{-1} 为单位。在我们使用这些简单增益模型的语境中，从根本上而言都是正确的。式(5.6)中 A 用来在任何我们方便的前提下，给出各种比例短关系的正确单位。

例子：估算无腔面镀膜，折射率为 3.5 的 $300\mu m$ 长激光器件中，光子寿命是多少。

解答：计算的增益点由方程(5.6)给出，为 $39cm^{-1}$。

除以 c/n，给出 $1/\tau_p$ 的值为 $3.3 \times 10^5 s^{-1}$，或者时间常数 $\tau_p = 3ps$。

这个 ps 量级的小光子寿命，是半导体激光器可以快速调制的基本原因。当我们快速改变进入器件的电流时，光子密度也可以迅速改变。

与此相反，发光二极管是通过自发辐射驱动的，而且器件发光与 n/τ 成正

比，这里 τ 是载流子寿命（通常为 ns 量级）。因为激光器的光很大程度上受限于皮秒（ps）的光子寿命，而发光二极管的光受限于纳秒（ns）的载流子寿命，所以激光器可以调制到 Gb/s 的传输速度，远比二极管的速度快。这就是从根本上讲，需要使用激光器进行光通信的原因。

5.5.4　斜率效率

图 5.8(a) 显示了所有激光器测量中最基本的光电流，或 L-I 曲线。电流源注入精确数量的电流到激光器巴条，而巴条中的光探测器测量从器件中出来的光量 L（瓦，W）。图 5.8(b) 示出根据测量推导出的两项结果：第一，光输出作为输入电流的函数；第二，对应电流的微分斜率（$\mathrm{d}L/\mathrm{d}I$），单位为 W/A。

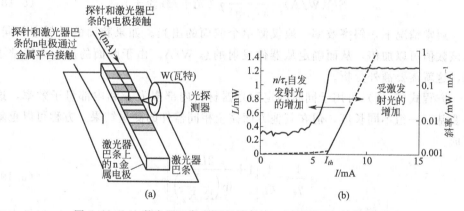

图 5.8　(a) 激光器巴条的测量设置；(b) 器件的 L-I 测量值

请注意这种行为对速率方程预测的符合。当处于特定阈值电流 I_{th} 时，光输出数量有正比于电流的急剧增加。该比例的斜率（单位为输出瓦/输入安培）通常称为斜率效率（简称为 SE），这是商用器件中至少要提供的规格。通常，倾斜效率越高越好：我们希望尽可能从每份给定的注入电流中提取更多的光。

根据测量的 L-I 曲线，可以有几种阈值电流的定义。最常见的是到光为 0 点的外推电流，图 5.8 中约为 6mA。其他定义还包括最大斜率点，或者说斜率变化最大的点。

我们通过腔体参数 R_1，R_2 和 α 来量化斜率效率。假设器件中注入数量为 I 的电流，该电流的一部分 η_i（内量子效率）转换成光子。激光器腔体中的光子然后或者再吸收（用损失 α 表示），或者从某个面发射（用分布式光损失表示，$\frac{1}{2L}\ln\left(\frac{1}{R_1R_2}\right)$，该式中 L 是腔长）。虽然后一项从增益需要方面而言表示为"损失"，但是它实际上代表了我们希望的激发腔体的光子。

光子输出的外量子效率（η_e）与载流子输入的内量子效率之比，就光子激发腔体和腔体中光子吸收而言，给出下式

$$\eta_e = \frac{\eta_i \frac{1}{2L}\ln\left(\frac{1}{R_1 R_2}\right)}{\frac{1}{2L}\ln\left(\frac{1}{R_1 R_2}\right)+\alpha} \tag{5.17}$$

外量子效率与内量子效率之比等于分布式光损失与总损失的比值。

η_i 和 η_e 都针对光子/载流子而言，但是测量的量［如图 5.8（a）所示的测量］是单位为 W/A 的斜率效率。每个波长 λ 的光子携带 $1.24/\lambda(\mu m)$ 的能量（单位为 eV），而 eV 和 V 之间的转换为电子电荷 q。单位为 W/A 的斜率效率 SE 和 η_e 之间的关系为

$$SE(\text{W/A}) = \frac{1.24}{\lambda(\mu m)}\eta_e\,(\text{光子/载流子}) \tag{5.18}$$

通常情况下，斜率效率一般仅测单个腔面的出光。如果腔面的反射率相同，则该数值可以加倍，从而确定从器件发射的总 W/A。由于腔面的反射率通常不同，这就需要额外分析。

方程式(5.17) 可用于同时确定激光器材料内部损失 α 和内部量子效率，这需要基于一组不同长度，但在其他方面完全相同器件的测量结果。方程可以重新写成

$$\frac{1}{\eta_e} = \frac{1}{\eta_i}\left[1+\frac{2L\alpha}{\ln\left(\frac{1}{R_1 R_2}\right)}\right] \tag{5.19}$$

很明显，随着器件变短，斜率增加，而外推值（其中腔长 $L=0$）将给出内量子效率 η_i。注入载流子转化为光子的部分是一个重要的材料优值，通常为 $80\%\sim100\%$ 量级。这个过程也说明了，通过非常简单的模型，很多激光器分析方法背后的材料常数可以与测量相关。

5.6　腔面镀膜器件

大多数半导体边发射激光器应用中，两个腔面的面反射率并不相等。边发射法布里-珀罗激光器中，反射镜首先通过晶圆解理形成（图 5.9）。用金刚石尖状工具划（刮）晶圆的边缘，然后裂开；裂痕沿着晶面，形成半导体和空气之间的完美介质反射镜。一旦形成，这些反射镜是对称的，因此一半光从腔体一侧出去，而另一半则从另一侧出去。这样做时，与所要解理晶圆的平面对齐划裂以及进行解理标记，都是非常重要的。

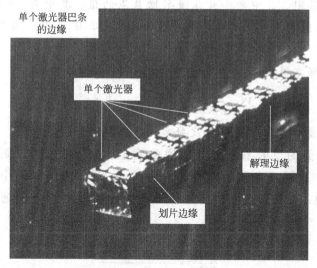

图 5.9 激光器巴条（图片来源 J. Pitarresi）

（左边）显示划裂的边缘，裂纹从此处开始，反射镜平面的平整解理边缘，

形成了激光器的腔反射镜。划裂的地方器件不会激射，从而只能丢弃

　　虽然这是教科书中完全可以接受的典型例子，但是对于商业应用，期望激光器的大部分光从一个面出射，并耦合到光纤中。因此，腔面通常镀有介电膜，从而改变反射率。典型的法布里-珀罗激光器设计，是具有约 70％反射率的后腔面和约 10％反射率的前腔面。大部分光从激光器的前腔面出射，只有少量从后腔面出射。后腔面的光通常耦合到封装的监控光电二极管中，以便能够主动控制激光器的输出功率。典型法布里-珀罗激光器如图 5.10所示。

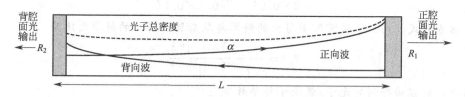

图 5.10 典型的通信用法布里-珀罗激光器

一侧 HR 镀膜具有 70％反射率，而另一侧 LR 镀膜具有 10％反射率。

注意由于不对称性，大部分光都通过前腔面出射

　　这些镀膜的腔面是控制激光性能的极佳方式。根据方程式(5.6)，可以明显看到，当腔面反射率增加时，需要减小腔增益。因此，可以通过增加镀膜反射率来降低需要的阈值电流。

例子：计算图 5.5 中所绘腔体激射增益点的值，其中 $R_1=0.1$，而 $R_2=0.7$。比较腔体激射增益点的值，如果腔面未镀膜，$R_1=R_2=0.35$。忽略吸收损失。

解答：根据方程式(5.6)，当 $L=500\mu m$ 时，增益点为

$$53=\frac{1}{2\times0.05}\times\ln\left(\frac{1}{(0.7)(0.1)}\right)$$

如果腔面都未镀膜，具有 0.35 的反射率，则增益点将是 $72cm^{-1}$。

如果两个面的反射率不相等（通常它们是不相等的），则源自两个面的斜率效率也不同。术语不对称表示一个面 SE_1 的斜率效率与另一个面 SE_2 的斜率效率之比，对于法布里-珀罗激光器，可以直接通过下面的表达式给出，

$$\frac{SE_1}{SE_2}=\frac{R_1^{-1/2}-R_1^{1/2}}{R_2^{-1/2}-R_2^{1/2}} \tag{5.20}$$

剪裁斜率效率是影响激光器性能有用而又强大的方法。

例子：一个法布里-珀罗 $1.48\mu m$ 激光器具有低反射率（LR）/高反射率（HR）对的腔面镀膜，其反射率分别为 $R_1=0.1$ 和 $R_2=0.7$，并且有耦合到 LR 侧的光纤。内量子效率是 0.8，吸收损失为 $15cm^{-1}$。对于 $400\mu m$ 腔长，计算以 W/A 为单位的前腔面斜率效率。

解答：光子/载流子的总斜率效率使用方程式(5.17)计算，为 0.55。

$$0.55=\frac{0.8\times\frac{1}{2\times0.04}\times\ln\left(\frac{1}{0.7\times0.1}\right)}{\frac{1}{2\times0.04}\times\ln\left(\frac{1}{0.7\times0.1}\right)+15}$$

根据方程式(5.20)，从前腔面得出的斜率与从后腔面得出的斜率之比为

$$7.9=\frac{0.1^{-0.5}-0.1^{0.5}}{0.7^{-0.5}-0.7^{0.5}}$$

因此，前腔面得到的光子/载流子斜率效率是

$$0.49=\frac{7.9}{8.9}\times0.55$$

而单位用 W/A 时变为

$$0.41=0.49\times\frac{1.24}{1.48}$$

在第 9 章中我们将广泛讨论另一种类型的器件——分布反馈（DFB）激光器。这些激光器也有镀膜，但对这种器件，本章给出的相对功率方程不再适用。

5.7 完整DC分析

从根本上讲，激光器特性首先受限于材料，其次受到结构影响。用于材料分析的这类样品，几乎都是"大面积"样品，使用脉冲电流源测试。这些类型的样品和测试方法是用来避免非理想化情形，如与测量材料性能相关联的波导以及热效应。（激光器在更高电流下会表现出更显著的热效应。）

图5.11示出了大面积和单一模式（脊形波导）器件之间的差异。

几种不同的器件都针对不同长度，全部进行了测量，因为器件与器件之间存在显著变化。

分析中的两个关键方程是式(5.6)和式(5.19)。如下所示，是完整的各种长度器件所测数据，并且给出一个材料和器件特性分析的例子。

例子：下面的整套数据获取自大面积激光器，激射波长为$1.31\mu m$。求该材料的透明电流，吸收损失和内量子效率（表5.1）。

表5.1　从几个不同激光器样本中获得的一组数据

（每个激光器都有$30\mu m$条宽，且腔面都未镀膜）

试样	试样长度 /μm	I_{th} /mA	SE(从第1个面测量)/(W/A)	J_{th}(I_{th} /长度×$30\mu m$)	SE(两个面) /(光子/载流子)
		测量量		计算量	
1	500	217	0.14	1447	0.30
2	500	217	0.13	1447	0.27
3	500	217	0.18	1447	0.34
4	750	259	0.09	1151	0.19
5	750	269	0.11	1187	0.23
6	750	258	0.10	1147	0.21
7	1000	286	9.1×10^{-2}	953	0.19
8	1000	294	9.2×10^{-2}	980	0.19
9	1000	297	8.0×10^{-2}	990	0.17

注：左边的列，I_{th}(mA)和SE(W/A)是直接测量获得的量；右边的列J_{th}和SE（光子/载流子）从测量结果和波长计算而来。

解答：直观的过程通过下面的例子来说明。理论模型由方程式(5.6)和式(5.19)给出。电流密度通过简单地除以面积来计算。乘以2和乘以$\lambda/1.24eV\cdot\mu m$来评估测得的输出效率（在此例中，腔面也都没有镀膜）。这些值绘于表中的最后两列。

为了确定透明电流，根据方程式(5.6)，阈值电流密度与$1/L$作图，结果如图5.12所示。当L趋于无穷大时，其外推值就是透明电流密度，这是材料激射所需的最小电流密度。这个数值通常用作材料的优值。

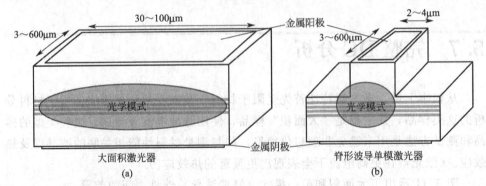

图 5.11 (a) 大面积器件；(b) 脊形波导器件

脊形波导支持单横模工作，用于通信；大面积器件用于材料特性表征，如脊形细节以及阻力，重要性要小很多

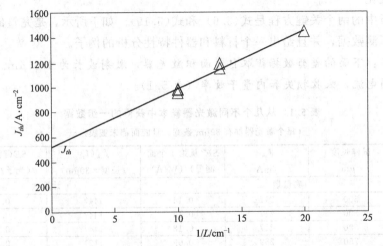

图 5.12 一组激光器的阈值电流密度与 $1/L$ 的关系

显示出 J_{th} 约 500A/cm^2

效率与长度的关系可以根据方程式(5.19)绘出。方程表示出了反射镜损失对比吸收损失的相对效果。当腔体长度变为零时，唯一有效的损失是反射镜损失，载流子进入与光子射出之比给出了内量子效率（通常大于 0.60）。下面，$\frac{1}{\eta_e}$（外量子效率）绘制为 L 的函数，显示出所提取的内部量子效率约为 0.74。

图 5.13 中曲线的斜率给出了吸收损失 α。（如果该值在大面积器件上测量得到，可能会和脊形波导上有所不同，这主要是因为脊形的散射。）

图 5.13 中 $\frac{1}{\eta_e}$ 和 L 的最佳拟合方程是

$$\frac{1}{\eta_e} = 0.0042L + 1.36$$

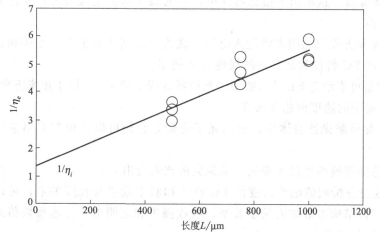

图 5.13 外量子效率与器件长度 L 的截距

给出了内量子效率，同时可以从斜率得到吸收损失

与方程式（5.19）比较，$0.042 = 2\alpha/\eta_i \times 1/\ln(R_1 R_2)$，已知端面反射率 $R_1 = R_2 = 0.3$，提取值 $\eta_i = 0.74$，从而给出了 α 为 $3.74 \times 10^3 \mu m^{-1}$ 或者 $37cm^{-1}$。

5.8 小结

本章中，我们将半导体量子阱的基本内部属性与器件的输入和输出参数进行了关联。

A. 解理的半导体腔面反射率通过材料和空气的折射率给出，典型值大约是 0.30。

B. 激光器在单位循环增益的稳态条件下工作，对于恒定电流输入（或任何输入激励水平），腔体中和逃逸出腔体的光子密度都是稳定的。

C. 增益的简单实用模型，表示为载流子密度减去透明载流子密度的正比例。透明电流密度是结构和材料的常数，给出材料可激射的最小载流子密度。

D. 除了与有源区相关联的增益和损失，掺杂包覆层中有与光模吸收相关的吸收损失，以及来自波导的光散射。这些附加损失项影响器件的效率和阈值电流。

E. 法布里-珀罗光学腔的增益点通过吸收损失和腔面反射率给出。

F. 给定器件的阈值电流和斜率效率都受腔面反射率影响。实用的器件通常在腔面镀膜，以便让更多的光从主腔面出射。

G. 通过评估作为长度函数的阈值电流密度，可以测定称为透明电流密度的材料/结构参数。这给出了很长器件可获得的最小阈值电流密度，并作为激光器结构的优值。

H. 速率方程模型用来将注入电流、载流子密度和光子密度相关联，并预测出了阈值的 DC 特性和观察到的线性 L-I 斜率。

I. 增益可表示为 cm^{-1}（适用于光损耗方程）或 s^{-1}（用于速率方程），并通过光在介质中的速度而相互关联。

J. 半导体激光器腔体中，短的光子寿命是它们可以实现非常迅速调制的根本原因。

K. 总斜率效率通过光损失与总损失的比值给出。

L. 通过分析阈值电流密度的 DC 特性和斜率效率与长度关系，可以提取出腔体和材料/结构参数如内量子效率、吸收损失和透明电流。这些数值通常用作结构或材料的优值。

5.9　问题

Q5.1　判断对错。半导体腔面和空气界面处的反射率振幅和功率，随着半导体介电常数的增大而增大。

Q5.2　将半导体激光器在水中或空气中测试，输出功率会增加吗？

Q5.3　判断对错。通过复合形成的每个光子都要有一个电子和一个空穴的失去。

Q5.4　腔体的哪些物理特性决定了稳态直流激射增益？

Q5.5　当反射率 R_1 和 R_2 增加时，腔体增益 g 和阈值电流 I_{th} 会怎样变化？

Q5.6　当腔体长度增加时，腔体增益 g 会怎样变化？阈值电流 I_{th} 会怎样变化？

Q5.7　什么现象决定吸收损失？制造实用的半导体激光器时，吸收损失是要最小化还是最大化？

Q5.8　激射的速率方程模型是什么？［见方程式(5.12)，并描述每项后面的物理机制。］

Q5.9　什么是透明电流？它是怎么确定的？

Q5.10　什么是 L-I 曲线？

Q5.11　定义外量子效率和内量子效率。这些性质应该怎么测量？

Q5.12　为什么基本性能如透明电流的测量通常要用大面积激光器和脉冲电流？

Q5.13　什么是斜率效率？

Q5.14 为了允许大部分光耦合到连接某个腔面的光纤中，法布里-珀罗半导体激光器的两个腔面反射率典型值是多少？

5.10 习题

P5.1 一个半导体激光器有 20mA 的阈值电流 I_{th}，有 1ns 的载流子寿命（由于俄歇复合和双分子复合）以及小于 $10^{13}\,\mathrm{cm}^{-3}$ 的杂质浓度。图 5.14 给出该特定材料的载流子寿命对杂质浓度的依赖关系。

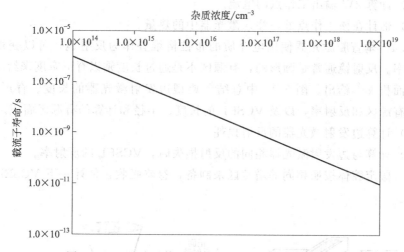

图 5.14 一些半导体的载流子寿命与杂质浓度的关系

（1）增加杂质浓度降低寿命是通过什么机制？

（2）如果激光器有 $10^{18}\,\mathrm{cm}^{-3}$ 杂质浓度，请问它的阈值电流是多少？

P5.2 一个激光器设计为在 980nm 激射，内量子效率为 0.9，两个腔面的功率反射率都是 0.4，长度为 $300\mu m$，而内部吸收损耗为 $20\mathrm{cm}^{-1}$。

（1）光子寿命 τ_p 是多少？

（2）一个腔面上，测量得到的斜率效率是多少（单位 W/A）？

P5.3 激光器有源区具有以下材料特性：

η_i （内量子效率）	0.8
J_{tr} （透明电流密度）	$2000\mathrm{A/cm}^2$
A （微分增益）	0.02 （$\mathrm{cm}^{-1}\times\mathrm{cm}^2/\mathrm{A}$）
E_g （带隙）	0.946eV
α （吸收损失）	20/cm

此外，所用的波导结构是1μm宽，有额外的损失。

设计的激光器具有以下属性：

前腔面斜率大于0.4W/A

后腔面斜率至少为0.05W/A

长度介于150～450μm之间

阈值电流低于20mA

实际设计可以用电子表格来完成，但是提交时，请明确计算出阈值电流和每个腔面的斜率效率，这些都是所选择参数的函数。

(1) 指定每个腔面上，所用镀膜的长度和腔面反射率。

(2) 计算2W输出工作点的电流。

(3) 估计在该工作点处，注入激光器中的热量。

P5.4　垂直腔激光器使用电介质的布拉格堆叠作为反射镜，可以获得极高的反射率。反射镜通常是圆形的，有源区不是通过长度乘以脊形宽度来给出，而是通过面积 πr^2 给出。图5.15中总结了典型边发射激光器的长度、脊形宽度、计算的有源区和反射率，以及VCSEL的长度、半径和计算的有源区面积。

(1) 计算边发射激光器的反射损耗。

(2) 计算与边发射激光器相同的反射损失时，VCSEL的反射率。

(3) 假定腔体按照相同的增益区来制备，忽略吸收，估计一下VCSEL的阈值电流。

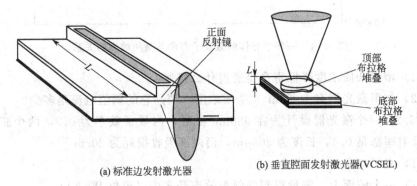

(a) 标准边发射激光器　　　　(b) 垂直腔面发射激光器(VCSEL)

边发射激光器性质

$L = 300\mu m$

$R_1 = R_2 = 0.3$

脊形宽度－$1.5\mu m$

$I_{th} = 10mA$

有源区面积＝$4.5 \times 10^{-6} cm^2$

面发射激光器性质

$L = 1\mu m$

$R_1 = R_2 = ?$

直径＝$2\mu m$

$I_{th} = ?$

有源区面积＝$3 \times 10^{-8} cm^2$

图5.15　不同有源腔的激光器

P5.5　速率方程模型预测了 $n=n_{th}$ 的阈值电流，高于此值时，光输出线性正比于电流密度 n。这可以很容易地通过假设 $\beta n/\tau_r$ 可忽略不计来导出。但是，自发辐射的观测是在阈值下方，而发光二极管完全通过自发辐射的方式工作。推导对于 $n<n_{th}$，相对于速率方程中其他数量而言的 S/J 亚阈值斜率比。

P5.6　未镀膜激光器具有面有源面积 A、模态指数 n（同时确定反射率和模式速度）以及腔面反射率 R。假设光腔中光子密度是均匀的，请确定腔体中相对测量的腔面射出功率 P 的光子密度表达式（单位 W）。

P5.7　第 5.7 节的例子中，1mm 长器件具有约 290mA 的未镀膜腔面阈值电流。如果器件镀膜，且腔面有大于 99% 的反射率，从而减少腔面反射率到可忽略的水平，请问器件阈值电流是多少？

P5.8　图 5.16 示出部分有源腔的激光器。这种结构中，左侧部分是包含量子阱和增益的有源区；而右侧部分是"光束扩展区"，没有增益，但是设计用于改变器件光输出的模式，使之能够更好地耦合进光纤（可以提前看一下图7.11）。激光器腔体中总功率的分布是非均匀的。这个问题涉及对上面腔体建模，从而计算非寻常腔体的功率分配。

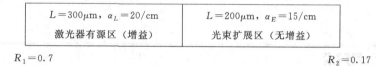

$R_1=0.7$　　　　　　　　　　　　　　　　　　　　　$R_2=0.17$

图 5.16　部分有源腔的激光器

（1）在有源区找到结构将激射的增益点 g。

（2）画出此腔体中正向、反向和总功率的分布。

（3）找到前腔面中相对光子输出/总生成光子而言的出光斜率效率。

6
半导体激光器电学性质

Some say the world will end in fire,
some say in ice···
—Robert Frost
Fire and Ice

本章中，我们将讨论半导体激光器的电学性质。p-n 结二极管的基本工作将在此回顾，而将逐一列举半导体激光器作为二极管和不作为二极管的方式。

6.1　概述

本书的前几章，我们已经讨论了激光器的总体性质，然后是半导体激光器的细节。我们的分析或多或少开始进入有源区（"火"）以及电子和空穴形成激射光子的方式。然而，还有另一个重要的部分，这就是电子和空穴首先进入有源区的方式（"冰"）。这就像 Si 衬底上生长 GaAs 的更大应变，虽然不是在半导体激光器中唯一，但仍然对它们至关重要。

本章中，我们将回顾半导体 p-n 和 p-i-n 结，然后讨论让激光器偏离理想 p-i-n 结的方法。我们还将讨论半导体激光器的金属接触。我们确实希望读者之前也学习过 p-n 结，从而我们的处理可以更简洁。更多细节可以在半导体的很多教科书[1]中找到。

6.2　p-n 结基础

半导体激光二极管包括一侧的 p 掺杂区；中心的总体非掺杂量子阱和垒区

---

❶　例如 Streetman and Banerjee, *Solid State Electronic Devices*, Prentice Hall.

域，这是激光二极管的"有源区"；以及另一侧的 n 掺杂区。电子从一侧注入，而空穴从另一侧注入。电子和空穴在有源区相聚。

表 6.1　推导二极管电流方程的步骤

步骤	节
1. 演示使用费米能级来描述单个 p 或 n 掺杂半导体的粒子数	6.2.1
2. 绘制处于平衡的突变 p-n 结的能带结构	6.2.2
3. 根据能带结构，推导出空间电荷区和内置电压	6.2.3、6.2.4
4. 根据空间电荷和电压之间的关系，推导出空间电荷区的宽度	6.2.5
5. 施加偏压到同一个突变结，费米能级劈裂为两个准费米能级(电子一个和空穴一个)	6.3
6. 根据能带结构图，绘出电荷密度简图，通常假定耗尽区(只有空间电荷，并且没有移动电荷)和准中性区域(没有净电荷)之间的突变跃迁	6.3.1
7. 假定过剩电荷可以通过费米能级表达式给出，从而导出过剩少数载流子电荷的表达式，并从而少数载流子扩散电流	6.3.2
8. 最后，由于电流的连续性，跨结的总电流(忽略耗尽区的复合电流)等于结每侧少子扩散电流的总和	6.3.3

我们的目标是推导 p-n 结二极管方程。因为要有大量的数学计算，作为导航，我们在表 6.1 示出了步骤。然后，我们将看到所推导表达式应用于激光器的方式。

所有这一切的结果，就是导出整个 p-n 结 I-V 曲线的一般表达式。其中显著的特征是电流对电压的指数依赖关系，以及反向饱和电流对有源区特性（掺杂、迁移率和寿命）的依赖关系。

6.2.1　载流子密度作为费米能级位置的函数

首要介绍或更适当地说提示读者的，是费米能级 E_f 从根本上说是载流子密度的量度。空穴或电子的数量通过表 4.1 中相对复杂的表达式给出，其中包含费米分布函数和态密度函数。然而，对于体半导体，其费米能级并不很接近导带或价带，这里有两个便捷的简化。

首先，平衡状态时，电子和空穴的数目 n_0 和 p_0 可以写为

$$n_0 = N_c \exp[-(E_c - E_{Fermi})/kT]$$
$$p_0 = N_v \exp[-(E_{Fermi} - E_v)/kT] \tag{6.1}$$

式中，E_c 和 E_v 分别为价带和导带的能级；N_c 和 N_v 分别为导带和价带有效态密度。这将所有能带中的状态，简化为正好位于导带边的一个数值，而不是表 4.1 中的全部。整个过程只需要一次相乘。这个数值在 Si 中约为 $10^{20}\,\mathrm{cm}^{-3}$，在 GaAs 中约为 $10^{17}\,\mathrm{cm}^{-3}$。不同材料的特定值示于表 6.2。

表 6.2　一些常用材料的带隙，本征载流子浓度，有效态密度和相对折射率

材料	带隙/eV	n_i/cm^{-3}	N_c/cm^{-3}	N_v/cm^{-3}	$\varepsilon_r(\varepsilon_0 = 8.85 \times 10^{-12} F/m)$
Si	1.12	1.45×10^{10}	2.8×10^{19}	1.0×10^{19}	11.7
GaAs	1.42	9×10^6	4.7×10^{17}	7×10^{18}	13.1
AlAs	2.16	10	1.5×10^{17}	1.9×10^{17}	10.1
InP	1.34	1.3×10^7	5.7×10^{17}	1.1×10^{19}	12.5

乘积 $n_0 p_0$ 的性质如下

$$n_0 p_0 = N_c N_v \exp\left(-\frac{E_c - E_{Fermi}}{kT}\right) \exp\left(-\frac{E_{Fermi} - E_v}{kT}\right)$$

$$= N_c N_v \exp[-(E_c - E_v)/kT]$$

$$= N_c N_v \exp(-E_g/kT) = n_i^2 \tag{6.2}$$

乘积在平衡时为常数，与费米能级无关。数值 n_i 称为本征载流子数，是材料的属性。非掺杂半导体中，它代表键的密度，该键可以通过热来激活，并形成空穴和电子。

大多数半导体中，载流子通过掺杂产生，而通常 n_0 或 p_0 根据施主原子的密度 N_D 或受主原子的密度 N_A 给出。掺杂原子是匹配到晶格的原子，只是或者缺少电子（Ⅲ族掺杂剂，如 B 或 C）或者有额外的电子（Ⅴ族掺杂剂，如 As）。

其结果是使得费米能级远离本征费米能级（E_i，位于带隙中间），从而或者成为临近价带的 p 掺杂半导体，或者成为邻近导带的 n 掺杂半导体。

让我们再以 Si 晶格为例。方程式（6.2）表示，如果 n_0 增加到 $10^{17} cm^{-3}$（通过掺杂 Si 到 $10^{17} cm^{-3}$ 量级），那么空穴的平衡密度将下降到 $10^3 cm^{-3}$。非掺杂半导体中，移动的空穴和移动的电子同时形成，因而 $n_0 = p_0$。

方程式（6.3）显示的是，载流子密度作为费米能级位置以及导带和价带函数的表达式。因为载流子相对于能级呈现指数增加，我们可以方便地写出载流子密度相对于费米能级和本征费米能级（带隙中间）的关系。方程形式一样，只是因子（n_i 和 N_c/N_v）以及参考值不同

$$n_0 = n_i \exp(E_{Fermi} - E_i/kT)$$

$$p_0 = n_i \exp(E_i - E_{Fermi}/kT) \tag{6.3}$$

有一个简单的方法来记忆方程式（6.2）和式（6.3）。方程式（6.2）表示，如果费米能级在导带中（$E_{Fermi} - E_c = 0$），则载流子密度为 N_c。方程式（6.3）给出载流子密度相对于本征费米能级 E_i 的关系。如果费米能级在本征费米能级中（$E_{Fermi} - E_i = 0$），则载流子密度将为 n_i。

对于费米能级的感性认识以及方程示于图 6.1 中。

下面例了以及本章后面习题中所使用的一些材料常数，示于表 6.2。

下面将举例说明这些方程的应用。

例子：Si 晶圆掺杂 $3 \times 10^{17} cm^{-3}$ 的 B 原子。请画出能带结构，求出费米能级和本征费米能级之间的距离，以及费米能级和价带及导带之间的距离。并求出 n_0 和 p_0。

解答：使用方程式(6.3)，假设 $n_0 = 3 \times 10^{17}\,\mathrm{cm}^{-3}$，那么 $(E_{Fermi} - E_i) = kT\ln(N_A/n_i) = 0.026\ln(3 \times 10^{17}/10^{10}) = 0.45\,\mathrm{eV}$，这是距本征费米能级的距离。Si 的带隙是 1.1eV，因此如果费米能级距离中间（0.55eV）为 0.45eV，那么它距离价带约 0.1eV，而距离导带约 1eV。

仅用于示范，Si 的 N_v 为 $1 \times 10^{19}\,\mathrm{cm}^{-3}$。根据方程式(6.1)，$3 \times 10^{17} = 1 \times 10^{19}\exp[-(E_v - E_{Fermi})/0.026]$，可得 $E_v - E_{Fermi} = 0.09\,\mathrm{eV}$，有大致相同的值。

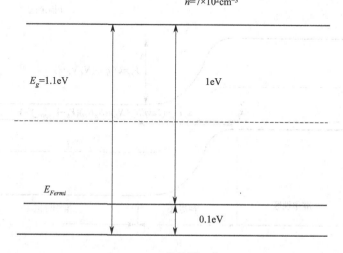

$n = 7 \times 10^2\,\mathrm{cm}^{-3}$

$E_g = 1.1\,\mathrm{eV}$ 1eV

E_{Fermi}

0.1eV

$p = 3 \times 10^{17}\,\mathrm{cm}^{-3}$

n_0 和 p_0 的数值可以通过方程式(6.1) 或方程式(6.3) 求得，但最方便的是根据方程式(6.2)。室温下的 p_0 项是掺杂浓度，$3 \times 10^{17}\,\mathrm{cm}^{-3}$，所以 $n_0 = \dfrac{n_i^2}{p_0} = (1.45 \times 10^{10})^2/3 \times 10^{17} = 700\,\mathrm{cm}^{-3}$。

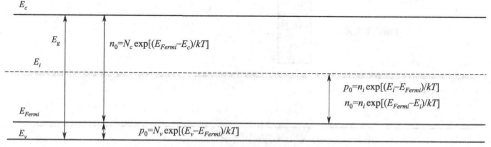

E_c

E_g $n_0 = N_c\exp[(E_{Fermi} - E_c)/kT]$

E_i

$p_0 = n_i\exp[(E_i - E_{Fermi})/kT]$
$n_0 = n_i\exp[(E_{Fermi} - E_i)/kT]$

E_{Fermi}

E_v $p_0 = N_v\exp[(E_v - E_{Fermi})/kT]$

图 6.1 p 掺杂半导体的能带结构

示出使用载流子浓度到导带或本征费米能级的表达式

让我们再定义两个更有用的术语。掺杂半导体中，多数载流子直接来源于掺杂（如施主掺杂半导体中的电子），而少数载流子是另外一种载流子，其浓度会降低。前面的例子中，空穴是多数载流子，而电子是少数载流子。

6.2.2　p-n 结中的能带结构和电荷

　　介绍了图 6.1 中的单个半导体，让我们来看看更复杂半导体的属性。图 6.2 中展示出一个处于平衡态的 p-n 结，并以此作为后面几节讨论的基础。

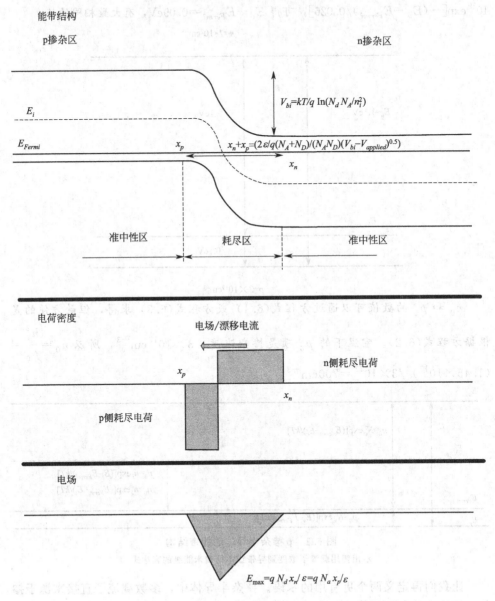

图 6.2　平衡 p-n 结中的能带结构，耗尽电荷密度以及电场
图中示出一些需要求解的方程

平衡态时，描述整个结构的只有从一侧到另一侧的单一费米能级，如图6.2所示。费米能级与价带和导带间的距离，分别给出能带中移动电子或空穴的数量。同时图中还示出，求得的结固定电荷、电场方向（和相应漂移电流）以及电场。

n区和p区之间远离结的区域，半导体类似于n掺杂或p掺杂的半导体。方程式(6.1)～式(6.3)在这里都适用。例如，在n侧，电子密度约等于掺杂浓度，空穴密度为 $\dfrac{n_i^2}{N_D}$，而费米能级接近导带。结处所发生的变化将在下面进行讨论。

n型和p型侧的这些区域称为准中性区。它们是电中性的，因为大量移动的电子来自于掺杂原子。每个带负电荷的移动电子留下一个带正电荷的固定杂质原子。因此，净电荷为零，并且是电中性的。

费米能级远离导带或价带的中间区域，几乎没有移动的载流子，但仍然有伴随掺杂原子的不动电荷。这就是空间电荷区，或称耗尽区。

移动电荷去哪里了呢？在富电子n掺杂侧和富空穴p掺杂侧间的交界处，自由电子和空穴复合并消失，留下了空间电荷。

这两个区域的交界处，存在一个很短的区域，其中半导体变为准中性，具有零净电荷，只有很多的移动载流子和一个电场。该区域长度是德拜长度 L_D 的量级，由下式给出

$$L_D = \sqrt{\frac{\varepsilon kT}{Nq^2}} \tag{6.4}$$

式中，N 为掺杂浓度；ε 为介电常数；q 为基本电荷单元；k 为玻尔磁曼常数；T 为温度。

即使对于相对低的掺杂浓度，德拜长度也很小。通常的假设是，准中性区和耗尽区之间存在突变结，这是很合理的假设。

现在，我们可以研究图6.1的能带结构，并画出自由电荷密度。

例子：使用图6.2中费米能级和能带之间的距离，画出移动电荷的浓度。

解答：远离结时，电子和空穴的自由载流子浓度等于掺杂浓度。在耗尽区，费米能级远离导带和价带，导致电子和空穴都只有非常低的浓度。空穴和电子接近时将复合。自由载流子密度的整体示意图如下。

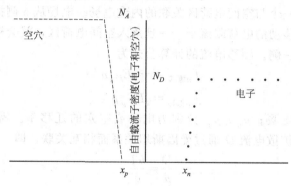

总之有：

ⅰ. 大多数移动电子在结的 n 侧，通过离化杂质达到平衡；

ⅱ. 大多数移动空穴在结的 p 侧，通过离化杂质达到平衡；

ⅲ. 结中间几乎没有移动的电子或空穴（空间电荷区）。

因为空间电荷区带电，从而有一个与其相关联的电场。电场总是从正电荷指向负电荷。在这种情况下，电场从 n 侧（具有正的空间电荷）指向 p 侧（具有负的空间电荷）。

6.2.3　非偏 p-n 结中的电流

6.2.3.1　扩散电流

在不施加电压的 p-n 结中，不能形成净电流。但是，其中也会有电流分量。特别是，结的一侧（n 侧）有比另一侧（p 侧）多得多的电子。从富电子的 n 侧到 p 侧会有电子的扩散。扩散电流通常由下式给出

$$J_{p扩散} = qD_p\left(\frac{\mathrm{d}p}{\mathrm{d}x}\right)$$

$$J_{n扩散} = -qD_n\left(\frac{\mathrm{d}n}{\mathrm{d}x}\right)$$

$$(6.5)$$

式中，J 为扩散电流；n、p 分别为电子或空穴的浓度；q 为电荷基本单位。扩散电流正比于载流子浓度（$\mathrm{d}n/\mathrm{d}x$）的差值，比例常数 D 依赖于材料和载流子（空穴或电子）。电子和空穴之间符号的变化仅与载流子的电荷相关。

该表达式与常识相符：如果把一滴奶油滴到咖啡中，整杯咖啡将逐渐变淡，奶油更多的区域（第一滴滴入的地方）会扩散到奶油更少的区域。温度提供的随机运动用于将物质从高浓度区域向低浓度区域输运。

p-n 结中，我们预期当空穴从 p 侧移动到 n 侧（电流流向右侧）时，将有相关的扩散电流，而电子从右侧移动到左侧（正电流也将流向右侧）。

6.2.3.2　漂移电流

这里还存在一个与空间电荷区关联的内建电场。电场从 n 侧指向 p 侧。这意味着，对于任何移动的电荷载流子，一旦落入空间电荷区，就会被电场俘获，并被扫到一侧或另一侧。漂移电流的计算公式为

$$J_{n漂移} = -qE\mu_n n$$

$$J_{p漂移} = qE\mu_p p$$

$$(6.6)$$

式中，E 为电场；μ_n、μ_p 分别为电子或空穴的迁移率。需要提醒读者的是，迁移率 μ 与扩散电流 D 通过爱因斯坦关系而相互关联，即

$$\frac{D}{\mu} = \frac{kT}{q}$$

$$(6.7)$$

从根本上说，这是因为电子迁移和扩散，包含晶体晶格中载流子的随机散射，从而脱离原子。存在电场时，碰撞间由于电场而导致位移，这基本上复位了载流子的行进方向；对于扩散，随机运动则始终是随机的，但叠加起来后，载流子将从高浓度区流向低浓度区。进一步的探讨见习题。

载流子漂移的方向很有趣。从准中性区域的 n 侧，正好落入空间电荷区域的少数载流子（空穴）将向 p 侧漂移；同样地，p 侧少数电子将漂移到 n 侧。漂移电流与扩散电流方向相反。平衡时，净电流为零。

平衡时 p-n 结上的漂移电流和扩散电流如图 6.3 所示。

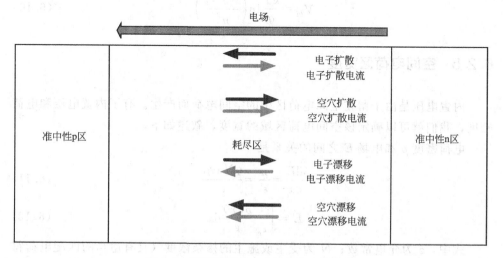

图 6.3 平衡时整个 p-n 结上的电流分量

有关 p-n 结的问题在博士生资格考试中很常见，作为复习的方向，作者建议首先考虑扩散。扩散更加直观（电子当然是从高电子浓度的 n 侧扩散到 p 侧），而漂移电流方向相反。请记住，当运动电荷为负时，要改变电流方向的符号！

6.2.4 内置电压

图 6.2 示出了在结的一侧，电子或空穴具有与另一侧不同的能级。这个差值称为内置电压，并由器件每侧的掺杂水平值决定。

内置电压的简单表达式可以根据公式（6.2）推导出来。结每侧的载流子密度约等于室温下的掺杂浓度，即

$$N_d = n_i \exp(E_{Fermi} - E_i / kT)$$
$$N_a = n_i \exp(E_i - E_{Fermi} / kT)$$

$$(6.8)$$

式中，N_d 和 N_a 分别是施主（n 侧）和受主（p 侧）的掺杂浓度。这些表

达式可以重新写为

$$E_f - E_i = kT\ln\left(\frac{N_d}{n_i}\right)$$

(6.9)

$$E_i - E_f = kT\ln\left(\frac{N_a}{n_i}\right)$$

第一个表达式给出 n 侧导带比费米能级高多少。第二个表达式给出 p 侧价带比费米能级低多少。根据图 6.2，很明显这两个表达式的和（假设费米能级作为固定参考点），就是内置电压 V_{bi}

$$V_{bi} = \frac{kT}{q}\ln\left(\frac{N_d N_a}{n_i^2}\right)$$

(6.10)

6.2.5　空间电荷区宽度

内置电压是由于留在空间电荷区中的空间电荷而产生。有了内置电压和电荷密度，我们就可以确定该空间电荷区域的宽度，叙述如下。

电荷密度 ρ 和电场 E 之间的关系是

$$\frac{\mathrm{d}E}{\mathrm{d}x} = \frac{\rho}{\varepsilon} = \frac{qN_{A/D}}{\varepsilon}$$

(6.11)

$$E = \int_{x_p}^{x_n} \frac{\rho(x)}{\varepsilon}\mathrm{d}x$$

(6.12)

式中，ε 为介电常数；N 为受主或施主的掺杂浓度（具有适当的匹配电荷符号）。电场如图 6.2 所示。对于每侧具有恒定电荷密度的突变结，电场在结处最大，并在耗尽区之外降为零。

电场是空间电荷密度的积分。一般情况下，保持符号正确的最简单方法，是记住电场从正电荷指向负电荷。积分从空间电荷区（目前未知）的左边 x_n 的 0 处开始，到空间电荷区的右边 x_p 的 0 处结束。电场位于 p 和 n 侧之间交界处的最右边。最大电场 $E_{\max}$ 是

$$E_{\max} = \frac{qN_A x_p}{\varepsilon} = \frac{qN_D x_n}{\varepsilon}$$

(6.13)

当电场确定后，电压就简单地是电场的积分。

$$V_{bi} = \int_{x_p}^{x_n} E(x)\mathrm{d}x$$

(6.14)

x_p 和 x_n 之间还有另外一个可用关系。耗尽电荷的总量必须为零。（为什么?）这种关系可表示为

$$N_A x_p = N_D x_n$$

(6.15)

使用方程式(6.13)～式(6.15)，耗尽层宽度可以根据掺杂表示为

$$x_p + x_n = \sqrt{\frac{2\varepsilon}{q}\frac{N_A + N_D}{N_A N_D}(V_{bi} - V_{外加})} \tag{6.16}$$

式中，V_{bi} 为内置电压；$V_{外加}$ 为外加偏压（我们将在下一节讨论）。

对于 p 掺杂和 n 掺杂之间突变的结，这些公式都适用。对于其他掺杂方式（例如从 p 侧按照线性梯度平稳过渡到 n 侧），可以推导出不同的公式，它们全部基于从一侧到另一侧的内置电压以及夹在准中性区域间的电荷完全耗尽区为电中性的思想。

一些定性观测是有用处的。方程式 (6.15) 和式 (6.16) 描述了结两侧出现的耗尽层宽度。因为整体电荷中性，耗尽层的宽度对于结中较轻掺杂侧将会较厚。例如，如果 $N_D = 10 N_A$，则 p 侧耗尽层宽度将比 n 掺杂侧大 10 倍。如果一种掺杂显著大于另一种（例如，10 倍或更多），通常假定所有的耗尽区宽度都在轻掺杂侧，这已经足够精确了。

另一个定性的观察结果，是在中间部分不掺杂的未掺杂有源区（或 p-i-n）二极管激光器中。从具有相对少移动电荷的意义上来讲，非掺杂中间部分看起来像是耗尽区的一部分。耗尽的 n 和 p 层出现在掺杂有源区的边缘，但大部分内置电压由横跨非掺杂区的电压降所占据。我们将在习题中进一步探讨这点。这里，让我们看一个应用这些方程的例子。

例子：在 p 型 $10^{18} \mathrm{cm}^{-3}$ 掺杂区和 n 型 $5 \times 10^{16} \mathrm{cm}^{-3}$ 掺杂区之间形成了硅的突变结。请画出能带结构，标出费米能级，标出每侧导带与价带之间的距离。求 n 侧和 p 侧的耗尽区宽度。求内置电压和峰值电场，并标出其方向。

解答：首先画一条直线表示平衡态的费米能级。根据方程式 (6.8)，n 侧的费米能级在本征费米能级 $E_f - E_i = kT\ln\left(\dfrac{5 \times 10^{16}}{1.45 \times 10^{10}}\right) = 0.37 \mathrm{eV}$ 以上，而 p 侧的费米能级在本征费米能级 $kT\ln\left(\dfrac{10^{18}}{1.45 \times 10^{10}}\right) = 0.47 \mathrm{eV}$ 以下。内置电压是 $V_{bi} = 0.37 \mathrm{eV} + 0.47 \mathrm{eV} = 0.84 \mathrm{eV}$。

然后根据方程式 (6.16) 给出耗尽区宽度，$x_p + x_n = \sqrt{\dfrac{2 \times 11.7 \times 8.854 \times 10^{-14}}{1.6 \times 10^{-19}} \times \dfrac{5 \times 10^{16} + 10^{18}}{5 \times 10^{16} \times 10^{18}} \times 0.84} = 0.15 \mu\mathrm{m}$。

现在，因为 p 掺杂密度比 n 掺杂密度高 20 倍，实际上几乎所有耗尽区都在 n 侧。当然，如果要准确地求解，我们有两个方程：$5 \times 10^{16} x_n = 10^{18} x_p$，$x_p + x_n = 0.153 \mu\mathrm{m}$，给出 $x_p = 0.07 \mu\mathrm{m}$，而 $x_n = 0.146 \mu\mathrm{m}$。

峰值电场根据方程式 (6.13) 给出，为 $1.6 \times 10^{-19} \times (5 \times 10^{16} \mathrm{cm}^{-3})(0.146 \times 10^{-4} \mathrm{cm}) / (8.854 \times 10^{-14} \mathrm{F/cm}) \times 11.7 = 1.12 \times 10^{5} \mathrm{V/cm}$。从 n 侧指向 p 侧。

这里唯一要注意的是单位。由于这里用到常量如 ε，务必使用带单位的常量（例如，$\varepsilon_0 = 8.854 \times 10^{-14} \mathrm{F/cm}$）。

所有这些信息都如下图所示。

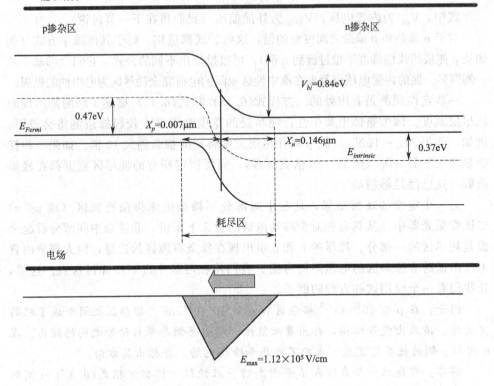

6.3　外加偏置的半导体 p-n 结

6.3.1　外加偏置和准费米能级

　　现在让我们考察外加偏压 $V_{外加}$ 的二极管（其中电压加到 p 侧，而 n 侧接地）。下面示出了外加偏压二极管的能带图。因为是正向偏置，势垒高度降低，从 p 侧到 n 侧有正向电流流过。由于势垒高度（$V_{bi} - V_{外加}$）降低，因而耗尽层宽度也减小。

　　当偏压加到 p 侧时，电流开始流动。因为这是扩散电流从 p 侧到 n 侧的流动，所以一定是扩散电流随着电压增加而增加。事实上，这是可以理解的。漂移电流是少数载流子碰巧漂移到了耗尽区，被扫到多数载流了的　侧。和耗尽区大小无关，大约都有数目相同的少数载流子进入耗尽区内，形成漂移电流。

　　图 6.4 能带图中，偏压下，器件最好是用准费米能级来表述（正如我们在第4章谈到的，准费米能级是分开的空穴和电子的费米能级）。远离结的右侧，半

导体本身处于平衡态。因为外加偏压，更多空穴注入到了耗尽区。假设它们通过时只有最小的复合，这些过剩载流子将会出现在 p 侧准中性区的边缘。在准中性区内，这些过剩少数载流子空穴与多数载流子电子复合，直到在左侧恢复其平衡。同样地，远离结的左侧，半导体回到了平衡态，仅存在一个费米能级。

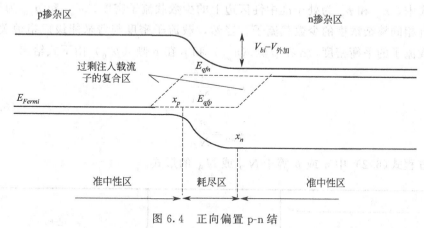

图 6.4 正向偏置 p-n 结
准费米能级劈裂，从 n 侧跨过结有过量电子注入，而另一方向从 p 侧跨过结有过量空穴注入

绘制能带结构的最好方法，是同时绘制具有适当费米能级位置的左右两侧，然后通过外加电压 $V_{外加}$ 将它们分开。之后标记 p 侧的费米能级为 E_{qfp}，并将其延伸到 n 侧；标记 n 侧费米能级 E_{qfn}，并将其延伸到 p 侧。在 n 侧耗尽区的边界处，载流子再次进入高载流子密度的区域，并在其扩散时开始复合。当每侧的少数载流子消失后，准费米能级再次接近。

根据准费米能级，我们可以绘制出准中性区域中的自由载流子浓度。

远离结处，载流子密度为掺杂浓度大小的本征载流子密度。接近耗尽区的边界，准费米能级劈裂，开始出现过剩少数载流子。（也会有同样数量的过剩多数载流子，以保持准中性。然而，少数载流子密度变化的百分比要大得多。）

整个耗尽区内，存在比平衡时更多的电子和空穴。然而，这里假设载流子密度对于显著的复合仍然太低，所以每侧的过剩载流子通过耗尽区注入，并会在另一侧出现。

6.3.2 复合和边界条件

让我们根据图 6.4 的能带结构和图 6.5 的电荷密度，推导出电流密度。我们知道，当不加偏压时，半导体中没有电流，因此我们需要通过施加偏压从而给出电流。基于在下一节或者下两节才能说清楚的原因，这里让我们关注准中性区中少数载流子的扩散。

根据图 6.4 中的能带结构和图 6.5 中的载流子密度，准中性区边缘的少数载流子密度给出如下

$$n_p = n_{p0}\exp(qV_{外加}/kT)$$
$$p_n = p_{n0}\exp(qV_{外加}/kT)$$

(6.17)

式中，n_p 和 p_n 为处于准中性区边上的少数载流子密度；n_{p0} 和 p_{n0} 为平衡时具有相同掺杂浓度的少数载流子。当然，载流子密度与费米能级成指数关系。少数载流子的平衡密度，n 在 p 侧（n_{p0}）和 p 在 n 侧（p_{n0}）由下式给出

$$n_{p0} = \frac{n_i^2}{N_A}$$
$$p_{n0} = \frac{n_i^2}{N_D}$$

(6.18)

这是方程式(6.2)中 n 或 p 等于 N_D 或 N_A 的形式。

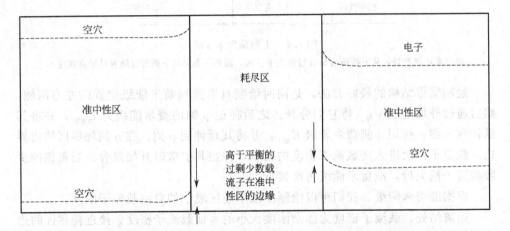

图 6.5　正向偏压下，空穴和电子在准中性区的移动电荷密度
注意：耗尽区的两侧有更多的电子和空穴

这里先考察 n 侧，其少数载流子是空穴。靠近结的边缘处，存在过量的空穴；远离边界后，一切都恢复到平衡状态。因此，会有少数空穴扩散到 n 侧。当这些过量少数（和多数）载流子扩散远离结时，它们将复合，直到重回平衡状态。仍然会存在少数载流子，但是它们是与多数载流子处于热平衡状态，此时，热产生的少数载流子数量等于通过复合消失的少数载流子数量。

过剩少数载流子方程最方便的方式，可以是通过定义变量 Δn 来写出，这是处于平衡时的少数载流子数，即

$$\Delta n_p = n_{p0}[\exp(qV_{外加}/kT)-1]$$
$$\Delta p_n = p_{n0}[\exp(qV_{外加}/kT)-1]$$

(6.19)

　　下面的方程式，描述了有源区中载流子扩散和复合的组合。我们感兴趣的是浓度不随时间变化时，得到的稳态解

$$\frac{\mathrm{d}\Delta n(x,t)}{\mathrm{d}t}=0=D\,\frac{\mathrm{d}^2\Delta n(x,t)}{\mathrm{d}x^2}-\frac{\Delta n(x,t)}{\tau} \tag{6.20}$$

　　这是来自菲克的扩散和粒子数守恒第二定律。表达式中，D 为扩散系数，而 τ 是载流子复合寿命。换句话说，它表达的是，任何给定点浓度 $n(x)$ 的变化，依赖于载流子进来的通量、载流子出去的通量和复合。

　　这里还可能有一个由于生成而出现的电流分量（半导体中，如果载流子的数量低于平衡态时的数量，材料中的载流子会通过热生成。在此方程中我们将其忽略）。方程的形象示意见图 6.6。过量空穴同时在准中性区进行复合和扩散。

　　选取图 6.6 中给出的坐标，此微分方程的边界条件是

$$\Delta p_n=p_{n0}[\exp(qV_{外加}/kT)-1] \tag{6.21}$$

和

$$\Delta p_n(\infty)=0 \tag{6.22}$$

远离结时，少子浓度重返平衡态。使用这些方程和边界条件，$\Delta p_n(x)$ 的解是

$$\Delta p_n=p_{n0}\exp(-x/\sqrt{D\tau})[\exp(qV_{外加}/kT)-1] \tag{6.23}$$

　　此方程中出现了 $\sqrt{D\tau}$ 项，该项有长度的单位，称为扩散长度 L_D，代表载流子在复合前走过的典型长度。方程式（6.24）给出了电子和空穴的扩散长度，下标是作为提醒，要为结中每侧的载流子正确使用适当的寿命和扩散系数。

$$L_n=\sqrt{D_n\tau_n}$$
$$L_p=\sqrt{D_p\tau_p} \tag{6.24}$$

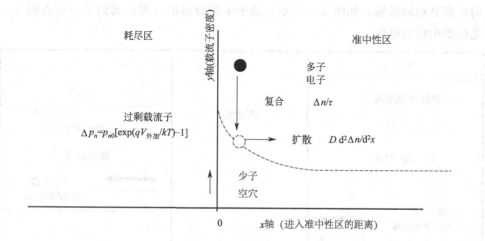

图 6.6　准中性区边缘的扩散电流
显示从结扩散出去后，空穴的扩散和复合

6.3.3 少子准中性区扩散电流

最后，根据方程式(6.5)，我们来计算电流，具体来说，就是结的 n 侧与少数载流子相关联的扩散电流。

方程式(6.23)给出过剩载流子浓度 $\Delta p_n(x)$。根据菲克定律，n 侧少数载流子的扩散电流正比如下

$$J = qD\frac{\mathrm{d}\Delta p_n}{\mathrm{d}x} = qD\frac{p_{n0}}{\sqrt{D\tau}}\exp(-x/\sqrt{D\tau})[\exp(qV_{外加}/kT)-1] \quad (6.25)$$

我们提醒读者，这里 x 是从耗尽区边缘进到准中性区的距离。利用相同的方程，可以导出 p 侧电子的少子电流。此处的电流密度 J，是单位截面积上的电流密度（单位为 $\mathrm{A/cm^2}$）。

最后我们可以写出二极管电流公式。在此之前，为了使公式更切合实际，我们要添加一些下标。电子和空穴的扩散系数是不同的，一方面，电子的迁移率与空穴的迁移率不同，另一方面，根据爱因斯坦关系，这也意味着扩散系数将是不同的。实际上，扩散系数不仅取决于扩散的是空穴还是电子，而且还依赖于周围的掺杂浓度，如取决于扩散在结的哪侧发生。我们将标注出扩散，$V_{n\text{-}p侧}$ 和 $V_{p\text{-}n侧}$ 指在 p 侧的电子（少数载流子）扩散，以及 n 侧的空穴（少数载流子）扩散。

电子或空穴的寿命也不同，所以我们将 τ 标记为 τ_p 和 τ_n。

现在，让我们以更定性的方式来思考一下电流，如图 6.7 所示。通过器件的电流必须是连续的，因为不能有电荷的积累。我们知道，外加偏压下，整个器件的电荷分布的形貌，如图 6.5 所示。基于电荷分布的导数，我们就可以在图 6.7 电荷图中标出电流。

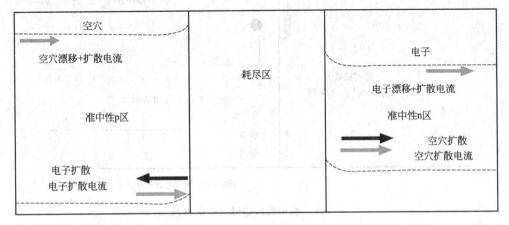

图 6.7 正向偏置二极管准中性区的电流分量

跨过耗尽区并直至其边缘，都不存在有意义的复合，因此，电子和空穴电流必须是分别连续。每侧的多数载流子电流，实际上是漂移和扩散的组合（一旦电荷分布达到平衡，就不可能有更多扩散电流；而漂移对于多数载流子更为显著，因为电流正比于载流子的数量）。

结的左侧，电子电流全部是少数载流子的扩散。而结的右侧，所有的空穴电流是少数载流子的扩散电流。因此，穿过结的总电流，是 n 侧边缘的少数载流子电流加上 p 侧边缘的少数载流子扩散电流。写下来就是

$$J = q\left(D_{p\text{-}n\text{侧}}\frac{p_{n0}}{\sqrt{D\tau_p}} + D_{n\text{-}p\text{侧}}\frac{p_{p0}}{\sqrt{D\tau_n}}\right)\left[\exp(qV_{\text{外加}}/kT)-1\right] \qquad (6.26)$$

写成半导体中的本征载流子数 n_i 和掺杂能级的表达式，方程如下

$$J = q\left(D_{p\text{-}n\text{侧}}\frac{n_i^2}{N_D\sqrt{D\tau_p}} + D_{n\text{-}p\text{侧}}\frac{n_i^2}{N_A\sqrt{D\tau_n}}\right)\left[\exp(qV_{\text{外加}}/kT)-1\right] \qquad (6.27)$$

有时也可以写成

$$J = q\left(D_{p\text{-}n\text{侧}}\frac{n_i^2}{N_D L_{p\text{-}n\text{侧}}} + D_{n\text{-}p\text{侧}}\frac{n_i^2}{N_A L_{n\text{-}p\text{侧}}}\right)\left[\exp(qV_{\text{外加}}/kT)-1\right] \qquad (6.28)$$

当然，大多数人最容易认识它的方式，还是作为二极管方程，

$$J_0 = q\left(D_{p\text{-}n\text{侧}}\frac{n_i^2}{N_D L_{p\text{-}n\text{侧}}} + D_{n\text{-}p\text{侧}}\frac{n_i^2}{N_A L_{n\text{-}p\text{侧}}}\right)$$

$$J = J_0\left[\exp(qV_{\text{外加}}/kT)-1\right] \qquad (6.29)$$

其中二极管的电流指数依赖于外加电压和前因子项 J_0，后者取决于掺杂和材料特性。

现在，让我们做一个例子。

例子：一个硅 p-n 结具有以下的特征。

n 侧	p 侧
$\mu_n = 1000\,\text{cm}^2/(\text{V}\cdot\text{s})$	$\mu_n = 500\,\text{cm}^2/(\text{V}\cdot\text{s})$
$\mu_p = 400\,\text{cm}^2/(\text{V}\cdot\text{s})$	$\mu_p = 180\,\text{cm}^2/(\text{V}\cdot\text{s})$
$\tau_n = 500\mu\text{s}$	$\tau_n = 10\mu\text{s}$
$\tau_p = 30\mu\text{s}$	$\tau_p = 1\mu\text{s}$
$N_D = 5\times10^{16}\,\text{cm}^{-3}$	$N_D = 10^{18}\,\text{cm}^{-3}$

求扩散长度，L_p 和 L_n，反向饱和电流密度 J_0。

解答：根据方程式(6.16)，唯一复杂的部分是选出合适的常数。在 n 侧，我们看到少数空穴的扩散，所以正确数字是 τ_p 和 D_p。D_p 可根据下式通过 μ_p 计算，$D_p = (kT/q)\mu_p = 0.026\times400 = 10.4\,\text{cm}^2/\text{s}$。在 p 侧，同样地，相关数值是 τ_n 和 D_n，分别是 $10\mu\text{s}$ 和 $13\,\text{cm}^2/\text{s}$。对 p 侧电子，扩散长度是 $\sqrt{10\times10^{-6}\times13} = 114\mu\text{m}$，

而对于 n 侧空穴，则为 $\sqrt{30 \times 10^{-6} \times 10} \approx 176 \mu m$。

J_0 根据方程式(6.29) 给出，为，

$$1.6 \times 10^{-19} \times \left[10 \times \frac{(1.45 \times 10^{10})^2}{5 \times 10^{16} \times 0.0176} + 13 \times \frac{(1.45 \times 10^{10})^2}{10^{18} \times 0.0114} \right]$$

$$\approx 4.21 \times 10^{-13} \, \text{A/cm}^2$$

6.4 半导体激光器 p-n 结

6.4.1 二极管理想因子

已经和读者一起回顾了理想突变 p-n 结的 I-V 曲线，这里让我们讨论一下工作激光器或真实二极管的 I-V 曲线。其中有几个不同之处。

理想二极管方程［方程式(6.29)］的推导，忽略了来自耗尽区内部的复合或者产生电流。实际二极管有和方程式(6.29) 类似的方程式，但是具有一个二极管的理想因子 n，如下

$$J = J_0 [\exp(qV_{外加}/nkT) - 1] \tag{6.30}$$

这个理想因子，是通过测量激光器的 I-V 曲线，并根据方程式(6.30) 的形式对其进行拟合而确定。它们反映了非理想项的影响，如复合或产生电流。一般情况下，大多数二极管的二极管项因子大于 1。特别是激光器二极管，它是设计来促进复合的，所以激光器的理想因子接近 2。

其次，典型的激光器不存在突变结。激光器通常有非掺的有源区，这意味着它有几百纳米或更厚的非掺材料。该二极管看起来更像 p-i-n 结而非 p-n 结。这使得跨结的峰值电场更小，而有效耗尽宽度更宽。(这将进一步在习题中探讨。)

6.4.2 阈值处的固定准费米能级

高于阈值时，差异更加有意思。首先，让我们定义二极管 (或任何器件) 的微分电阻 R_{diff}。

$$R_{diff} = \frac{dV}{dI} = \frac{1}{dI/dV} = \frac{kT}{I(V)} \tag{6.31}$$

此微分电阻是每个点的斜率倒数。传统二极管中，微分电阻连续减小。

然而，基于此的物理现象是，随着电压增大准费米能级的连续劈裂。激光器中，准费米能级在阈值以上是固定的；阈值之上，所有注入有源区中的过剩载流子都成为光子，从而消失。因为准费米能级固定，微分电阻也就固定。这种

微分电阻其实已不再是"二极管"电阻，它代表由于金属接触电阻以及跨有源区 p 和 n 侧欧姆电阻导致的寄生电阻。

常规二极管和激光二极管的微分电阻曲线之间，有相当显著的差异。图 6.8 示出从一个激光器上，测得的阈值处和阈值以上的 I-V 曲线和微分电阻以及具有相同 n 和饱和电流的虚构二极管的 I-V 和 I-dV/dI 曲线。

阈值处，激光器的电阻下降并成为常数，其值等于寄生电阻。寄生电阻是激光器产品的规格参数，通常小于 10Ω，该值越高，将会有越多的热量随着电流注入有源区。

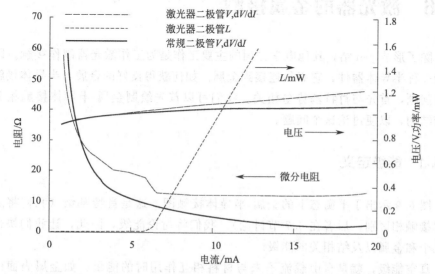

图 6.8 常规二极管的 I-V 和 I-dV/dI 曲线（具有匹配的理想因子和反向饱和电流）
常规二极管的微分电阻随电流而减小，而激光器二极管的微分电阻则是固定的

二极管的微分电阻连续减小。从某种意义上说，阈值处的激光器二极管不再是二极管，而是具有固定的能带结构。同时也可以看到一个有趣的现象，二极管可以与激光二极管区分开来，并且激光二极管的阈值电流甚至可以用纯粹的电学 I-V 测量来获得！

6.5 二极管特性总结

总结 6.2～6.4 节，我们快速回顾了 p-n 结的基本知识。在给出二极管的方程式后，指出了它与真实激光器之间的几个重要差异。首先，激光器的准费米能级在阈值以上是固定的。高于阈值时，I-V 关系不再是指数关系，实际上会再次成为线性。斜率（动态电阻）来自通过半导体与金属接触电阻传导所产生的寄生电阻。

其次，经典二极管方程具有 $n=1$ 的二极管理想因子，并忽略了有源区的复合电流。实际上，激光二极管是设计来促进有源区的复合，所以低于阈值时，通常具有接近 2 的二极管理想因子。

我们也注意到，因为通常是非掺量子阱，穿过激光器有源区（通常 p-n 结）的实际峰值电场要低很多。

6.6　激光器的金属接触

除了形成 p-n 结，其他电学方面的主要工作是为工作激光器制作接触。因为作为一种半导体器件，它必须连接到金属。如何获得良好的金属与半导体接触的经典问题，首先与肖特基势垒相关。我们可以首先绘制金属-半导体接触相关的能带结构，以便讨论这个问题。

6.6.1　能级定义

图 6.9 示出了平衡态下的金属-半导体接触图。这是肖特基结（我们将之与欧姆接触相区别，后者在 6.7 节讨论）。我们将讨论能级，因此，让我们快速定义几个和金属以及结相关的能级。

真空能级，就是自由载流子未与材料相互作用时的能量，如金属表面的电子。图中，该能级标记为 E_0。金属功函数（$q\Phi_m$）是金属中从费米能级到真空能级的能量。这代表从材料中除去一个电子时所花费的能量值。这是材料常数，对不同金属会有所不同。

金属的能带结构相当简单。不同于半导体，简单金属在低于和高于费米能级时，都有大量的状态。作为一个好的近似，所有低于费米能级的状态都被占据，而所有高于费米能级的状态都为空。

一个与金属功函数类似但不同的量，是半导体的电子亲和势 qX。电子亲和势是导带和真空能级之间的能量距离，它代表从半导体中除去一个电子所需的能量。这是半导体相关的材料常数。例如，硅的电子亲和势是 4.35eV。

半导体还有一个功函数 $q\Phi_s$，这是从费米能级到真空能级的距离。它在金属中不那么相关，因为通常能级中的载流子并未电离。它也不是一个材料常数。半导体功函数和费米能级之间的距离取决于掺杂。对于 n 掺杂半导体而言

$$q\Phi_s = qX + kT\ln\left(\frac{N_d}{n_i}\right) \tag{6.32}$$

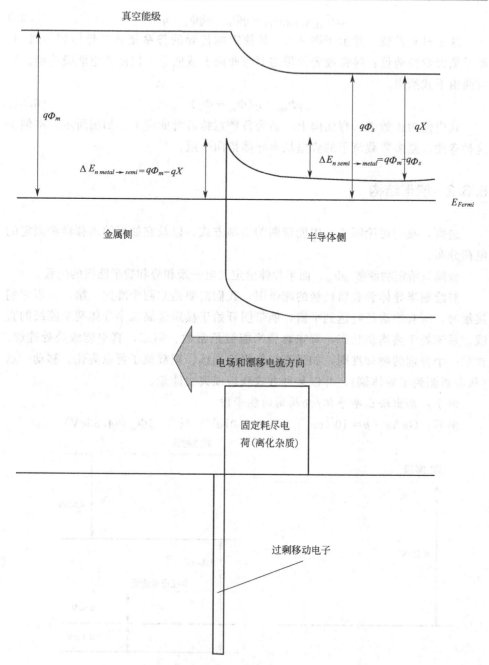

图 6.9 顶部，半导体-金属能带图，示出了金属功
函数和电子亲和势；底部，金属-半导体结中的电荷

金属和半导体之间结的特征在于势垒。对于电子，从金属到半导体的势垒高
度由下式给出

$$\Delta E_{n金属\rightarrow半导体}=q\Phi_{ms}=q\Phi_s-qX \tag{6.33}$$

这是材料常数，并示于图 6.9。其他影响传导的势垒是从半导体到金属中，涉及能带弯曲的量：导带或者价带需要弯曲向上或向下，以使真空能级连续。该弯曲由下式给出

$$q\Phi_{sm}=q(\Phi_m-\Phi_s) \tag{6.34}$$

式中值为正数表示弯曲向上，而为负数意味着弯曲向下。如图所示，本例中这种弯曲，是多数载流子的势垒从半导体指向金属。

6.6.2　能带结构

进而，我们讨论图 6.9 中能带图的绘制方式，以及它如何给出移动和固定的电荷分布。

金属只给定功函数 $q\Phi_m$，而半导体给定其电子亲和势和费米能级的位置。

要绘制半导体和金属接触的能带图，我们需要建立两个准则。第一，当它们接触时，所有物质最终达到平衡，能带图开始于横跨金属和半导体费米能级的直线。系统处于热均衡状态，意味着费米能级是常数。第二，真空能级处处连续。这是一个合理的物理准则，如果真空能级不连续，则载流子可以离化，移动一点（从金属侧到半导体侧），并以某种方式获得或失去能量。

例子：画出给出半导体/金属结的能带图

解答：GaAs（$p=10^{17}\,\mathrm{cm}^{-3}$，$X=4.07\mathrm{eV}$）到 Ti（$\Phi_m=4.33\mathrm{eV}$）

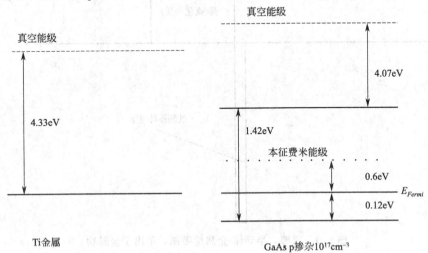

远离结时，半导体和金属类似于在自由空间中。根据 6.2.1 节的例子，费米能级位置在价带以上 0.12eV 处。

我们假设在结处真空能级是连续的，从而画出能带。结处，从导带到真空能

级的距离是 qX；从金属功函数到真空能级的距离为 $q\Phi_m$。因此，电子从金属到导带的势垒是

$$\Delta E_{n金属 \to 半导体} = q\Phi_m - qX = 4.33 - 4.07 = 0.26$$

这独立于掺杂，但是取决于金属功函数与半导体的电子亲和势。

在本例中，导电的是空穴，因此，要确定的合适势垒是针对空穴的势垒（这里 $E = E_g - \Delta E_{n金属 \to 半导体}$）。有了这些信息，我们可以画出结上的点——排列费米能级，并根据给定的势垒定位导带和价带。

最后，我们必须确定能带弯曲是多少以及方向指向。半导体的功函数是 5.37eV（4.07eV＋1.42eV－0.12eV）。根据方程式（6.34），势垒是 $q\Phi_{sm} = q(\Phi_m - \Phi_s) = 4.33 - 5.37 = -1.04\text{eV}$，负数意味着向下弯曲。综合所有这些信息，能带结构如下图所示。

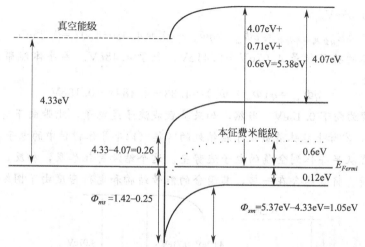

这是什么样的结呢？这里价带弯曲远离 p 掺杂材料中的费米能级，意味着移动载流子的降低和耗尽区。这就是肖特基结（金属-半导体结，看起来像半个 p-n 结）。这些结的 $I\text{-}V$ 曲线非常像二极管的 $I\text{-}V$ 曲线，具有电流对电压的指数依赖。其实，这不是我们想要的接触，我们想要的金属-半导体接触要看起来是欧姆或电阻，具有电流对电压的线性依赖关系。

本例中的图是 p 掺杂的肖特基结，图 6.9 示出 n 掺杂的肖特基结。让我们在接下来的例子中展示欧姆接触，其中，界面处有载流子的富集。

例子：假设我们正在制作一个非实际、轻掺杂 10^{12} n 型的 GaAs 与 Ti 的接触。绘制结并画出电荷分布

$$\text{GaAs}(p = 10^{17}\text{cm}^{-3}, X = 4.07\text{eV}) 到 \text{Ti}(\Phi_m = 4.33\text{eV})$$

解答：根据 6.7 节中的例子，费米能级位于本征费米能级上方 0.3eV 和导带下方 0.42eV，如下图所示。

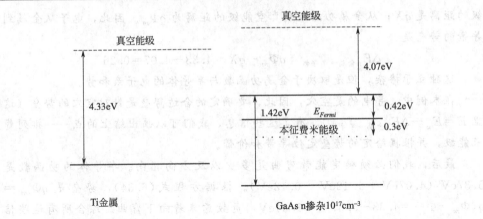

结是完全是一样的，所不同的是本例中多数载流子为电子，因此多数载流子的势垒为 0.25eV。

$$\Delta E_{n\text{金属}\rightarrow\text{半导体}}=q\Phi_{ms}=q\Phi_m-qX=4.33-4.07=0.25\text{eV}$$

半导体的功函数是 $4.07\text{eV}+0.41\text{eV}$，等于 4.48eV。半导体能带的弯曲度由下式给出，

$$q\Phi_{sm}=q(\Phi_m-\Phi_s)=4.33-4.48=-0.15\text{eV}$$

能带弯曲向下 0.15eV。当然，如果多数载流子是电子，能带向下弯曲（朝向费米能级），实际上意味着载流子在结处的富集（比半导体材料中的电子更多）。因此，不存在从半导体到金属的电子流势垒。这个结没有耗尽层，相反，它有过剩的移动电荷。将其组合在一起，其隐含的能带结构和电荷密度由下图给出。

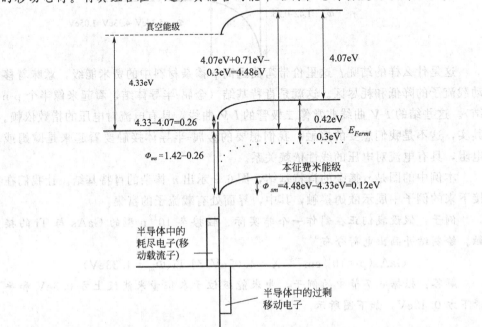

这个结没有指数的 I-V 曲线。相反，它具有欧姆的 I-V 曲线。那么，这个结有什么不对呢？

半导体在那样的掺杂水平下，导电会很差。为了传输载流子到有源区，该半导体应该具有相对低的电阻，因而要进行高掺杂。

事实证明，对大多数半导体和可用的金属，不可能得到经典的欧姆接触，这是因为：假设半导体必须重掺杂，在这种情况下，功函数的可能值或者（大致）是电子亲和势（对 n 型掺杂半导体）或者是电子亲和势加上 p 掺杂半导体的带隙。

对于 n 掺杂半导体弯曲，为了形成欧姆接触，半导体的功函数必须大于金属的功函数。最常用金属的功函数大于 4.3eV，典型半导体具有电子亲和势低于 4.3eV。表 6.3 通过显示某些金属的功函数以及掺杂 GaAs 和 InP 的势能功函数说明了这一点。

表 6.3　一些金属功函数的值以及 n 和 p 掺杂半导体的半导体功函数

金属(Φ_m)	重 n 掺杂半导体功函数	重 p 掺杂半导体功函数
	GaAs(4.07)	
Ti 4.33eV		
	InP(4.35)	
Be 4.98eV		
Au 5.1eV		
Ni 5.15eV		
		GaAs(5.49)
		InP(5.62)
Pt 5.65eV		

对于良好的 n 型欧姆接触，金属的功函数应小于半导体的；对良好的 p 型欧姆接触，金属的功函数应该更大。

此表的关键在于，很难找到激光器良好的接触金属。没有多少功函数比半导体电子亲和势小或者比电子亲和势加上带隙更大的金属。下一节中，我们将讨论实现欧姆接触的方式。

6.7　激光器欧姆接触的实现

现实中，针对激光器所做的通常是尽可能用最好的金属。n 侧的接触使用低功函数的金属或合金，通常使用 Ti 制成；p 侧接触使用高功函数的金属或合金，通常使用 Pt 制成。

　　如这里所述，肖特基的金属-半导体结理论是部分近似的。它是跨结的导电行为准则，但并不完全。结的理论忽略了一个事实，即半导体表面（其上面沉积金属）的能带结构与体半导体的不同。表面会有悬挂键，这有将费米能级钉扎在带隙中间的趋势。

　　要了解如何能够真正得到良好的低电阻欧姆接触，让我们先了解一下电流传导通过金属半导体结的机制。

6.7.1　金属-半导体结中的电流传导：热离子发射

　　让我们先来看看肖特基结的 $I\text{-}V$ 方程以及电流传导的方法。肖特基结中，为了让电流从半导体到达金属侧，必须克服能量势垒 Φ_{sm}。该势垒是外加电压的函数。图 6.10 显示了半导体中的一些载流子，设法通过势垒到达金属侧，而同时，金属侧的一些载流子，也设法到达了半导体侧。当然，平衡时，这些是相等的，并且没有净电荷的流动。

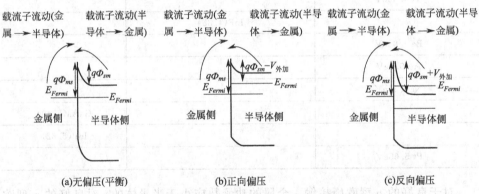

图 6.10　肖特基结的能带结构，分别为平衡、正向偏压和反向偏压

　　图 6.10(a) 示出了一个处于平衡状态的肖特基结，其金属-半导体和半导体-金属的接触是同样的。图 6.10(b) 示出施加了正向偏压的结。从半导体至金属侧的势垒下降，因而从半导体流到金属侧的电荷增加。

　　图 6.10(c) 示出了具有反向偏压的结。本例中，半导体侧的势垒增加，而从半导体到金属的电荷流动减小。（抱歉让读者产生混乱。肖特基结是多数载流子导体，所以电子的电荷从 n 侧转移到金属，对应于电流流动的相反方向。我们使用"电荷流动"而不是电流来避免这种混乱。）

　　我们注意到，无论偏压如何，从金属到半导体的电荷流动（受限于势垒

Φ_{ms}），大致保持相同。这类似于 p-n 结中漂移电流的流动，同样独立于外加的偏压。

这种电流通过肖特基结的流动方法称为热离子发射。虽然半导体上有让电荷跨越的势垒，这是因为费米函数和非零的温度条件，但是半导体中的一些载流子，具有比势垒更高的能量，也就是那些传导经过顶部的载流子。

定性来说，具有足够高能量来克服势垒的载流子数目，将指数依赖于电压。因此，大体上肖特基结的 $I\text{-}V$ 曲线为

$$I = I_0 \left[\exp(qV/kT) - 1 \right] \tag{6.35}$$

本书中，我们将不会再更多地研究饱和电流 I_0，它类似于 p-n 结，取决于结的细节。

6.7.2　金属-半导体结中的电流传导：隧穿电流

参考下面的能带图，肖特基结还有另一种可能的传导机制。半导体的导带在金属侧，有许多靠近载流子的态，只是通过势垒隔开。如果载流子可以隧穿势垒，电流就能以这种方式传导，如图 6.11 所示。

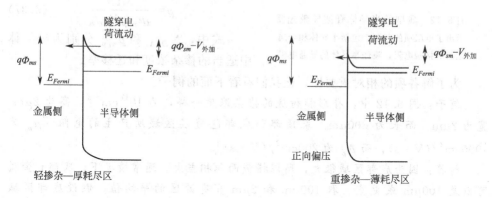

图 6.11　隧穿电流流过肖特基势垒耗尽区

由于越高掺杂的半导体中，耗尽区越薄，高掺杂半导体区域有利于隧穿电流

这是半导体中接触层进行高度重掺杂的原因。掺杂浓度越高，耗尽层就会变得越薄。薄的耗尽层有利于电流隧穿。如果"势垒"足够薄，根据量子力学，是允许电流通过的。

另一个获得良好欧姆接触的关键，是金属沉积之后的接触退火。通常情况下，半导体晶圆在制造后，会加热至 $400 \sim 450\ ^{\circ}\text{C}$，从而实现一些金属原子扩散到半导体中的目的。该结不是如图所示的突变肖特基结，而是有利于传导，并对

器件制造相当重要。

6.7.3 二极管电阻和接触电阻的测量

在结束金属-半导体结的话题前，有必要简单讨论一下激光器二极管中的电阻。图 6.12 是二极管示意图，示出了中间的有源区、p 和 n 侧的包覆层以及金属接触。脊形波导激光器的典型尺寸也在图中示出。测得的电阻，来自于金属-半导体结相关联的接触电阻和穿过包覆层区的半导体传导电阻。

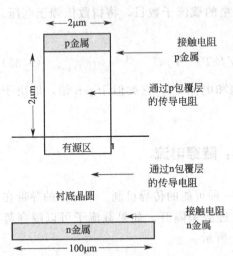

图 6.12　典型的半导体脊波导激光器示出了电阻项的起源，包括半导体和金属之间的接触电阻，流经半导体的导通电阻

半导体区的电阻 R_{semi}，是几何形状的函数，表示如下

$$R_{semi} = \frac{\rho l}{A} \qquad (6.36)$$

式中，A 为电流流经的横截面积；l 为区域的长度。电阻率 ρ 取决于掺杂和材料

$$\rho = \frac{1}{q\mu_{n/p}N_{D/A}} \qquad (6.37)$$

式中，$N_{D/A}$ 和 $\mu_{n/p}$ 分别为半导体中适当的掺杂浓度和迁移率。

为了解各项的相对重要性，让我们看看下面的例子。

例子：图 6.12 中，脊形和衬底的掺杂浓度一样，为 $10^{17}\,\mathrm{cm}^{-3}$，高为 $2\mu m$，宽为 $2\mu m$，而长为 $300\mu m$。求顶部和底部包覆层区域所产生的电阻 [μ_n 为 $4000\,\mathrm{cm}^2/(\mathrm{V \cdot s})$，而 μ_p 为 $200\,\mathrm{cm}^2/(\mathrm{V \cdot s})$]。

解答：因为底部区域很大，所以横截面积相当大。通常情况下，底部 n 金属可以是 $100\mu m$ 或更宽。取 $100\mu m$ 和 $2\mu m$ 宽有源区的平均值，假设底部区域宽 $50\mu m$。

顶部区域则很有限，只有 $2\mu m$ 宽。

因而，与 n 区相关联的电阻率为 $1/(1.6\times10^{-19}\times4000\times10^{17})=0.016\,\Omega \cdot cm$，而与 p 区相关联电阻率是其 20 倍（$0.31\,\Omega \cdot cm$）。

n 接触区的电阻约为 $\dfrac{0.016\times90\times10^{-4}}{50\times10^{-4}\times300\times10^{-4}}\approx1\,\Omega$。p 接触区的电阻则要高得多，为 $\dfrac{0.31\times2\times10^{-4}}{2\times10^{-4}\times300\times10^{-4}}$，约 $10\,\Omega$。

这是典型的激光器电阻，其中大部分落在 p 包覆层。通常，有源区附近的非掺杂区并不重要，因为它们非常薄；高掺杂的接触层也微不足道，因为它们掺杂很高；中等掺杂的包覆层则贡献了大部分的电阻。

对于直接调制器件，激光器电阻的典型指定值小于 8Ω。

与金属-半导体结相关联的接触电阻可以用光刻图案来实验测得，如图 6.13 所示。每对盘之间进行测量时，都包括两个接触电阻加上半导体的电阻。几个电阻与长度关系的测量，可以外推出 2 倍的接触电阻数值（图 6.13）。

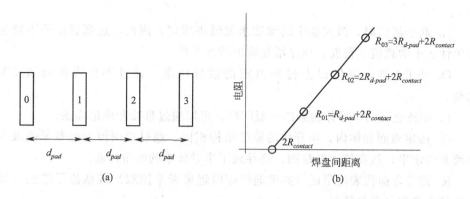

图 6.13 （a）有固定间距的半导体金属盘；（b）一对盘之间的电阻测量
外推到零长度时，给出 2 倍接触电阻的值

6.8 小结

本章介绍了注入有源区电流所涉及的细节，其中包括激光二极管和标准二极管之间的相似性和差异性，以及获得良好金属到半导体接触的细节。

A. 半导体激光器的电气特性对它们的工作很重要。低接触电阻会产生较低的电阻热。

B. 半导体激光器的本质是 p-n 结。

C. p-n 结形成耗尽区，其中移动电子和空穴复合，并留下不移动的耗尽电荷。

D. 耗尽电荷在结的两侧之间形成电场和内置电压。

E. 耗尽区的每一侧，是准中性区，其净电荷是零。

F. 假定耗尽区和准中性区之间的边界为突变结。

G. 跨耗尽区的电场产生了漂移电流，方向从 n 侧到 p 侧；此外，还有扩散电流，方向从 p 侧到 n 侧。这些电流在稳态时保持平衡。

H. 外加正向电压降低内置电压。漂移电流的幅度大致保持不变，但扩散电流的幅度呈指数增长。

I. 假定突变结和费米能级跨结劈裂，注入准中性区域每侧的过剩载流子数量都是指数依赖于电压。

J. 当扩散到准中性区域时，过剩载流子将复合。

K. 根据扩散/复合过程，可以推导出如图 6.8 所示的二极管 I-V 曲线。

L. 激光器与 p-n 结有着显著不同。

M. 激光器具有显著的复合电流，因而其二极管理想因子通常接近 2，而不是 1。

N. 高于阈值时，激光器中的准费米能级将固定。因此，过剩载流子不增加准中性区中的载流子密度，而是增加输出的光子数。

O. 基于上述，阈值以上得到恒定的微分电阻，并且不再遵循指数 I-V 曲线。

P. 制备金属到半导体接触的一般问题，可以通过肖特基理论描述。

Q. 假定表面和体内，半导体的能带结构相同，通过绘制恒定的费米能级和连续真空水平，从而给出能带图。这导致了半导体中的能带弯曲。

R. 能带弯曲代表耗尽区（如果能带弯曲远离费米能级）或载流子增强（如果能带弯曲朝向费米能级）。

S. 平衡电荷在金属侧积累。

T. 外加偏压只减小半导体侧的势垒，因为金属侧的势垒由材料常数决定。

U. 为了获得欧姆接触，功函必须小于电子亲和势（对于 n 型掺杂半导体）或大于电子亲和势加上带隙（对于 p 型掺杂半导体）。

V. 实事求是地讲，大多数金属的功函数不符合条件 B，因此，通常情况下，和半导体的接触都不是完美的欧姆接触。

W. 能作为欧姆接触工作的原因是：（a）表面处，能带结构通常与体内不同；（b）表面重掺杂，从而使耗尽层更薄；（c）接触退火将进一步使得结模糊。

X. 退火对半导体激光器的工作非常重要。

Y. 通常情况下，半导体的电阻来自于穿过 p 包覆层和金属-半导体接触的传导电阻。通常规定为 8Ω 或更小。

6.9　问题

Q6.1　如果穿过耗尽区的电流传导方式是漂移和扩散，而靠近准中性区的结中只有扩散，电流是如何从接触到结的呢？

Q6.2　你认为一般在半导体耗尽区中，有没有生成或者耗尽项呢？

Q6.3　退火通常会改善半导体-金属界面，降低电阻，并使它更加接近欧姆。你能想到一些过退火的潜在问题吗？

Q6.4 为什么方程式（6.15）是正确的？

6.10 习题

P6.1 一个 InP 半导体 p 掺杂到 $10^{18}\,\mathrm{cm}^{-3}$。求半导体中的费米能级以及空穴和电子浓度。

P6.2 光照 P6.1 中的样品，从而每秒产生 10^{19} 对电子-空穴。每个电子或空穴的寿命是 1ns。

（1）该半导体是处于平衡状态吗？

（2）半导体中的过剩电子和空穴的稳态值是多少（等于产生速率乘以寿命）？

（3）现在在该半导体中，电子和空穴的准费米能级是什么？

（4）比较 P6.1 中费米能级的位置与这里计算出的准费米能级位置。空穴和电子之中，哪个偏移更大？为什么？

P6.3 一个半导体 GaAs 的 p-n 结规格如下：

p 侧	n 侧
$N_A = 5 \times 10^{17}\,\mathrm{cm}^{-3}$	$N_D = 10^{17}\,\mathrm{cm}^{-3}$
$\tau_n = 5\mu s$	$\tau_p = 10\mu s$
$\mu_p = 350\mathrm{cm}^2/(\mathrm{V \cdot s})$	$\mu_p = 400\mathrm{cm}^2/(\mathrm{V \cdot s})$
$\mu_n = 7500\mathrm{cm}^2/(\mathrm{V \cdot s})$	$\mu_n = 8000\mathrm{cm}^2/(\mathrm{V \cdot s})$

（1）画出能带结构并计算 V_{bi}。

（2）计算耗尽层宽度。

（3）计算耗尽区中的峰值电场。

（4）计算 0.4V 外加偏压下，以 $\mathrm{A/cm}^2$ 为单位的正向电流。

（5）为什么 p 侧空穴和电子的迁移率略小？

（6）假设上述 p-n 结实际上是一个激光器，p 和 n 区间有额外 3000Å 宽的非掺区。粗略估计 i 区中的峰值电场。

P6.4 在 1mm 内，GaAs 从 N_D 为 $10^{14}\,\mathrm{cm}^{-3}$ 线形掺杂到 $10^{17}\,\mathrm{cm}^{-3}$。

（1）画出样品的能带图，标出导带、价带、费米能级以及本征费米能级。

（2）标出样品中电荷流动的种类和方向。

（3）标出样品中电流的种类和方向。

（4）在此样品中，有没有任何固定电荷？如果有的话，在哪里？

P6.5 反向偏置的 p-i-n GaAs 基光探测器中，光短暂照射其 i 区中心，产生有过剩空穴和电子的小区域（相当于中度掺杂水平 $10^{16}\,\mathrm{cm}^{-3}$）。p 和 n 区相对重掺（$10^{18}\,\mathrm{cm}^{-3}$）（图 6.14）。

（1）忽略光吸收产生的过剩空穴和电子，绘制半导体的耗尽区，并标出电场的方向。

（2）绘制器件的能带图，清楚标出电子和空穴准费米能级以及外加电压 V。加入光学产生过剩空穴和电子的效应。

（3）标出光脉冲所产生过剩空穴和电子的前进方向。

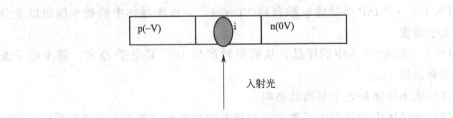

图 6.14　具有小脉冲入射光，并生成过剩空穴和电子的 p-i-n 二极管

（4）现在假设二极管适度正向偏置，且光的短脉冲再次照在 i 区的中心。

（5）绘制器件的能带图，标出电子和空穴的准费米能级以及外加电压 V。再指出过剩空穴和电子的前进方向。

（6）假设光线方向错误，现在照到了 p 区中间。绘制器件的能带图，指出电子和空穴的准费米能级。再次，不要忽略光的空穴和电子生成效应。

P6.6　在 4.3eV 功函数的金属和受主掺杂到 $10^{17}\,\mathrm{cm}^{-3}$ 的硅（Si 具有 4.05eV 的电子亲和势）之间形成一个肖特基势垒。

（1）绘制平衡能带图，示出 V_0 和 ϕ_m。

（2）绘制：①0.5V 正向偏压的能带图；②2V 反向偏压的能带图。

P6.7　对于习题 P6.6 中所用的系统，什么范围的 Si 掺杂水平和类型，能产生 Si 的欧姆接触？

P6.8　根据掺杂及其材料参数推导出 p 掺杂半导体功函数的方程。

P6.9　绘制 n-n$^+$ 半导体结的平衡能带图。标出电场（如果存在的话）、漂移电流（如果存在的话）和扩散电流（如果存在的话）。

P6.10　图 6.12 以及相关的例子中，

（1）求将顶部接触电阻降低到 5Ω 的必要掺杂浓度。

（2）这可能在激光器工作中引起什么问题？

7

光学腔

Macavity，Macavity，there's no one like Macavity，
There never was a Cat of such deceitfulness and suavity，
—T. S. Eliot，Old Possums Book of Practical Cats

本章中，我们将讨论典型半导体激光器的光学腔设计和特性。定义自由光谱范围和单纵模与空间模的概念，并讨论设计单模光学腔的过程。

7.1 概述

本书中，我们从介绍激光器的一般特性开始，确定了激光器的要求，是有高光增益和高光子密度的非平衡系统。后续章节中，我们集中到第一个高光增益的要求，以及通过半导体有源区获得合适波长所需高增益的各种约束、限制和考虑。

现在，我们希望将注意力转移到第二个高光子密度的要求。通过将增益区置入腔体中可以获得高光子密度，这个腔体将大多数光子限制在其内部。对于第2章所讨论的氦-氖气体激光器，腔体是一对简单的反射镜，在激光管的每端放置一个。而我们现在讨论的半导体激光器，该光学腔是介质波导，通过激光器的几何形状以及激光器中各层间折射率的差而形成。好的激光器就是一个好的波导。这种激光器特性非常重要，所以本章将专门介绍一般情况下的波导，其中特别关注了普通激光器的波导类型。

最简单的半导体激光器腔体，是半导体的解理片（一般为几百微米长）。这种腔体类型定义了一个法布里-珀罗激光器：解理面具有接近于原子级的光滑表面，可以作为优良的介电反射镜，保持腔体内的光子密度在较高范围内。即使这是个非常简单的腔体，也极大地影响腔体中所产生的光。

实践中，还会使用许多其他腔体，包括垂直布拉格反射器、集成的分布反馈激光器以及甚至基于全反射的器件。本章中，我们将重点关注腔体对于光的效应，特别是光学腔（简称光腔）的设计，从而实现所希望的单模特性。

7.2 本章概述

本章，我们将系统考察只考虑光传播方向的一维图像以及不仅考虑光传播方向，还要考虑一维和二维横向尺寸的二维和三维图像，从而获得光腔对发射光影响的全貌。表 7.1 用来帮助读者，它完整概述了正在研究的那些光腔以及我们试图展示给读者的学习要点。

表 7.1 所考虑的光学结构类型、相应图片以及学习要点

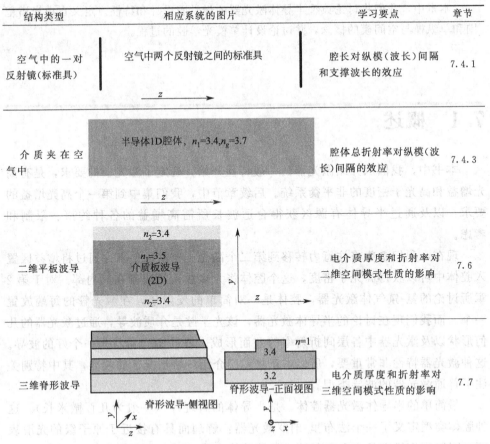

结构类型	相应系统的图片	学习要点	章节
空气中的一对反射镜（标准具）	空气中两个反射镜之间的标准具	腔长对纵模（波长）间隔和支撑波长的效应	7.4.1
介质夹在空气中	半导体1D腔体，n_1=3.4, n_g=3.7	腔体总折射率对纵模（波长）间隔的效应	7.4.3
二维平板波导	n_2=3.4 n_1=3.5 介质板波导 (2D) n_2=3.4	电介质厚度和折射率对二维空间模式性质的影响	7.6
三维脊形波导	脊形波导-侧视图 脊形波导-正面视图 n=1 3.4 3.2	电介质厚度和折射率对三维空间模式性质的影响	7.7

这里我们将给出一个重要的划分，然后再回到相应的章节。激光器语境中的

单词"模式"有几个意思。在第 7.4 节中，激光器纵向模式的意思是，腔体中允许的波长。发光大约 1300nm 的增益区，置于激光器的光学腔体中时，会发出特定纵模（例如，1301.2nm、1301.8nm 等）的相关波长光。

第 7.6 节关注腔体内特定波长光的横向分布。例如，如果特定波长的光在 z 方向行进，则在 y 方向上的光场分布可以有一个空间模式，示出波导中心的单一光场峰以及第二个双峰（针对多模波导）。

模式也可以指偏振状态（如"横向电场"或"横向磁场"模式中）。这些含义通常要通过上下文来弄清楚。每个模式类型都将在它们的相关章节中重温。

7.3 法布里-珀罗光腔概述

图 7.1 示出了激光器的图片，着重于光学腔和波导质量。这种常见的激光器腔体称为脊形波导法布里-珀罗光腔。该腔体通过晶圆解理激光巴条，形成两个解理的半导体腔面，电流通过上下面注入，从正面和背面发光。这种边发射器件是能实现的最简单光学腔，这种结构已用于商业，通常会将解理腔面镀膜，来提高或降低反射率。

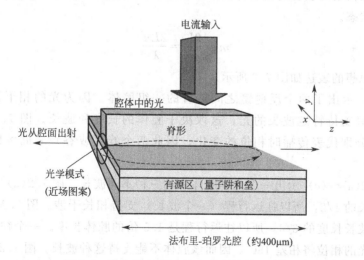

图 7.1 法布里-珀罗光腔（脊形波导）结构图

示出两个腔面之间光的来回反射，最后光从其中一个腔面射出。定性上，脊形的存在限制了 x 方向
上的光，有源区中折射率的差异限制了 y 方向上的光，从而光学模式在 z 方向的腔面上来回反射

激光器腔体中，光在 z 方向上两个腔面之间来回反射，同时光限制在激光器形成的波导中。定性上，量子阱相比周围层的较高折射率，在 y 方向限制了光，而量子阱上方存在的脊形，在 x 方向上限制了光。z 方向上的来回反射，使

得腔体中只有特定的规则间隔的波长（称为自由光谱范围），而 x-y 中的限制，影响激光器中光的强度图案（横向或空间模式形状）。这个概述的目的，是在适当的激光器上下文中，引入有关自由光谱范围和光学模式的讨论。

图 7.1 示出了半导体有源区作为光腔的组合图。作为光学腔的器件视图见图 5.1。

7.4　激光腔支持的光学纵模

7.4.1　标准具支持的光学模式：一维激光腔

首先，让我们看看光在一对反射镜之间时严格的一维腔体视图。起源于腔体内载流子的复合（受激或自发）的光平面波，从这里发射。让我们考虑图 7.1 中腔体支持的光波长，并认为光是严格意义上的波动现象。

想象一定波长范围内的自发辐射，光在腔体中形成，然后在反射镜之间来回反射。为了让腔体中允许任何给定的波长，往返光必须经历相长的干涉。数学上，对于任何给定波长的往返行程，必须是波长的整数倍。方程式(7.1) 简洁阐述了这种状态。

$$m=\frac{2L}{\lambda/n}=\frac{2Ln}{\lambda} \tag{7.1}$$

这个思想的表达如图 7.2 所示。

图 7.2 示出了两个反射镜之间夹着的一组腔体。因为光的相干性质，任何腔体中只支持特定波长的光，这取决于腔体的长度和波长。图 7.2 中，光波峰和谷分别代表传播时相位的变化，因此两个峰（或谷）之间的距离就是波长。

图 7.2(a)～(c) 示出一个光学腔体中的三种不同波长。图 7.2(a) 中，光腔正好是波长的 1/2，所以往返行程（一个波长）支持相长干涉。图 7.2(b) 示出了腔长是波长长度的 3/4，所以往返行程是 1.5 倍的腔体长度。一个往返行程之后，原来光的相位将相差 180°，因而该腔体不能支持这种波长。图 7.2(c) 显示波长正好等于腔长。

图 7.2(d)～(f) 示出了类似的思想，只是三种不同尺寸的腔体中显示的相同波长。第一个腔体 [图 7.2(d)] 长度正好是光波长的 2 倍（2λ）。当光行进往返行程时，它返回到反射镜并再次反射，正好和开始时同相位。因为这个特定波长在腔体内相长干涉，所以该波长在这个腔体中得以存在。

图 7.2(e) 所示的腔体是波长的 7/4。往返行程是 3.5 倍波长，导致该波长

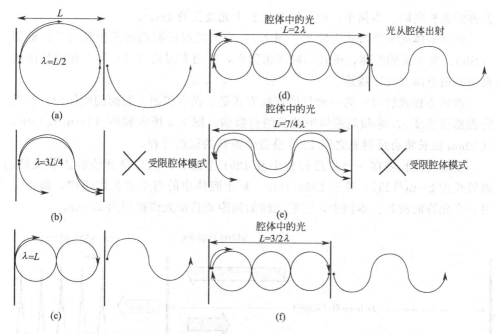

图 7.2 同样长度的腔体的几种光学波长（右）以及三个不同腔长的相同光学波长（左）
说明了腔体和波长的相互作用、支持和限制腔体模式的方式

与自身有 180° 相差，从而不能存在。图 7.2(f) 的腔体是波长的 3/2，所以该波长也可以存在。

正如净增益必须是 1 一样，为了让激光器处于稳定状态，往返行程的净相位必须是 2π 的整数倍。对于高于阈值器的激光器，方程式（7.1）和式（5.3）可组合成如下的单一方程

$$R_1 R_2 \exp\left[(g+jk)2L\right] = R_1 R_2 \exp\left[\left(g+j\,\frac{2\pi}{\lambda/n}\right)2L\right] = 1 \qquad (7.2)$$

式中，g 为增益；k 为腔中传播常数 $\dfrac{2\pi}{\lambda}$；n 为腔体折射率；L 为腔体长度；R_1 和 R_2 为腔面反射率。

7.4.2 长标准具的自由光谱范围

定性上，相干光干涉的思想形成了一组腔体所支持的"允许"光波长与腔体不支持的"禁止"光波长。本节中，让我们定义针对指定标准具的标准光学术语，然后在第 7.4.3 节中讨论它对法布里-珀罗激光器光谱的意义。

一种很简单的腔，是简单地将两个反射镜隔开距离 L 而构成，如图 7.3 所示。该示范腔的折射率假设与波长无关，且等于 1。让我们考虑光波长以及腔体

允许的波长间隔。本例中，腔长度为远长于光波长的 1mm。

这样腔体的支持模式定性示于图 7.3，它们之间的间隔定义为自由光谱范围（FSR）。对于长的腔体，模式间隔将很紧密，这用方程式(7.1) 和下面推导出的自由光谱范围方程来描述。

理解方程式(7.1) 的一种好的定性方式是，在有腔面反射面的腔体中，往返行程路径长度 $2L$ 必须是腔体中波长的整数倍。图 7.3 所示腔体（1mm 长）中，1600nm 波长将有反射镜之间 1250 整数倍波长的往返行程。

稍短的波长将在一个往返行程中有 1251 个波长，这也得到该腔体的支持。该波长为 2mm/1251，等于 1598.7nm。对于腔体中的每个波长数递增，都将有另一个允许的波长。本例中，它们之间的间距或自由光谱范围为 1.3nm。

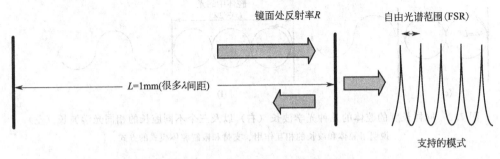

图 7.3　通过两个反射镜间空气介质构成的光学腔
支持一系列由自由光谱范围（FSR）分隔的光学模式。
图中，光腔假定是许多倍的波长长度，且空气的折射率 $n=1$

例子：计算图 7.3 中，所示 1mm 长度腔体支持的下一个更长波长。

解答：下一个更长波长将在往返行程内有更少的经过腔体的完整波长，或者说 2mm/1249，为 1601.3nm。

例子：计算这个腔体的自由光谱范围。

解答：简单地检查波峰之间的距离，自由光谱范围约为 1.3nm。我们将在下面为它推导一个表达式。

让我们推导出自由光谱范围的表达式，这是波峰值间间距的量度。我们首先标记通过腔体 m 次往返行程的关联波长为 λ_m，而 λ_{m+1} 是通过腔体往返 $m+1$ 次的略微短些的波长。在一个往返行程中，波长整数倍的要求是

$$2L = \frac{m\lambda_m}{n} = \frac{(m+1)\lambda_{m+1}}{n} \tag{7.3}$$

由此我们可以写出

$$\frac{m\lambda_m - (m+1)\lambda_{m+1}}{2Ln} = 0 \tag{7.4}$$

或者

$$\frac{m\lambda_m - (m+1)\lambda_{m+1}}{2Ln} = 0 \tag{7.5}$$

$$m\Delta\lambda = \lambda_{m+1}$$

此表达式即使正确，也不令人满意，因为它需要计算 m（往返行程的数量）。可以替换 m，从而给出的（见习题 P7.1）自由光谱范围是

$$\Delta\lambda = \frac{\lambda_{m+1}}{\dfrac{2Ln}{\lambda_{m+1}} + \lambda_{m+1}} \approx \frac{\lambda_{m+1}^2}{2Ln} \tag{7.6}$$

方程式(7.6)给出作为折射率和腔体长度函数的模式间隔 $\Delta\lambda$。重要的一点是模式间隔反比于腔体长度和腔体折射率，并正比于中心波长的平方。

7.4.3 法布里-珀罗激光器腔体中的自由光谱范围

法布里-珀罗激光器腔体与上述反射镜标准具有一些重要的差异。在最简单的模型中，如图 7.4 所示，是由材料和周围空气间的折射率对比，从而具有腔面反射率的介电材料平整薄片。不像图 7.2 和图 7.3 所示的反射镜对，这里的腔体反射镜基于环境空气和半导体之间的折射率差，反射率通过方程式(5.2)给出。

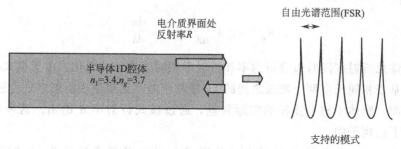

图 7.4 介电腔体的一维模型

腔体和空气之间的折射率差提供了反射镜，而腔体的总折射率给出了模式间距

更重要的是，我们感兴趣的激光器有源区波长，正好在半导体的带隙附近。如图 7.5 所示，带隙周围的折射率和增益非常依赖于波长。由于这种强的折射率依赖关系，半导体激光器中的自由光谱范围方程需要进行小的修改。

如果两个波长 λ_m 和 λ_{m+1} 的折射率略有不同，如图 7.5 所示，可以将方程式(7.3)重写如下：

$$2L = \frac{m\lambda_m}{n_m} = \frac{(m+1)\lambda_{m+1}}{n_{m+1}} \tag{7.7}$$

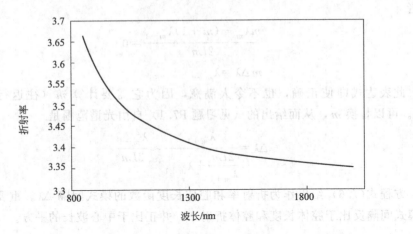

图 7.5   室温 300K 下，GaAs 在带隙大于 870nm 附近的折射率
来自 http：//www.batop.com/information/n_GaAs.html 和
Journal of Applied Physics，D. Marple，V. 35，pp. 1241

可以证明（见习题 P7.1），根据此表达可导出下面的自由光谱范围表达式

$$\Delta\lambda = \frac{\lambda_{m+1}^2}{2Ln_g} \tag{7.8}$$

其中 n_g 是腔体总折射率，定义为：

$$n_g = n - \lambda\frac{\Delta n}{\Delta\lambda} = n - \lambda\frac{dn}{d\lambda} \tag{7.9}$$

腔体总折射率同时包含折射率和折射率相对于波长的变化。由于模式间隔的计算是基于相同长度两个波长之间的 2π 净相位差，这里使用折射率是合适的。

然而，腔体中整个波长的实际数量，通过模式折射率 n 给出。这种细微差别示于下面例子中。

例子：一个 $300\mu m$ 长的激光器腔体有 3.4191 的模式折射率、3.6432 的腔体总折射率和 1399.359nm 的激射波长（为什么需要这么精确的数字将通过问题来给出答案）。

求腔体模式的间隔，以及腔体中进行一次往返行程的波长整数倍数。找到下一个更长的波长，并估计其模式折射率以及与该波长相关腔体中往返行程的次数。

解答：根据上面分析，我们可以写出

$$\Delta\lambda = \frac{\lambda^2}{2Ln_g} = \frac{1.399359^2}{2\times300\times3.6432} \approx 0.895834\times10^{-3}\mu m$$

波峰之间的间隔（或自由光谱范围）约为 0.9nm。另一方面，腔体中波长

的整数是 $2L/(\lambda/n)$，或正好是 $600\mu m/(1.399359/3.4191)=1466$ 个波长。

更长的波长为 $1.399359+0.895834\times10^{-3}\mu m=1.400255\mu m$。下一个更长波长的模式折射率 $(m=1465)$ 估算如下：

$$n_g = n - \lambda\frac{\Delta n}{\Delta\lambda} = 3.6432 - 1.399359\frac{\Delta n}{\Delta\lambda}, \quad 给出\frac{\Delta n}{\Delta\lambda} = -0.16\mu m^{-1}$$

然后，在 1.400255 处（下一个更长波长），模式折射率为 $3.6432-1.400255\times0.16\approx3.418957$，而往返行程的数目正好为 $600/(1.40025/3.418957)=1465$。注意，如果我们对 1.399359 和 1.400255 使用相同的折射率，计算的模式数目将是 $600/(1.40025/3.4191)=1465.06$。正是相邻波长之间折射率的轻微变化，使得方程式(7.1) 的条件可以对每个腔体波长都适用。

7.4.4　法布里-珀罗激光器的光学输出

根据法布里-珀罗光学腔作为标准具，支持一组离散波长的思想，让我们看看法布里-珀罗激光器的输出。法布里-珀罗激光器的重要特征是反射不依赖于波长。所有波长的反射都大致相等。

这就产生了法布里-珀罗腔所期望的输出频谱（功率与波长曲线图）。根据方程式(7.8)，波长间隔几乎均匀。预测的波峰出现在半导体具有净增益，并发射光子的区域（称为增益带宽区）。

当偏压高于阈值时，法布里-珀罗激光器发射的典型输出光谱如图 7.6 所示。$1290\sim1305nm$ 范围内，有几个主要的模式。采用对数坐标，发射也可以在 40nm 的范围内看到，但是比峰值功率会低至 1/100（图 7.6）。

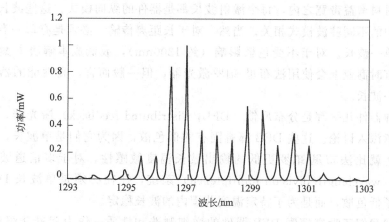

图 7.6　法布里-珀罗激光器的输出光谱

如果仔细想想，这个图是很奇怪的。根据速率方程模型，载流子密度和光增益在阈值以上是固定的，而此后，注入电流增大将导致光输出的增加。由于增益首先在特定波长达到阈值增益，合理的想法是，首先某个特定波长的光在阈值处激射，当该单一波长光增加时，其他模式的光（通过自发辐射驱动）也应保持相同，因为载流子数目固定。因此，我们能够期待主波长的输出。

然而，总有一些非理想的因素，使得这个简单模型并不正确。特别是频谱烧孔现象。当大量某个特定波长的光产生时，这将减少该波长处的增益，并有利于产生其他波长的光。高光功率时，载流子分布不能再用费米分布来准确描述，从而导致多个波长的激射。

描述这个现象的唯象方法是增益带宽，这是材料的一种属性。支持其上激射的波长范围称为增益带宽（通常约 10nm 数量级），而在此增益带宽（通过腔体长度决定），模式的间距确定了激射模式的数量。下面给出例子来说明这个思想。

例子：一种特殊材料在 1.3μm 激射波长时，有 15nm 增益带宽、3.6 的腔体总折射率以及 3.4 的折射率。在一个 250μm 长的腔中，有多少激射模式？

解答：这个问题的解答非常直接。腔体模式之间的间隔是

$$\Delta\lambda = \frac{\lambda^2}{2Ln_g} = \frac{1.3^2}{2 \times 250 \times 3.6} = 0.94 \text{nm}$$

模式的数量大约是增益带宽/模式间隔，即 16 个模式。注意当腔体长度增加时，模式间隔减小，而能看到的光线将增加。

7.4.5　纵模

在材料增益带宽之内，每个激射波长都是器件的纵向模式。这些波长每个都与腔体中的不同驻波模式相关。当然，对于长距离传输，必须是有单一有效传播速度的单一波长。对于不受色散影响（约 1300nm），或低成本解决方案的波长范围，有时商业上会使用法布里-珀罗激光器，但一般而言，高性能的器件需要仅有单一波长。

这种器件几乎都是分布反馈（DFB，distributed feedback）激光器，我们将在第 9 章深入讨论。这些 DFB 都有固有的低色散，因为它们是单波长，并且还具有天生就比法布里-珀罗更低的输出波长温度敏感性。对于多信道波分复用（WDM，wavelength-division multiplexed）系统，往往必须是单波长 DFB，这不是为了低色散，而是为了特定温度范围内的波长稳定。

虽然我们还没有探索 DFB 器件的详细制造和性质，作为背景介绍和比较，图 7.7 示出了这种器件的典型光谱。和图 7.6 中的法布里-珀罗器件不同，这里只有单一的波长。

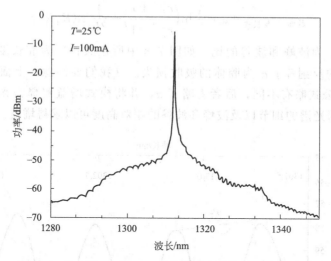

图 7.7 分布反馈（DFB）单纵模激光器的典型输出光谱

7.5 基于光谱的增益计算

现在可以描述测量半导体激光器增益频谱的实验技术了。第 4 章中，我们讨论了以态密度和注入水平表述的光增益，而第 5 章中，我们证明了，在阈值以上，有源区腔体的增益点实际上是由腔体的损耗点给定的，包括吸收损失和反射损失。

然而，激光器低于阈值时，可以根据频谱本身来得到腔体的净增益。如图 7.8 所示，低于阈值时，光在腔体中行进会获得增益，但增益尚不足以克服腔体损失。但是，在某些波长，光通过腔体从而产生相长干涉（法布里-珀罗标准具中的光谱波峰），而其他波长（法布里-珀罗中的光谱波谷）通过腔体时，光波经历相消干涉。Hakki 和 Paoli[1] 意识到，激光器的实际增益谱，可以通过相长干涉光与相消干涉光的幅度比来得到。

通过例子可以给出这个过程最好的说明。图 7.8 中，我们定义了调制折射率 r_i 作为波峰功率与波谷功率的比。由于峰和谷确实在不同的波长下发生，这里与给定波谷相关联的典型"波峰"是相邻波峰的平均，而与给定的波峰相关联的波谷也是相邻波谷的平均。

净增益（或模式增益 $g_{模式}$）由下式给出

---

[1] B. Paoli，T. Paoli，Journal of Applife Physics，v. 46，p 1299，1976.

$$g_{净}=g_{模式}+\alpha=\frac{1}{L}\ln\left(\frac{r_i^{1/2}+1}{r_i^{1/2}-1}\right)+\frac{1}{2L}\ln(R_1R_2) \qquad (7.10)$$

式中，r_i 为波峰和波谷的比，如图 7.8 中所定义；L 为腔长度；R_1 和 R_2 为两个腔面的反射率；α 为腔体的吸收损失。（我们要注意，上面形式与原始 Hakki-Paoli 公式略有不同，后者省略了 α，并将模式增益解释为光增益加上吸收损失）根据光谱的细节以及波峰和波谷的相对高度可以求得增益。

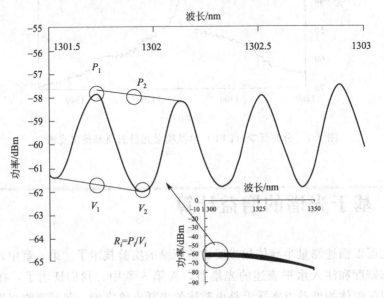

图 7.8　亚阈值光谱
主插图为 1300～1350nm 的波峰和波谷图，而主图为 1301.5～1303nm 的特写视图

例子：激光器的长为 $750\mu m$，两腔面的腔面反射率为 0.3。对于图 7.8 和下表的波峰和波谷，求这个波长范围的增益谱。

波谷		波峰	
波长	功率/dBm	波长	功率/dBm
1301.56	−61.22		
		1301.74	−57.87
1301.92	−61.93		
		1302.1	−58.3
1302.34	−61.73		
		1302.52	−57.94
1302.7	−61.85		
		1302.88	−57.47

解答：首先要注意的一点是，功率单位为 dBm，这是一个对数单位。以 mW 为单位的功率由下式给出，$P(\text{mW})=10^{P(\text{dBm})}/10$。为了选取适当的比率

r_i，功率需要使用线性单位。这里只给出一个点的计算演示，1301.74 的波峰值是 $10^{(-57.87/10)}$，等于 1.63nW；相应的波谷功率是 -61.22dBm（0.75nW）和 -61.93dBm（0.64nW）的平均值，等于 0.69nW。

比率 r_i 是 1.63/0.69，为 2.36。净增益 $g_{净}\dfrac{1}{750\times10^{-4}}\ln\dfrac{2.36^{0.5}+1}{2.36^{0.5}-1}+$

$\dfrac{1}{2\times750\times10^{-4}}\ln 0.3^2\approx 5\mathrm{cm}^{-1}$

注意，第一项是正的，代表增益；第二项是负的，代表反射镜损失。

其余的点可以类似地计算，并给出如图 7.9 所示的光谱。当画出可用波长整个范围内的完整光谱时，会更加有趣。这说明这项技术只需要几个点的数据。

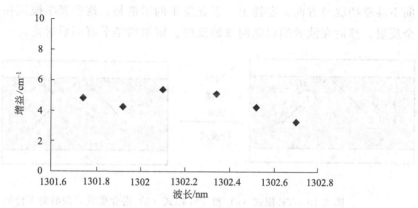

图 7.9　根据测量的波峰与波谷比，计算得出的几个增益谱上点

7.6　光腔中的横向模式

光学中，单词"模式"是很令人困惑的，因为它可以表示几件事情。它可以表示"波长"，可以指偏振状态，或者还可以指光腔内部传播方向上，或垂直于传播方向上的驻波图案。所有这些表示都与激光器相关，所以这里让我们澄清一下要讨论的具体模式，具体到每个的细节。

7.4 节中，我们讨论了激光腔的纵向模式。这用类似光学分光计等仪器可以很容易地测量，因为每个纵向模式对应于一个稍有不同的波长。

但是，除了区分腔体中波长的纵向模式，还有横向或空间"模式"，它们表征腔体中垂直于传播方向的光驻波图案。这些都是相同的表征任何波导的模式。当我们说波导为"单模"时，这里就是模式的意思。波导（包括激光器）支持许多不同的波长，并且它们全都是单模的。

第 7.3 节中，我们建模法布里-珀罗光腔为单个有效模式的 1D 薄板。这里，我们将考察不同材料堆叠构成的激光器部分，来研究它们产生不同模式的方式，每个都通过对应的有效模式折射率来表征。

图 7.10 示出了简化的二维波导图，较高折射率的区域夹在折射率较低的两个区域之间。这是比图 7.1 略微更真实的激光器模型，因为量子阱比它们周围包覆层的折射率更高。它看起来有点像法布里-珀罗波导的二维版本，该结构中，中间的量子阱作为波导以及载流子的限制方式。本节，我们将讨论图 7.10 中，波导所支持的光学模式。

图 7.10 中的波导是传播模式的代表，示出了模式传播的方向（粗箭头）以及正交电场（E）和磁场（H）的方向。左图示出了 TE 模式，因为电场垂直于向下移动的波导方向。定性上，正在发生的事情是，这些光学模式在界面处经历全反射，然后在波导的两侧间来回反射。定量的细节将稍后讨论。

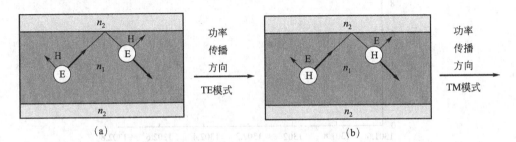

图 7.10　TE 模式（a）和 TM 模式（b）沿介质波导腔的向下传播

7.6.1　真实激光器中横向模式的重要性

通常对于通信用的激光器，波导结构设计用来实现单一的横向模式。人们调整设计细节（如包覆层周围区域的厚度，脊形波导器件中脊形的刻蚀深度等，我们将在第 7.7 节中讨论）从而来获得单模器件。这对于半导体激光器的重要性体现在几个方面。

首先，如图 7.11 所示，模式形状也会控制器件的远场图案。这里，比较了单模脊形波导管器件（b）和大面积器件（a）的模式形状和远场图案。远场图案对相干光源而言，实质上是近场图案（器件中模式形状）的傅里叶变换。此处，单模的远场图案对于脊形波导器件是一个适中的 30°发散角的很圆的光束；大面积器件的远场图案则拉得很长，面内发散儿度，而面外就非常发散。器件腔内的光功率图案直接在几毫米外转化为发散图案。这个的重要性是因为通信激光器的最终目标是要耦合到光纤中，因此最佳器件需要是单模的。

实际上，将光纤与具有相对圆形轮廓的单模器件的光之间进行耦合，远比与

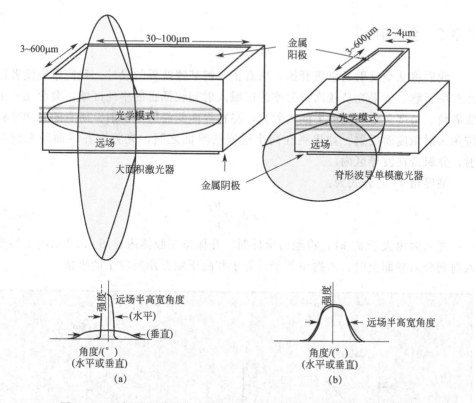

图 7.11 远场对光学模式的依赖关系展示出光学空间模式的重要性

(a) 大面积激光器，几十或几百微米长；顶部示出光离开激光器的示意图，而底部示出水平方向和垂直方向上，光强度与发散角关系的示意图。窄的横纹模式形状导致窄的垂直条纹远场图案。

(b) 示出更圆的单模器件，具有近似圆形的远场。典型的单模激光器发散角大约为 30°，尽管它们可以设计到更低

大面积波导器件的图案进行耦合容易得多。

激光器件需要单模很重要的第二个原因是，器件实现真正单波长非常必要。正如在接下来的章节中要学到的，分布反馈（DFB）器件使用周期光栅制备单模激光器，这是基于有效折射率来反射单一波长。不同横向模式具有不同的有效折射率，因而具有 DFB 光栅的多模波导可以有一个以上的波长输出。

最后一个实际的论述是，现实中，介质波导只是半导体激光器实际波导的简单一阶模型。激光器的波导区域也是增益区域，所以折射率具有与增益相关联的复数部分（或者说无电流时的损耗分量）。光学模式称为"增益导向"以及折射率导向，而不需要真正精确的光学截止设计，这种增益导向的趋势是偏向单一模式的传播。实践中，根据折射率分布计算的远场和模式结构细节，可能与制造器件的测量值有显著不同。

7.6.2　全反射

我们将从全反射的思想开始，来真正理解某些波导的设计。我们希望读者已经有所了解，如果光从较高折射率的区域入射到较低折射率的区域，会存在一个临界角。角度在临界角以上的入射光，将在界面侧经历全反射。所有的光功率将按照入射角度而反射。如果夹在两个这样的界面之间，光将会在界面间来回反射，并保持在波导区内。

临界角 θ_c 的公式为：

$$\sin\theta_c = \frac{n_2}{n_1} \tag{7.11}$$

光入射角大于 θ_c 时，将经历全反射，并保持在腔体内。图 7.12 示出了当光入射到介质界面上时，入射角低于、等于和高于临界角所发生的事情。

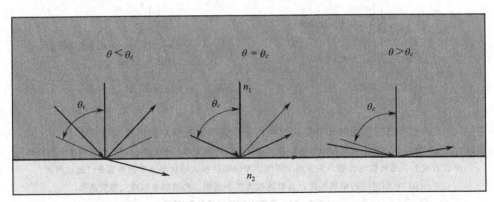

图 7.12　光波导内部入射光入射角低于、等于和高于临界角的示意图
显示更高折射率区域可以作为波导，并将光向下传导到信道中的方式

该图直观显示出进程，其中，在较低折射率区域内，折射会偏离垂直方向，从传播到区域 2，变成沿着两个区域间的界面传播，直到变成区域 1 内部的传播。

以上只是简化的描述。另外还有与全反射相关的微妙关系，至少可以解释一些定性研究中的性质。

首先应该清楚的是，光必须与低折射率区域有某些相互作用，以便它足以"看到"光，从而反射光。光是　种波，具有类似波长的某种长度。如上所示的全反射图像，其更正确的版本可能看起来类似图 7.13。光线以一定有效相互作用长度穿入材料中，然后才反射出去。由于这种相互作用的长度，平面波一旦入射到介质界面上反射时，将会发生相位的变化。这可以描绘为，光波入射点的反射实际上来自略早入射平面波的一部分，从而看着像瞬时的相移。

图 7.13 显示，对于给定的光线，应该存在输入和输出间的物理变换。这种效应实际上发生在小而汇聚的光中，称为 Goos-Hanchen 效应。虽然不是专门针对激光器，这些各种各样的效应，是光学可以称为如此丰富和引人入胜主题的原因，虽然人们对其基础的研究已经有几百年的历史了。

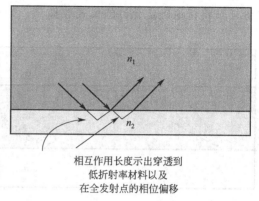

相互作用长度示出穿透到
低折射率材料以及
在全发射点的相位偏移

图 7.13 全反射界面处，相移机制的定性图像

7.6.3 横向电场和横向磁场模式

图 7.10 示出了具有横向电场（TE）和横向磁场（TM）的模式。波导中，横向根据导向波导的方向来定义，而不是以波导内平面波的传播来定义。

作为波导，半导体激光器将同时支持 TE 和 TM 模式，但在半导体量子阱激光器中，发射的光主要是 TE 极化。其原因将通过习题 P7.3 探索，这是基于腔面处，TE 和 TM 模式的反射系数不同的事实。但是，实际结果是大多数激光器都本征地高度极化。

对于 TE 和 TM 模式，只有某些离散的角度可以成为导引模式，从而沿波导传播。就像标准具中的光，必须经过相长干涉来使标准具支持某个特定波长一样，波导中的光也必须经过相长干涉，以让特定"模式"（对应于特定的入射角）得以存在。对标准具的分析中，常用的变量是波长，从而传输绘制为波长的函数；而在波导分析中，典型做法是固定波长，而自然选择其传播的角度。理由也是一样的，假设腔体中的平面波源自于底部边缘上的所有点，如果往返行程不是波长的整数倍，相消干涉将最终导致该光波消失。

如图 7.13 所示，除了由于传播的相位变化，全反射处也有相位变化。在确定允许波导模式时，必须考虑这两个相位的变化。

图 7.14 使用箭头示出两种允许的模式。允许模式的定义是，两个等效点之间的净相位差是 2π 的整数倍。

如果波导是两个相同的较低折射率区域夹着的较高折射率区域，则应该至少有一个非常小的角度满足该条件。根据不同的折射率差和厚度，可能有其他角度也满足此条件。最终，入射角将超过临界角，从而无法达到全反射的必要条件。

7.6.4 节将讨论确定允许的模式数量。

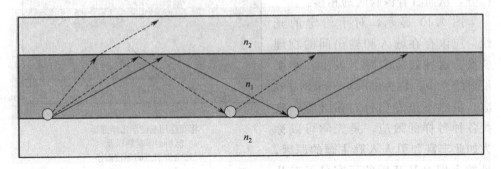

图 7.14　两种允许传播的模式

白点有 2π 的相位差。其他可能的模式用虚线表示，对于该特定电介质界面，
入射角低于临界角，因此不允许存在

7.6.4　波导模式的定量分析

本节，我们将进行一些简单波导结构的引导性计算，目的是给出有关模式的更直观的图像，而不是给出最好的计算技术。如今，人们通常会使用软件来得到激光器或最复杂波导结构的模式，请读者参考其他书籍（例如，Haus 的书），了解通过其他方法求解波导的例子，如给出顶波导几何形状的 V 数值。

现在的定性图像应该清晰了。横向电场或横向磁场（TE 或 TM）模式，都可以同时在两个较低折射率介质夹着的更高折射率介质中传播。对于对称介质（两侧的包覆层区域有相同的折射率），总是存在至少一个允许的传播角和一个导模。当折射率对比更大时，临界角变得更大，从而模式数目增加。更高更厚的折射率区域也增加了潜在的模式数目。

图 7.15 标识出各个方向上的角度和传播常数以及反射处的相位变化。假定顶部和底部平板为无限厚。光在自由空间的传播常数 k_0 为

$$k_0 = \frac{2\pi}{\lambda} \tag{7.12}$$

通过此图，我们可以写出数学表达式，其中最左边和中间光波相应部分的净相位变化应该是 2π 的整数倍。相关数量已在图中定义。

$$2\varphi + \varphi_{r\text{-顶}} + \varphi_{r\text{-底}} = 2dn_1k_0\cos\theta + \varphi_{r\text{-顶}} + \varphi_{r\text{-底}} = 2m\pi \tag{7.13}$$

式中，ψ 项为源白反射的相位变化。无论什么方式，即使光多数是正向传播，从底到顶的往返行程也应该是波长的整数倍。对于大部分正向的光，相位变化用 k_x 乘以距离给出，这里为 $n_1k_0\cos\theta$。通常沿正向的传播常数称为 β，等于 $n_1k_0\sin\theta$。

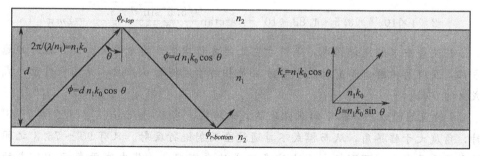

图 7.15　一个波导，示出反射和由于传播长度的传播模式相位变化

正向和上下方向的传播常数根据基本传播常数 $2\pi/(\lambda/n)$ 来加以辨识

对于 TE 波，全反射的相位变化是

$$\varphi_{TE} = -2\arctan\frac{\sqrt{n_1^2\sin^2\theta - n_2^2}}{n_1\cos\theta} \tag{7.14}$$

而对于 TM 波则是

$$\varphi_{TM} = -2\arctan\frac{n_1\sqrt{n_1^2\sin^2\theta - n_2^2}}{n_2^2\cos\theta} \tag{7.15}$$

识别模式的有效折射率 n_{eff} 由下式给出

$$n_{eff} = n_1\sin\theta_p \tag{7.16}$$

这里的 θ_p 意味着已确定了特定的离散传播角度，如图 7.15 所标注。让我们用例子来演示传播波导模式的分析过程，然后更定性地讨论要如何调整设计变量，从而裁剪单模波导。

例子：根据下图的波导，求 TE 模式的数目和所有 TE 模式的有效折射率。

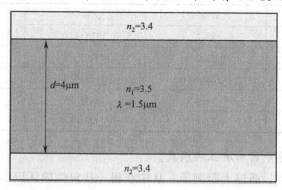

解答：上述方程为 $\boldsymbol{k}$（传播矢量）和 θ（从高折射率区到低折射率区的入射角，垂直方向测量）的表达式。$k = 3.5 \times 2\pi/1.5 \times 10^{-6} = 14.66 \times 10^6\,\mathrm{m^{-1}}$。方程式(7.7)，作为已知数量和角度 θ 的表达式，如下：

$$2\times4\times10^{-6}\times3.5\times4.83\times10^{6}-4\arctan\frac{\sqrt{3.5^2\sin^2\theta-3.4^2}}{3.5\times\cos\theta}=2m\pi$$

在波导中求解允许模式，等价在上述方程中求θ的允许值。该方程为超越方程，没有解析解，而有效的求解方法是相对于左侧的θ作图，并选出对于公式成立的θ值。

θ的范围通过平方根下的正弦表达式来给定。当$\theta=\arcsin(3.4/3.5)=76.3°$时，角度大于临界角，从而模式不再通过全反射进行反射。只有$90°\sim76.3°$之间的角度需要考虑。下图绘制出上述表达式的左侧部分，其中线段表示360°点的整数倍（包括0）。

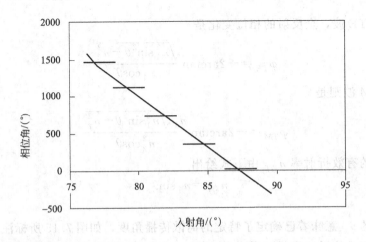

线段在如下表中所示的入射角处有相应的相位角。在每一个角度，传播常数β都通过$k\sin\theta$给出，而有效折射率n_{eff}则由$\beta n_1/k$给出。

相位角$\theta/(°)$	入射角$/(°)$	β/m^{-1}	n_{eff}
0	87.3	14644477	3.496114
360	84.7	14598072	3.485036
720	82.0	14518073	3.465938
1080	79.4	14410570	3.440273
1440	77.0	14284995	3.410294

上面列出波导中的所有五种模式。

这里的重点是，通过上面例子，从中获得一些定性的认识。首先，注意有效折射率的范围为什么是从$3.49\sim3.41$（介于高折射率导引层的3.5和较低折射率包覆层的3.4之间）。对于小的角度87.3°，光学模式大多直接行进到引导层，可以有效地"看到"主要是引导层的折射率。在较陡的角度，随着模式在两侧之间来回反射，它可以更多地看到包覆层。有效折射率更接近包覆层。在上述腔体相关表达式［方程式(7.2)和其他有 n 的表达式］中，用到的是有效折射率而不是材料层折射率，因为前者控制着波导的性质。

对称低折射率包覆层包围的每个高折射率层都有引导模式，至少各有一个TE和一个TM模式。当高折射率层变厚，或者折射率对比变大时，结构中引导模式的数目将增加。

对于激光器，一般越厚限制越强的波导会越好，因为对有源区限制越好，产生的阈值越低，并且有越好的整体性能。然而，当波导变得更厚和限制更强时，它会产生更多的模式。类似激光器中的很多东西，设计波导也是一个折中。目标通常是尽可能获得最厚的单模波导。

最后，让我们做一个例子来将第7.4.2节中的一维标准具与这里的二维波导相关联。

例子：在下面的简单介质波导结构中，求最低阶模式的自由光谱范围。

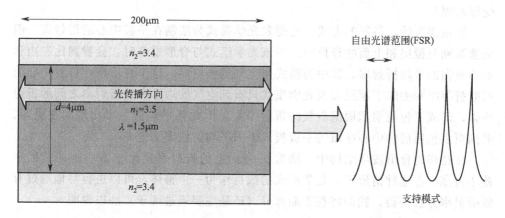

解答：方程式(7.6)给出自由光谱范围的公式，唯一的问题是使用哪个折射率。适当的折射率是针对上述结构的模式折射率。由于几何形状和前面例子中的一样，最低阶模式的折射率为3.496114，自由光谱范围则为：

$$\Delta\lambda = \frac{\lambda^2}{2Ln} = \frac{1.5^2}{2 \times 200 \times 3.496114} = 1.61\text{nm}$$

第7.4.2节的一维结构，可以认为是这里所示的二维波导的一个更真实的模型。通过波导确定的模式折射率控制光输出。

还有其他等价公式，可以用于确定涉及边界处匹配边界条件的平板波导的离散模式，在超过三层时这些或许更具有灵活性。实际上，光学建模大多是在软件中完成的。这种简单三层模型方法，清楚地说明了离散模式的起源，而不需要过多的计算。

7.7 二维波导设计

我们将第 7.4 节扩展到另一个维度。不只是研究 y 方向受限的光在 z 方向行进，我们将研究 y 和 x 方向都受限的光，也是在 z 方向来回往返。这是激光器腔体中实际发生的精确图像。

7.7.1 二维限制

典型的激光器波导，如脊形波导结构，其截面示于图 7.11 左边及下面例子中，实际上是二维限制结构。我们可以认为光在 y 方向的限制，是通过类似典型平板波导中，相对于包覆区的较高折射率有源区。那么，光在 x 方向是如何受限的呢？

答案很微妙，最好的方式，是想象光学模式为限制在平板中心的衍射斑，但会泄漏到包覆层和上面的脊形中。当该光学模式与脊形重叠时，会看到比左边和右边更高的平均折射率，其中的模式与空气重叠更多。这个脊形所在位置中心的有效折射率和去除了顶层以及光学模式只看到空气的边缘有效折射率之间的折射率差，形成了包覆层和周围空气的折射率差，因此其平均折射率比限制在更厚、看到更多包覆层的中心区域的平板模式中的平均折射率更低。

在这样的脊形波导结构中，通常 x 方向上的折射率差比 y 方向上的折射率差小得多。在这种情形下，光学模式的数目作为一个整体，可以更容易地通过有效折射率方法获得，我们将在下面部分（还是主要通过例子）加以说明。

7.7.2 有效折射率方法

下面我们将演示手动的方法，用来求解二维限制区域的简单折射率。现实中，对于多层和实际激光器中所见的真实形状，计算将变得异常复杂，所以实际计算通常使用程序进行，如 RSOFT 或 Lumerical。这个例子至少能说明几何形状和折射率对比，是如何确定波导是否单模。

为了示范，让我们建模如下所示的典型半导体波导，并用于后面的例子。空气（顶部）和底部的半导体衬底（3.2）包覆约有效折射率 3.4 的区域。在脊形波导的几何形状中，蚀刻围绕中心区的区域，从而提供沿 x 方向的限制。

有效折射率方法的基本过程示于表 7.2。

表 7.2 使用有效折射率方法分析波导

使用有效折射率方法,分析简单脊形波导型结构的步骤
1. 分解波导为两个区(内和外),并求解这两个区域的有效模式、极性的选择
2. 使用这些有效折射率,作为核心和包覆层折射率,从而形成平板波导
3. 求该简单结构的有效折射率,这就是接近的 2D 波导有效折射率

如果一个方向,一般是 y 方向上的限制,比 x 方向上强得多时,这种方法效果会很好。

例子:脊波导结构如下所示,求限制在其中的 $1.3\mu m$ 波长光 TE 模式的有效折射率(或折射率)。

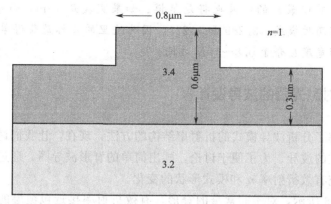

解答:首先,我们将结构分解为三个独立结构,如下图所示。方程式(7.13)适用于每个结构,当然,顶部和底部界面的相位变化(和临界角)并不相同。

例如,对于中间平板,方程式(7.13)给出:

$$2\times 0.6\times 10^{-6}\times 3.4\times 4.83\times 10^{6}\cos\theta - 2\arctan\left(\frac{\sqrt{3.5^{2}\sin^{2}\theta - 3.4^{2}}}{3.5\cos\theta}\right) -$$

$$2\arctan\left(\frac{\sqrt{3.5^{2}\sin^{2}\theta - 1^{2}}}{3.5\cos\theta}\right) = 2m\pi$$

求解每个平板折射率的方程,将得到该平板中的有效 TE 模式值。

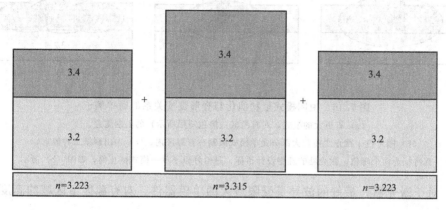

最后，x 方向的波导看起来类似于下面的结构。

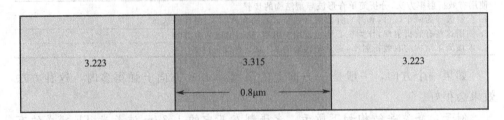

求解 x 方向的这个结构，得到有效折射率：$n=3.281$。由于例子中所有结构都是单模，所以最后的结果也将是单模。如果宽度是 $1\mu m$，而不是 $0.8\mu m$，最终结构将有两种模式，3.289 和 3.223。因为这里的目标是获得单模最宽的结构，目标脊形宽度应介于 $0.8\sim1\mu m$ 之间。

7.7.3 针对激光器的波导设计

我们了解了分析波导模式的折射率结构的方法，现在，让我们讨论一下什么是激光器最佳的波导。为了便于讨论，画出简单的脊形波导图，通过脊形宽度的变化，来研究有效折射率 n 和模式形状的变化。

如图 7.16 所示，对于非常窄的脊形，有效折射率接近包覆层的折射率。这意味着，光学模式非常大，且"看到"很多的包覆层。（定性来说，有效折射率 n_{eff} 是模式形状覆盖折射率的某种加权平均。）对于激光器，光学模式应该限制在增益区（用脊形下的暗区来表示）内，量子阱位于其中，并且注入电流在此处产生增益。当脊形变宽时，有效折射率看到更多脊形下的区域，从而变得略高，而光学模式更加局限于脊形下的区域。最后，当脊形变得更宽时，第二个模式出现。第二个模式在脊形中形成双峰驻波模式图案。

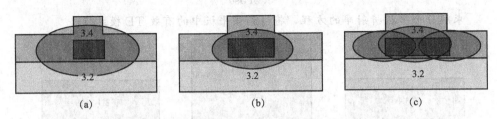

图 7.16　说明模式形状演化与脊形宽度关系的简单例子

(a) 有更大的模式，对有源区（黑色矩形所示）的限制更差。

(b) 刚好位于截止之前，大部分光学模式限制在有源区内。(c) 中出现第二种模式，

其特征为两个峰值。激光器的理想设计目标，是恰好位于单一模式截止前，如图 (b) 所示

对于激光器，最好的波导是受限最大的单模器件。对有源区下区域的高度限

制，意味着高的净光学增益和更低的阈值电流。所讨论的多模器件，可能会有与光纤更差地耦合，并且不是单一波长。

结束本节和本章时，让我们做一下最后的评论。计算光学模式方法的数学讨论，可以给出对于影响光学模式方式的洞察，但是，通常对于复杂结构的真实模式解决方案，已经可以通过软件的数值方法，例如 Lumerical 或 RSOFT 来实现。对有许多成分的波导进行解析分析，是非常困难的，也是不现实的。

7.8 小结

本章中，我们讨论了光腔对光的影响。两个反射面夹着中间有源区的典型激光器结构，充当了标准具，而这只允许腔体中的某些波长。这个机构使得波长形成了一系列纵向模式。

此外，波导结构包括折射率对比和尺寸的细节，控制着器件的空间模式。这些模式可以影响腔体所支持的波长，并控制进出光纤的耦合。

使用本章的工具，可以设计波导仅支持单一空间模式。基于此，真正单波长器件的使用，例如分布反馈结构是可以实现的。

A. 在两个镜面限定的光学腔体中，由于腔面之间相长/相消的干涉，所以只支持某些波长。

B. 腔体中，所支持的波长，必须是两个腔面之间往返行程的整数倍。

C. 法布里-珀罗激光腔具有由腔体长度确定的有规律模式间隔。

D. 波长数量通过腔体长度和模式折射率给出；波长之间的间距则依赖于群总折射率。

E. 每个支持的激射波长确定为法布里-珀罗激光器的一个纵向模式。

F. 激射模式的数量由增益带宽和模式间距确定。

G. 激光腔也是一种波导，通过夹在低折射率区之间的更高折射率区组成。

H. 激光器波导支持一个或多个横向/空间/侧向模式。

I. 这些模式在一维限制的系统中得以发现，这通过寻找离散的角度得到，在该角度光来回反射，经历从顶部至底部的相长干涉。

J. 特定的角度对应于各自不同的模式。

K. 有效折射率方法可用于二维限制的系统，其中某个方向上的折射率对比，要比其他方向上小得多（如典型的脊形波导激光器）。

L. 虽然数学上，波导中对 TE 和 TM 模式的支持是相同的，但是真正的半导体激光器主要发射 TE 光，因为对于 TE 光，腔面反射率略高（而分布腔面损失略低)。

M. 激光器波导应设计为正好截止在单模波导之前。目的是在波导成为多模之前，具有尽可能高的有效折射率。

N. 对于复杂结构的真实模式求解，通常用软件数值方法，如 Lumerical 或 RSOFT。

O. 激光器通常主要采用增益引导和折射率引导。通常，有效折射率和远场的细节，与那些使用折射率单独引导的计算显著不同。

7.9　问题

Q7.1　什么是标准具?

Q7.2　标准具支持什么模式?

Q7.3　标准具和法布里-珀罗激光腔之间的区别是什么?

Q7.4　用于腔体中允许模式间隔的表达式是什么?

Q7.5　腔体中用于波长数量的表达式是什么?

Q7.6　腔体总折射率和折射率之间的区别是什么? 为什么腔体总折射率决定模式间隔?

Q7.7　横向模式的条件是什么?

Q7.8　是否每个夹在低折射率结构之间的高折射率结构至少支持一种模式?

Q7.9　有没有可能折射率波导支持 TE 模式但不支持 TM 模式，或支持 TM 模式但不支持 TE 模式?

Q7.10　有没有可能夹在两个不同的低折射率材料之间的高折射率结构不具有引导模式?

7.10　习题

P7.1　分别推导适用于真空和半导体标准具的自由光谱范围的方程式(7.6)和方程式(7.8)。

P7.2　将方程式(7.6) 改写为光学频率 υ，而不是波长的表达式。

P7.3　发射 $\lambda - 1550\mathrm{nm}$ 的一个 InP 基激光器，具有 $300\mu\mathrm{m}$ 腔体长度，腔体总折射率 $n=3.4$ 以及 $n=3.2$ 的折射率。高于阈值的增益区宽度为 30nm。

(1) 模式间隔是多少? 以 nm 为单位; 以 GHz 为单位。

(2) 腔体中有多少激发模式?

（3）腔体内一个往返行程中，波长的典型数目是什么？

P7.4 半导体激光器通常发射出强烈偏振的光。如果入射角 θ（相对垂直方向）的腔面反射率，对于 TE 偏振模式，由下式给出

$$R_{TE} = \frac{n_1 \cos\theta_i - n\cos\theta_t}{n_1 \cos\theta_i + n\cos\theta_t}$$

而对于 TM 偏振模式，则为

$$R_{TM} = \frac{n_1 \cos\theta_t - n\cos\theta_i}{n_1 \cos\theta_t + n\cos\theta_i}$$

对于图 7.17 所示的模式，计算出 TE 和 TM 模式的反射系数，以及关联分布腔面损失（令 $n_1 = 3.5$，$n = 1$）。半导体激光器会发出什么极化的光？（提示：考虑每个极化的分布腔面损失）。

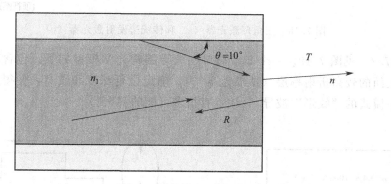

图 7.17　入射到半导体波导腔面上的激光器模式

P7.5 图 7.18 所示环形激光器，是制作在量子阱半导体材料上的一个三角形波导。两个腔面刻蚀成全反射的角度，从而可以反射全部光波。另一个角度则做得更加陡峭，使得入射角低于所需的全反射角。光绕着作为腔体的环行进，箭头表示光在环中行进的一个方向。

腔体总折射率是 3.5，模式折射率为 3.2，而激射波长是 $1.3\mu m$。

（1）如果三角形（见图 7.18）长边是 $500\mu m$，短边是 $200\mu m$，器件中预期的模式间隔是多少？

（2）环形和边发射激光器，哪个器件会有更大的阈值电流（并简要说明原因）？假定在输出腔面上，都有相同的"尺寸"和腔面反射率。

P7.6 假设波导由一层 $2\mu m$ 厚折射率 3.5 的核心，折射率 3.2 的包覆层（如第 7.6.4 节中的例子，仅厚度不同）构成。求 TM 模式的数量以及与每个模式关联的入射角和有效折射率。

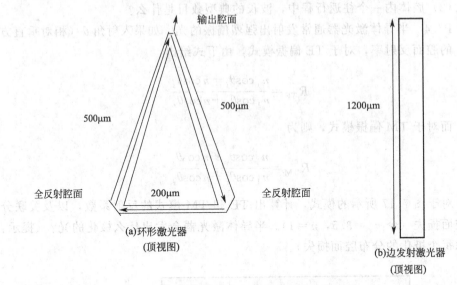

图 7.18　三角环激光器（a）和传统边发射激光器（b）

　　P7.7　见图 7.19。一个非常简单的波导结构光学模型如下：包含较低折射率层上面的较高折射率层（顶部为空气）。确定蚀刻深度和纹宽，使得该结构成为单一模式的"纹形"波导。（注：有很多可能的答案！）

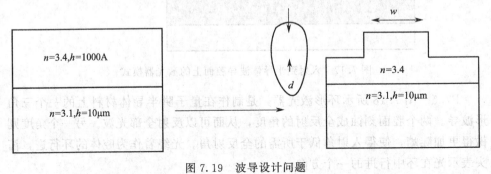

图 7.19　波导设计问题

　　P7.8　参考习题 P6.10，那里的问题是为了降低顶部接触电阻到 5Ω，需要的必要掺杂浓度是多少。设计师可做的另外一件事情，是增加顶部接触的宽度。

　　（1）脊形宽度需要增加到多宽，产能将电阻减小到 5Ω？

　　（2）这样的激光器在工作中可能会导致什么问题？

8

激光器调制

He said to his friend, "If the British march
by land or sea from the town to-night,
hang a lantern aloft in the belfry arch
of the North Church tower as a signal light,
one if by land, and two if by sea;
and I on the opposite shore will be"
—Henry Wadsworth Longfellow, Paul Revere's Ride

8.1 概述：数字和模拟光传输

光通信中，半导体激光器经常用作数字调制光源。正如朗费罗的著名诗句中，保罗·里维尔将光源增加一倍一样，光纤中激光器从低光照切换到高光照时，就可以传送数字0或1。光纤上的数据通过光的微小脉冲进行编码，然后以光速沿柔性的光纤波导进行传输。因为光纤可以传输的信息是如此之多，只要最终用户愿意付钱，我们几乎都可以有足够的带宽。

如前面章节所讨论，激光器中，输出光功率正比于激光器的注入电流。在最简单的数字幅度调制方案中，高功率的光脉冲代表1，而低功率的光脉冲代表0。在直接调制方案中，通过两个不同功率之间快速切换的激光器注入电流，从而产生这些1和0。本章中，我们将讨论直接调制激光器的速度极限。

为了说明"调制"的含义，图8.1示出了眼图形式的激光器输出，这是大信号数字光调制方案的常规评估方式。眼图显示了彼此重叠的许多个位，其中每个位从轨迹上的同一点开始。理想眼图的高低之间有清晰的转换，事实上类似于驱动激光器的方形电流脉冲。图8.1中，所示的非常典型的激光器输出，却一点也不像。它有显著的过冲，上升和下降时间要慢得多，并且延迟输入电流脉冲。这些特性来自于半导体激光器的特性，从根本上影响半导体激光器用于直接调制的方式。

我们希望，这个简短的眼图介绍至少可以让你有个感性认识。

可以用外部调制替代直接激光器调制，其中激光器用于产生源光束，而另一种调制的方法用于改变光的幅度。

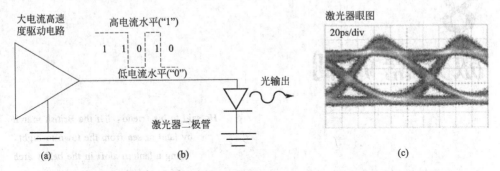

图 8.1　(a) 简化的直接调制激光二极管电路。(b) 示出了数字电流数据
(1 和 0 电流水平之间的清晰转换) 以及输出光的数据图。
(c) 典型眼图 (示出对应于 1 和 0 的随机图案光能量改变)

在讨论数字传输的基本限制前，让我们看看光纤数字发射机的要求。这将让我们在专注它们能做什么之前，获知需要半导体激光器去做些什么。

8.2　数字传输规格

如何规范数字传输，以及如何将激光偏置条件下的发射机特性与激光输出的耦合效率联系起来，都是值得讨论的事情。为了避免厂商按照许多略有不同的标准测试他们的产品的情况，行业内部已尝试着提供光电元件的通用标准。例如，表 8.1 是专为用于 IEEE802.3 兼容应答机而设计的一些激光组件的规格。

激光规格中，功率通常以 dB·mW（分贝·毫瓦）为单位，给出如下：

$$P(\text{dBm}) = 10\lg\left[\frac{P(\text{mW})}{1\text{mW}}\right] \tag{8.1}$$

表 8.1　光学发射器的典型规格

参数	最小	最大	典型
25℃时波长/nm	1290	1330	1310
$I_{th}(25℃)/\text{mA}$	5	20	10
SMSR/dB	35	—	40
耦合斜率效率/(W/A)	0.1	—	0.2
发射功率/dB·mW	−8.5	0.5	−3
消光比/dB	3.5	—	—

例如，0dB·mW 为 1mW，10dB·mW 为 10mW，依此类推。消光比是 1 水平（P_{on}）时功率与 0 水平（P_{off}）时功率之比。通常以 dB 给出：

$$ER(dB) = 10\lg\left(\frac{P_{on}}{P_{off}}\right) \tag{8.2}$$

消光比的规范对应着激光器速度的规范。给出消光比后，意味着发送器应该在该给定消光功率下，通过了掩模测试（将在下面描述）。定性上，该速度和偏置条件下，眼图应该是张开的，有可接受数量的过冲和中间空白区域，以便接收器可以确定正在接收 0 还是 1。

对于 1550nm 直接调制器件，激光器高速调制的另一个规范是色散补偿。这个主题将在第 10 章详细讨论。

发射功率 LP 是指光纤的平均耦合功率，由下式给出

$$LP = 10\lg\left(\frac{P_{on} + P_{off}}{2mW}\right) \tag{8.3}$$

单位为 dB·mW。这不同于激光器功率，因为任何封装形式出售的激光器，都无法将所有的光耦合到光纤中。只有从激光器前腔面发射光的一部分（通常约 50%或者更高）转换成有用的可传输光。

给定消光比、发射功率和激光器特性的值，则可以确定必要的偏置条件。计算偏置条件 I_{high} 和 I_{low} 的例子如下。

例子：一个典型的激光器具有 10mA 的阈值电流和 0.15W/A 的进入光纤耦合斜率效率。对于典型的传输条件（$LP = -1$dB·mW，10Gb/s 器件，4dB 消光比），计算低水平和高水平时的电流。

解答：根据表达式 $-1 = 10\lg[LP(mW)/1mW]$，计算出发射功率为 0.8mW。0.8mW 的功率时，高于阈值 0.8mW/0.15W/A = 5.33mA = $(I_{high} + I_{low})/2$ 的平均电流。通过消光比给出 $4 = 10\lg(P_{high}/P_{low}) = 10\lg(0.015I_{high}/0.015I_{low})$，$I_{high}/I_{low}$ 的比例为 2.5。根据平均电流表达式，$(I_{high} + I_{low})/2 = (2.5I_{low} + I_{low})/2 = 5.33$mA，得到 $I_{low} = 3$mA（阈值以上）和 $I_{high} = 7.6$mA（阈值以上）。

本章中，我们专注于限制激光器速度的因素以及如何获得快速器件。首先讨论小信号调制（小信号调制本身是很有用的，并且通常也是大信号通信的优点），然后将其与大信号性能进行关联。最后讨论高速传输的其他限制，包括基本激光特性以及更多的寄生特性。

8.3　激光器小信号调制

在一些应用中，激光器直接用于模拟小信号传输模式。激光器用于光学传输

有线电视信号（CATV 激光器）时，信道信息实际被编码成激光器输出的模拟调制。尽管和小信号特性直接相关，但是相对于通常的激光器能力，这种调制频率仍然是很低的。

典型地，小信号特性是用来描述激光器速度的量度，但器件以数字方式使用。

我们首先描述一个小信号的测量，然后讨论其在发光二极管（LED）和激光器中的应用。

8.3.1　小信号调制的测量

在讨论小信号调制的理论之前，让我们先来说明一下调制测量，这样读者就能很好地了解被测量的性质，并与将涉及的数学计算相关联。

当讨论激光器和 LED 的调制带宽时，我们指的是 $\Delta L / \Delta I$ 的频率响应，其中 L 是光输出，而 I 是输入电流。这些测量中，器件（激光器或 LED）通常被直流偏置到某个水平，而附加小信号量的电流则叠加到直流偏置上。随后测量小信号光的振幅，并绘制成频率的函数，其中幅度下降到低于 DC 或低频响应 3dB 的点，称为器件的带宽。测量图和频率响应如图 8.2 所示。

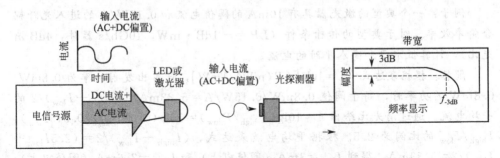

图 8.2　光学器件（激光器或 LED）调制测量的示意图

器件为直流偏置，小信号叠加其上。光的小信号振幅相对频率作图，
从而给出器件的带宽。有时，光源和接收器位于单个称为网络分析仪的
盒子里。带宽是响应下降到其低频率电平以下 3dB 时的点

相比大信号测量，这种小信号测量更容易描述和量化。虽然不是可以马上给眼图一个数字，从而判断它有多好，但是可以直观给出器件在一定直流偏置条件下的带宽。

对于激光器，这种小信号测量重要的原因：首先，它提供了有关器件物理特性的直接信息，包括有些不能直接获得的光学微分增益信息；其次，它还作为大信号测量的很好替代，即高带宽的器件可提供良好的眼图。

8.3.2 LED 的小信号调制

为了研究大信号激光器调制，首先从发光二极管的小信号调制开始。这有助于给出更直观的图像，明确器件调制带宽的决定因素，引入小信号速率方程模型，从而可以模拟这些现象。

最简单且有意义的模型，包括有源区中的电子和空穴电流注入，以及有源区中的辐射复合。图 8.3 示出这个过程。

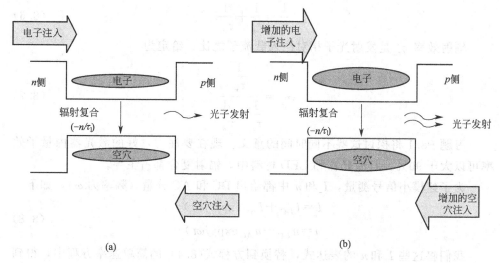

(a)   (b)

图 8.3 发光二极管的调制

电流注入有源区，辐射复合发光。调制速度有限，因为在有源区中，电流密度只随辐射复合
相关的时间（ns）而减小。图中示出（a）适度的载流子数量密度和低电平电流注入的光输出，
以及（b）增加的载流子数量密度和较高电平电流注入的光输出

图 8.3 忽略了载流子通过有效区的传输和泄漏，只是捕获其中重要的细节。重要的概念是，有源区中载流子数量只能通过增加电流而增加，并且只能通过辐射复合而减少。当器件上施加特定电流电平时，有源区中就建立了载流子的特定 DC 电平。有源区中的载流子数量只能通过电流注入而增加，并且只能通过复合而减少，其中相关联的是时间常数 τ_r。直观来看，带宽本来就应该通过复合时间常数限定。

描述该过程的速率方程为

$$\frac{\mathrm{d}n}{\mathrm{d}t} = \frac{I}{qV} - \frac{n}{\tau} \tag{8.4}$$

式中，n 为有源区中的载流子密度；I 为注入电流；V 为有源区的体积；q 为电荷的基本单位；τ 为载流子寿命。在这个简单模型中，载流子寿命表示载流子辐射复合，形成光子所需的时间。

方程式(8.4) 中的第一项 I/qV，代表注入电流；第二项 n/τ 代表时间 τ 后，复合并发射光子的载流了，因此正比于光子发射率 $S_{\text{发射}}$，即

$$S_{\text{发射}} = \frac{n}{\tau_r} \qquad (8.5)$$

式中，τ_r 为辐射寿命。辐射寿命是仅源自辐射复合过程的载流子寿命。总的载流子寿命 τ 是源自辐射（τ_r）和非辐射（τ_{nr}）过程的载流子寿命。如果过程是独立的，总寿命由马修森规则给出

$$\frac{1}{\tau} = \frac{1}{\tau_r} + \frac{1}{\tau_{nr}} \qquad (8.6)$$

辐射效率 η_r 是发射光子相对注入载流子之比，给定为

$$\eta_r = \frac{\dfrac{1}{\tau_r}}{\dfrac{1}{\tau_r} + \dfrac{1}{\tau_{nr}}} \qquad (8.7)$$

习题 P8.1 将探讨这些不同时间的意义。现在要注意，好的激光器内量子效率可以大于 90%，且激光器和 LED 材料中，辐射复合都占主导。

为了建模小信号测量，I 和 n 中都给出 DC 和 AC 分量（频率为 ω），如下

$$I = I_{DC} + I_{AC}\exp(j\omega t)$$
$$n = n_{DC} + n_{AC}\exp(j\omega t) \qquad (8.8)$$

我们将这些 I 和 n 的表达式，替换到方程式(8.4) 的简单速率方程中，得到

$$\frac{\mathrm{d}n_{DC} + \mathrm{d}n_{AC}}{\mathrm{d}t} = \frac{I_{DC} + I_{AC}}{qV} - \frac{n_{DC} + n_{AC}}{\tau} \qquad (8.9)$$

分解为两个简单的方程，其中一个为

$$0 = \frac{I_{DC}}{qV} - \frac{n_{DC}}{\tau} \qquad (8.10)$$

这给出了二极管中作为注入偏压函数时的直流载流子电平

$$n_{DC} = \frac{I_{DC}\tau}{qV} \qquad (8.11)$$

第二个为 AC 方程

$$n_{AC}j\omega\exp(j\omega t) = \frac{I_{AC}\exp(j\omega t)}{qV} - \frac{n_{AC}\exp(j\omega t)}{\tau} \qquad (8.12)$$

可以通过去掉公共指数项，重新整理为

$$\frac{\dfrac{n_{AC}}{I_{AC}}}{qV} = \frac{1}{1 + j\omega\tau} \qquad (8.13)$$

$$\left|\frac{n_{AC}}{\dfrac{I_{AC}}{qV}}\right| = \frac{1}{\sqrt{1+\omega^2\tau^2}} \tag{8.14}$$

将这作为 LED 调制带宽的唯一必要步骤是，承认光输出正比于电流密度 n。

注意，这是测量载流子寿命的实验过程。直接观察载流子是极其困难的，但是测量器件的 3dB 带宽则可以十分直观。根据该带宽（假定测量未受到寄生参数阻滞，并且没有其他有意义的复合项），可以提取出载流子寿命。

当然，也可能存在 n 和 I 之间的相偏移（用复数 n_{ac} 代表），但与测量带宽无关。

8.3.3　回顾激光器速率方程

在前面讨论中，我们希望说明的是，发光二极管调制本质上受限于有源区中载流子寿命，因为其基本发射机制来自于载流子复合的自发辐射。由于载流子寿命是纳秒量级，因此速度通常限制在小于 1GHz 的范围内。

但是，激光器通过受激辐射发光。因为载流子复合通过改变光子密度来控制，因此受激辐射比自发辐射寿命短得多。所以，人们期望激光器调制将完全不同，且速度更快。

和 LED 一样，我们也从速率方程开始，加入适当的小信号项。合适的速率方程（见第 5 章）重复如下

$$\frac{dn}{dt} = \frac{I}{qV} - \frac{n}{\tau} - G(n,S)S$$
$$\frac{dS}{dt} = S\left[G(n,S) - \frac{1}{\tau_p}\right] + \frac{\beta n}{\tau_r} \tag{8.15}$$

大多数项的定义和前面一样；I 为注入电流；V 为有源区体积；τ 和 τ_r 分别为总复合时间和辐射复合时间；τ_p 为光子寿命；β 为载流子耦合到激射模式的分数。最后一项一般仅在激光器启动过程中起重要作用，一旦光增益不可忽略，自发辐射光子就放大，从产生激射光子。

我们做的一个变化，是重新定义了增益函数 $G(n,S)$，现在它同时作为载流子密度 n 和光子密度 S 的函数。第 5 章中，我们研究的是增益的直流稳态值，为此，DC 值就足够了。但在这里，当要包括时间相关性时，我们需要使用更复杂的模型，其中包括载流子密度和光子密度。

$$G(n,S) = \frac{dg}{dt}(n-n_{tr})(1-\varepsilon S) \tag{8.16}$$

这个模型包含两个重要的物理因子。差分增益 $\dfrac{dg}{dt}$ 是高速激光器性能的重要

指标，代表载流子密度增加时，增益的变化。虽然阈值处，直流增益固定，但激光器的调制涉及电流改变，从而导致光输出水平的变化。这里，$\frac{dg}{dt}$ 参数测量这种情况发生的速度，从而得到器件调制的速度。

另外还假定，模型从透明穿过到即将激射都是严格线性的。这种是一种简化但通常都是完全适用的。

增益函数还包括"增益压缩"因子 ε。这个因子基于如下事实建模，当进入激光器中的电流增加时（阈值之上），腔体中光所经历的净交流增益将减少。例如，当进入激光器中的光子/电流水平较低时，载流子的短暂增加可以增加如10％的输出（暂时的，直到恢复稳态直流条件）；在高光子/电流水平时，同样的载流子密度增加可能仅增加5％的输出。这种过量载流子密度，可以通过调制输入电流或通过光泵浦而直接产生。

可以肯定地说，增益压缩的机制尚未被完全了解，并且它根据激光器结构的细节而变化。两个增益压缩的通用机制示于图 8.4。第一种称为光谱烧孔，其中，当光子密度变得更高时，载流子分布变为非线性，并在激射波长处耗尽载流子。第二种称为空间烧孔，其中在某些位置（法布里-珀罗激光器中腔面处，或分布反馈激光器的任何地方），较高光子密度耗尽该处的载流子，并降低净增益。

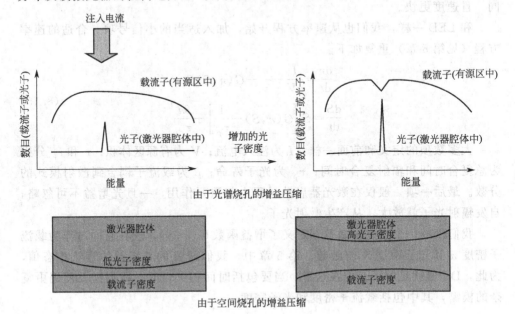

图 8.4　增益压缩机制

上部示出光谱烧孔，其中当光强度增加时，电流密度变为非平衡，导致激射波长
处有效增益减小；底部示出空间烧孔，高光子密度的位置具有非均匀的载流子密度

无论什么机制,在较高电流和光子密度处的增益压缩,都会降低调制响应。

关于单位要注意:速率方程中,增益以 s^{-1} 为单位,而差分增益以 $s^{-1} \cdot cm^3$ 为单位。当使用能带结构计算增益时,通常是以 cm^{-1} 为单位,微分增益则以 cm^2 为单位(以 cm^{-1} 为单位的增益除以以 cm^{-3} 为单位的载流子密度)。通过乘以群速度,可以从一个单位很容易转换到另一个。

$$G(n,S)[s^{-1}]/\nu_g[cm/s]=G(n,S)[cm^{-1}]$$

$$\frac{dg}{dn}[s^{-1}cm^3]/\nu_g[cm/s]=\frac{dg}{dn}[cm^2] \tag{8.17}$$

在本章的速率方程语境中,这两个值都应该理解为以 s^{-1} 为单位。另外应注意,单位分析在理解复杂方程式时非常有用!

8.3.4 小信号均匀激光器响应的推导

开始讨论激光器的动态响应前,让我们先求解小信号均匀激光器的响应。根据速率方程,我们写出 n_{AC} 和 S_{AC} 的合适小信号微分方程,这里的下标"AC"表示与DC解的偏离。为此,我们将按照 Bhattacharya 的处理[1],略做简化如下

$$S=S_{DC}+S_{AC}$$
$$n=n_{DC}+n_{AC} \tag{8.18}$$

变量 n_{DC} 就是 n_{th},通常对于给定的结构,可达透明电流密度 n_{tr} 的几倍。基于此,数学会变得复杂,所以求解之前,我们先描述大概的求解方式,然后再继续进行。

① 将方程式(8.15)中的表达式替换到速率方程方程式(8.12)中。所得方程都将包含无零阶项的含单项 n_{AC} 或 S_{AC} 的一阶项以及包含 n_{AC} 和 S_{AC} 乘积的二阶项。

② 考虑二阶项一般比一阶项小,从而忽略二阶项;忽略零阶项(因为那些正是DC速率方程!)。

③ 最后,写出微分方程 dn_{AC}/dt 和 dn_{AC}/dt。这个方程适用于稳态条件下 n 或 S 的扰动,我们描述了激光器如何演变回稳态状态,这会让我们增加一些对激光动力学的理解。

作为真实的例子,选择 n 的速率方程并应用这些步骤。

$$\frac{dn_{DC}+dn_{AC}}{dt}=\frac{I}{qV}-\frac{n_{DC}+n_{AC}}{\tau}-\frac{dg}{dn}(n_{DC}+n_{AC}-n_{tr})[1-\varepsilon(S_{DC}+S_{AC})](S_{DC}+S_{AC}) \tag{8.19}$$

[1] Pallab Bhattacharya, *Semiconductor Optoelectronic Devices*, 2nd edition, Prentice Hall.

　　下面的讨论可将增益压缩 ε 包括在内进行，但会复杂得多。为了通过表达式给大家一些直观认识，从这里开始，ε 项设置为 0，根据光子速率方程忽略自发辐射项。另外设置驱动项（I）为 0，从而可以求出均匀解。

　　设 ε 等于零，且只保留一阶项，两侧的小信号项给出

$$\frac{\mathrm{d}n_{AC}}{\mathrm{d}t} = -\frac{n_{AC}}{\tau} - S_{AC}\frac{\mathrm{d}g}{\mathrm{d}n}(n_{DC} - n_{tr}) - n_{AC}\frac{\mathrm{d}g}{\mathrm{d}n}S_{DC} \tag{8.20}$$

和

$$\frac{\mathrm{d}S_{AC}}{\mathrm{d}t} = -S_{AC}\left[\frac{\mathrm{d}g}{\mathrm{d}n}(n_{DC} - n_{tr}) - n_{AC}\frac{\mathrm{d}g}{\mathrm{d}n}S_{DC} + \frac{1}{\tau_p}\right] \tag{8.21}$$

　　这两个方程是一组耦合的线性微分方程；$\dfrac{\mathrm{d}S_{AC}}{\mathrm{d}t}$ 和 $\dfrac{\mathrm{d}n_{AC}}{\mathrm{d}t}$ 取决于 S_{AC} 和 n_{AC}。提醒读者注意的是，阈值处，直流增益固定且不变化。但 n 和 S 的交流值以及总增益确实会发生变化。

　　方程可以通过某一个，结合成为单一的二阶微分方程$\left(\text{比如}\dfrac{\mathrm{d}S_{AC}}{\mathrm{d}t}\text{方程}\right)$，并可以在第一个方程中，将 $\dfrac{\mathrm{d}n_{AC}}{\mathrm{d}t}$ 替代为包含 S 的一阶和二阶微分表达式。该操作的细节留给好奇的读者完成。均匀解通常是指数形式

$$n(t) = \exp(-\Omega t)\exp(j\omega_r t) \tag{8.22}$$

　　这看起来像一个衰减的正弦曲线。通过利用 DC 表达式，例如类似第 5 章，通过高于阈值时，设置速率方程中 S 等于零来获得，

$$\frac{1}{\tau_p} = \frac{\mathrm{d}g}{\mathrm{d}n}(n_{th} - n_{tr}) \tag{8.23}$$

可以写出 Ω 和 ω_r 的相当简单表达式。衰减时间常数 Ω 可以写为

$$\Omega = \frac{1}{2\tau}\left(\frac{i}{i_{th} - i_{tr}}\right) \tag{8.24}$$

其中

$$i_{th} = \frac{n_{th}q}{\tau} \tag{8.25}$$

和

$$i_{tr} = \frac{n_{tr}q}{\tau} \tag{8.26}$$

　　其振频率则等于

$$\omega_r = \left[\frac{1}{\tau\tau_p}\left(\frac{i}{i_{th} - i_{tr}}\right) - \Omega^2\right]^{1/2} \tag{8.27}$$

其中，因为 τ_p（ps 的光子寿命）$\ll \tau$（ns 的载流子寿命），大约是

$$\omega_r = \left[\frac{1}{\tau\tau_p}\left(\frac{i}{i_{th} - i_{tr}}\right)\right]^{1/2} \tag{8.28}$$

弛豫频率是光子寿命和载流子寿命的几何平均，按照偏置电流的平方根来增加。这两项最终将影响激光器的设计以及高速工作的工作点选择。通常对于小型器件，光子寿命短，速度更快，而且我们会看到，更高速的器件在低速端具有更低的消光比和更高的电流。

8.3.5 小信号激光器均匀响应

方程式（8.21）阐明，当 DC 参数有微小变化时激光器自然响应的形式。例如，如果工作的激光器中，脉冲光注入高于 DC 值的过量少数载流子，方程将给出载流子（和光）衰减至其平衡值的方式。

操作中关于这一点的说明参见图 8.5。图中示出当突然加上电流时，激光器的响应。图中没有示出小信号解，这是速率方程响应的完全数值解，主要是大信号响应。然而，当电流和光向自己的稳定状态值靠近时，响应尾部就是我们上面确定的小信号解的特征。响应的形式显示出自然响应的样式。

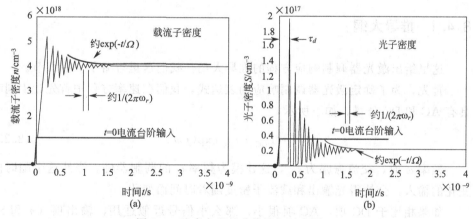

图 8.5　速率方程的非线性解示意图
给出电流突然接通时，激光器的响应形式

该计算中，当时间 $t = 0$ 时，电流输入从 0 达到某个阈值以上的非零值。图 8.5(a) 显示有源区中的载流子密度的变化。当电流开始后，有源区中载流子开始积累，直到其密度接近阈值载流子密度。稳定状态时，高于阈值的过量电流变成光子，而不是载流子；然而，载流子和光子数目的平衡，需要花几纳秒，在此期间，衰减到平衡值前，载流子和光子数目将振荡。

这里需要做一下解释。载流子达到阈值前，几乎没有自发辐射产生的光子。

因此，存在如图 8.5 中 τ_d 所示的，电流输入开始和光输出开始间的延迟。高于阈值时，净的正增益将引起光子的突然增加，导致载流子耗尽。光子数目和载流子数目以相同的频率振荡，都逐渐衰减到其平衡值。

对于光子和载流子，当与平衡值的差值变小时，响应看起来类似小信号响应。衰减时间 $1/\Omega$ 和共振频率 ω_r，可以通过振荡间的距离和峰值的衰减来判别，如图所示。

这是高速激光器位模式中，存在过冲的根本原因，如图 8.1 和图 8.11 所示。这些振荡是直接调制激光器固有的。通常，接收机是低通滤波的，以改善响应并减少这些高频振荡的影响。

8.4 激光器 AC 电流调制

有了需要知道的激光器系统自然响应，我们就可以开始讨论激光器的调制响应了。小信号调制响应，是输入电流 I 中的小信号变化所导致的输出光 L（或光子密度 S）小信号变化相对于频率的关系。测量结果与图 8.2 所示精确相同。

8.4.1 推导大纲

这里给出激光器调制响应方程的推导大纲，我们这里省略了一些细节。

首先，为了确定激光器调制响应的表达式，我们在速率方程中首先让 I 同时具有 AC 和 DC 分量，如下所示，

$$I = I_{DC} + i_{AC} \exp(j\omega t) \tag{8.29}$$

频率 ω 时，交流振幅为 i_{ac}，这建模为频率 ω 的调制器件。当然这个随时间变化的输入，会使得光输出和载流子密度随着时间而变化。

如果相比于 DC 项，AC 项很小，那么小信号近似适用，输出项（n 和 S）现在应该具有如下形式

$$n = N_{DC} + n_{AC} \exp(j\omega t) \tag{8.30}$$

和

$$S = S_{DC} + S_{AC} \exp(j\omega t) \tag{8.31}$$

也都有交流和直流分量。

从这里开始，过程就类似于 8.3.4 节中所示，确定激光器自然小信号响应的过程了。展开速率方程，且只保留一阶项 [仅包括 $\exp(j\omega t)$]，形成小信号量 S_{AC}，n_{AC} 和 i_{AC} 的一阶速率方程。对于固定振幅 i_{AC}，响应 S_{AC} 可作为调制频

率 ω 的函数。这个表达式就是调制响应，可以与图 8.2 中所示的实验测量相关联。接下来的几节将给出实验测量和方程的推导。推导中，为了精确建模激光器行为，必须加入增益压缩项 ε。

8.4.2 激光器调制的测量和方程

让我们从典型的小信号激光器调制测量演示开始，如图 8.2 所示，然后得到相匹配的方程。测量是室温下以不同电流进行的，并说明了响应的典型形状。其中的点，示出了测量的响应，而曲线则通过"最佳拟合"，从而得到将要讨论的理论表达式。

对于大多数半导体激光器，定性响应是相似的。当器件的直流电流增大时，由于峰值高度变低，共振峰将从频率中移出。

从激光器速率方的小信号模型中，准确地预测到了这两种效应（<表示弱序关系）

$$M(f) < \frac{1}{(f^2 - f_r^2) + j\,\dfrac{\gamma}{2\pi}f} \times \frac{1}{1 + j\,2\pi f\tau_c} \tag{8.32}$$

为了更容易拟合标准网络分析仪的输出，根据频率 f，而不是角频率 $\omega = 2\pi f$ 给出方程。寄生项 τ_c 来自更完整的速率方程模型，其中包括了传输和寄生（见习题 P8.5），这将在下面讨论。阻尼因子项 γ 在方程式(8.34)中定义。大多数小信号调制下的复杂激光器行为，都在这个相当简单的方程（以及我们将在本节讨论的其他两个方程）中囊括。调制响应看起来类似于具有共振峰的二阶函数（代表 f_r 处的基本激光器响应），并且有代表寄生项的一阶附加衰减。当激光器电流增加时，共振峰 f_r 也增加，即

$$f_r = \frac{1}{2\pi}\left[\frac{1}{\tau\tau_p}\left(\frac{i}{i_{th} - i_{tr}}\right)\right]^{1/2} = \frac{1}{2\pi}\sqrt{\frac{S_{DC}}{\tau_p}\left(\frac{dg}{dn} + \frac{\varepsilon}{\tau}\right)} = \frac{1}{2\pi}\sqrt{\frac{\nu_g\,\dfrac{dg}{dn}(I - I_{th})\eta_i}{qV}} = D\sqrt{I - I_{th}}$$

$$\tag{8.33}$$

方程式(8.33)示出，共振频率对于电流或光子密度的依赖，可以写成几种常见方式。从根本上讲，增加光子密度就增加了共振频率。然而，在腔体中，很难直接测量光子密度（见习题 P8.2），所以第二个表达式包括了，光到电流以及电荷到载流子以及到电子电荷 q 的转换，其中电荷到载流子的转换具有内部转换效率 η_i（注入载流子转换为光子的百分比）。

准确知道光子密度 S_{DC} 或载流子活动的体积 V 相当困难。通常测量得到的是注入电流和共振频率之间的简单关系，理论上和实验上都遵循下面给出的二次

方程。符号 D（激光器 D 因子，单位 $GHz/mA^{1/2}$）是激光器性能的度量。

描述峰值变平缓趋势的阻尼 γ，由下式给出

$$\gamma = \frac{1}{\tau} + Kf^2 \tag{8.34}$$

式中，K 为衰减因子，由下式给出

$$K = (2\pi)^2 \left(\tau_p + \frac{\varepsilon}{\dfrac{\mathrm{d}g}{\mathrm{d}n}} \right) \tag{8.35}$$

物理上，阻尼项的出现，是因为调制受限于光子寿命（即使通常远小于载流子寿命，但是高频率和高光子密度时很显著）以及增益压缩，即方程式(8.35)中的两项。最容易描述的是光子寿命：正如载流子寿命基本上限制了载流子数目驱动的过程（如 LED 发光），激光器中光子寿命从根本上限制了调制带宽。增益压缩也会减少带宽。当电流注入时，增益既有增加$\left(\text{由于}\dfrac{\mathrm{d}g}{\mathrm{d}n}\right)$又有降低（因为光子密度增加，而由于增益压缩，增益会减小），因此，在高的偏置电流下，有效差分增益变小。

最后，表达式中最后一项$\left(\dfrac{1}{1+j2\pi f\tau_c}\right)$，是寄生 RC 时间常数和载流子传输到激光二极管有源区的模型。表达式的第一部分，模拟了激光器有源区的行为。为了完全模拟这种效应，注入有源区载流子的频率极限也要包括某些真实带宽数据，以及对方程式(8.32)调制响应的拟合，如图 8.6 所示。

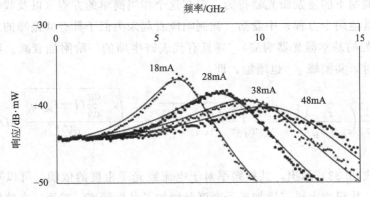

图 8.6　方程式(8.32)的带宽数据（点）和最佳拟合曲线（线）

τ_c 的物理图像的来源如图 8.7 所示。

最容易想象的是输运。注入二极管的高电阻，低掺杂区域的载流子，通常需要几皮秒才能到达有源区。如果包覆层很厚，则扩散会超过几个皮秒，因此会直接影响调制带宽。

过大的 RC 传输常数也可以产生相同的行为。典型的激光器二极管，由于电流流经适度掺杂 p-接触和包覆层区域，具有与其相关的几欧姆电阻（对于 $300\mu m$ 器件，约 $8\sim 12\Omega$）。如果二极管有与此相关的过大电容，调制响应则类似单极的低通 RC 滤波器。这同样会影响调制带宽。

这种电容可以来自于阻挡层（掩埋异质结构器件中），或者金属层，或者结中相关联的电容。通常，电阻和电容可以通过这些外部因素（掺杂或金属图案）来进行调整，同时保持激光器有源区不变。

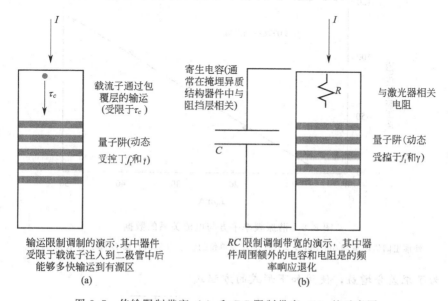

图 8.7　传输限制带宽（a）和 RC 限制带宽（b）的示意图
两种情况下，激光器有源区的外部因素都导致调制响应的降低

通过在方程式(8.12) 中加上所示额外速率方程，激光器调制就将这两种效应全部包含了。该方程表示，由直接电流注入包覆层的载流子，然后在特征时间 τ 内传输到了有源区。（读者需要在习题 P8.5 中写出合适的速率方程）

8.4.3　激光器调制响应分析

获得数据后，通常要进行数据分析。分析数据的方法如下面的例子所示。

例子：根据图 8.6 中的数据（其最佳拟合示于表中），确定 D 因子和 K 因子，并估计器件的微分增益和增益压缩。器件为法布里-珀罗器件，腔面未镀膜，腔长 $200\mu m$，脊宽 $2\mu m$，有源区共 130nm（包括量子阱和势垒）。材料中的吸收损失（已预先测量）为 $20cm^{-1}$。有效模式折射率为 3.2。

解答：第一步，根据理论曲线拟合所获得的数据。完成后，使用上述数据，

获得以下拟合参数（或接近的值）：

18	6.3	16	10
28	8.6	26	10
38	10.2	33	10
48	11.5	44	10

基于表达式(8.28)，谐振频率平方与注入电流的关系作图如下（图8.8）。

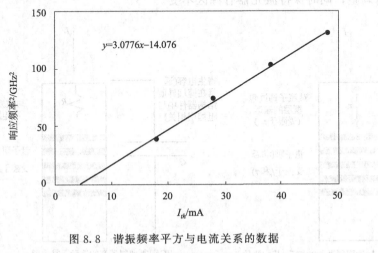

图 8.8　谐振频率平方与电流关系的数据

外推出阈值电流约 5mA 以及 GHz^2/mA 为单位的斜率为 3.07，而 D 因子为 1.75GHz

为了求差分增益，使用如下形式的方程式

$$\frac{f_r}{\sqrt{I-I_{th}}}=1.7\times10^9=\sqrt{\frac{\nu_g\frac{dg}{dn}\eta_i}{qV}}$$

根据相关尺寸，有源区体积是 $5.5\times10^{-11}cm^3$，群速度（c/n）是 $9.4\times10^9cm/s$。因此，微分增益是 $1.0\times10^{-15}cm^2$。（微分增益的单位看起来很特别，记住，这是单位为 cm^{-1} 的增益变化，除以单位为 cm^{-3} 的载流子密度变化。）

根据方程式(8.33)，x 轴截距是阈值电流。对于这个特定的器件，阈值电流约为 5mA。这个仅从调制响应测量确定的阈值电流，通常与根据 L-I 测量得到的一致。

为了求出增益压缩，首先画出所测量的 γ 与 f_r^2 的关系图。根据方程式(8.34)，斜率是 K，而 y 轴截距是 $1/\tau$（图8.9）。

这里，K 因子是 0.25ns，而载流子寿命约为 0.2ns。为了得到方程式(8.15)中同时出现的光子寿命，我们使用直流速率方程

$$g_{模式}=1/\tau_p$$

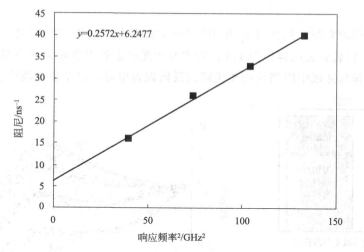

图 8.9 单位为 ns^{-1} 的阻尼因子与共振频率平方的关系图

斜率给出了 K 因子（单位为 ns），截距给出了载流子的寿命

模式增益通过光损失加上材料损失的总和给出，从而

$$g_{模式} = \frac{1}{2L}\ln\left(\frac{1}{R^2}\right) + \alpha = \frac{1}{2\times200\times10^{-4}}\times\ln\frac{1}{0.3^2} + 20 = 80\text{cm}^{-1}$$

光子寿命 $\tau_p = \dfrac{1}{80V_g} = 1\text{ps}$。将所有这些信息，代入方程式（8.35）中，给出 $\varepsilon = 4.9\times10^{-18}\text{cm}^{-3}$。这些单位表示有意义的增益压缩处的光子密度。根据方程式（8.16），当光子密度大于 10^{17}cm^3 时，增益将减少 5% 或更多。

这个例子有望说明观察激光器响应和分析其动态的典型过程。同样也说明我们该如何利用测量，从而获得最基本的材料变量。在这种情况下，直接的带宽测量，给出有源区的固有特性：微分增益和增益压缩。这些科学和工程中经常使用的方法，涉及使用合适模型的材料性质测量数值。例如，dg/dn 项通过分析激光器带宽从而间接测定，可以直接用于考虑器件能带结构的理论中。

模型适当与否，可以通过数据和模型之间的拟合度，凭借经验来判断（图 8.6）。这里的拟合还是相当不错。如果拟合普遍都较差，通常，明智的做法是重新审视模型。一般而言，这里的调制模型（每个曲线有三个拟合参数，f_τ，γ 和 τ_c）是衡量激光器响应的很好模型。

8.4.4 时间常数效应示范

通过器件分析，我们得到 τ_c 的值约 10ps，与偏置电流大致无关。τ_c 表示与器件关联的 RC 时间常数以及与载流子从高导电接触层到有源区注入相关联的传输时间。

典型的激光器，具有与 τ_c 相关的 $5\sim10\Omega$ 数量级电阻（有时更大），而这个级别的 τ_c 代表相关电容约为 1pF。考虑与激光器金属焊盘相关的典型几何电容，或与掩埋异质区域中阻挡结构相关联的反向偏置电容，这个值比较合理。

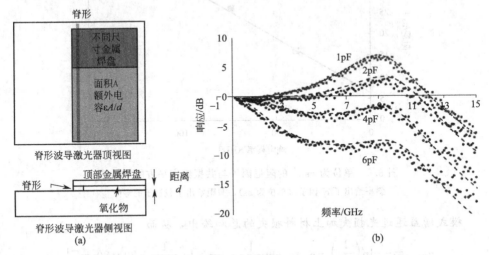

脊形波导激光器顶视图

脊形波导激光器侧视图
(a)

(b)

图 8.10   实验描述（a）和调制响应作为器件电容的函数（b）

其中许多相同的激光器制造中，使用了不同尺寸的柔性金属焊盘，通常位于芯片的氧化层上。

金属焊盘和芯片之间的电容大概是 $\varepsilon A/d$，因而增加金属焊盘的面积可以增加电容

人们往往低估这个电容项对于激光器性能的影响，有时甚至从激光器响应的分析中略去。图 8.10 示出了一个实验结果，其中通过改变激光器表面上金属焊盘尺寸，从而有意地改变电容。焊盘的关联电容通常和结构相关，等于 $\varepsilon A/d$，其中 d 为到掺杂芯片表面的距离，A 是金属焊盘的面积。

可以看到，当有意改变寄生电容时，激光器调制响应的差异极大。虽然通常希望有高的带宽（意味着电容最小），有时候也许更希望平坦的响应。这时候，可以优化电容以根据需要改善响应。

8.5   激光器带宽的极限

激光器带宽受到调制方程中包含的内在因素和其他因素的限制。包含在调制方程中的两个因素是，K 因子限制以及传输和电容限制。

当峰值在频率中移动时，数值 K 的包封给出趋于平缓的趋势。K 的单位是时间（通常为 ns）。这个阻尼本身可以限制激光器带宽，因此该极限可以恰当地称为阻尼限制带宽 $BW_{阻尼}$，由下式给出

$$BW_{阻尼}(\text{GHz}) = \frac{9}{K(\text{ns})} \qquad (8.36)$$

当从一组调制测量中提取出 K 因子时，可以估计出激光器能达到的最大带宽。我们讨论的例子中，得出的 K 因子为 0.2ns，最大 K 因子限制带宽为 18GHz。当电流大于对应该带宽的值时，响应衰减很快，以致总带宽会降低。

激光器调制方程中包含的第二个限制，是"寄生"限制，与调制方程中的 $1/(1+j\omega\tau_c)$ 项相关。这个方程表示单极衰减，进而与其相关联的带宽是

$$BW_{寄生} = \frac{1}{2\pi\tau_c} \qquad (8.37)$$

因此，对于例子中的 10ps 捕获时间，关联带宽大约是 15GHz。这一项是最容易工程实现的，可以增加或减少，从而可以用来改进激光器响应。

这是两个基本的限制，而实际中，器件带宽可能还受限于其他的限制。第一个要讨论的是热限制。带宽随着电流增加而增加，但电流的增加也将导致器件温度的增加。在某点处，热效应终结带宽随电流的增加，并且当注入更多电流时，调制响应饱和甚至下降。由于这种热限制，近似的最大带宽是 $1.5f_{r\text{-max}}$，其中 $f_{r\text{-max}}$ 是观察到的最大谐振频率。

第二个限制，是由于某些时候，腔面的功率处理能力而导致。更高的带宽总是需要更高的光子密度，这意味着，激光器腔面上更高的功率密度。激光器腔面是激光器中特别脆弱的部分。腔面上的原子键是悬挂键，并且经常有与此相关的缺陷态。这些态可能会吸收光，从而产生热量。如果光子通过腔面时被吸收，腔面部分实际上可能会熔化。熔化的腔面吸收更多的光，从而导致更加恶化，最终可能导致灾难性腔面损伤。

对于未镀膜的腔面，灾难性光学损伤（COD）的极限通常约为 1MW/cm^2。腔面镀膜是用来钝化悬挂键，或者调整峰值光场振幅的位置，因此可以大幅提高腔面可承受功率的值。不像其他限制，如果达到了灾难性光学损伤，通常将终止特定器件的使用寿命，因此应该采取最大允许的光功率输出或者工作电流作为规范。

表 8.2　激光器带宽的极限

极限/GHz	表达式
K 因子限制	约 $9/K(\text{ns})$
寄生/传输限制	$1/2\pi\tau_c$
热限制	约 $1.5f_{r\text{-max}}$
腔面功率限制	变化-通常对于未镀膜器件为 1MW/cm^2

表 8.2 列出了调制频率极限以及激光器带宽的表达式。

有了这些不同的小信号调制极限，可以求出给定激光器在给定温度下的极

限。当然，极限将是这些值中的最低值，并随着器件不同而变化。对于设计用于直接调制通信的常规 8 量子阱 $1.3\mu m$ 器件，通常室温下的典型带宽超过 10GHz。这些器件速度很快。如今，这些产品已经集成在一起，通过不同的调制方案和多个激光器及波长的组合，可以实现超过 100GHz 的调制带宽。

8.6　相对强度噪声测量

我们已经展示了如何通过光学调制测量来提取激光器内部的物理信息。这是非常强大的技术，但也有一些缺点。首先，激光器本身必须封装为可以进行高速测试的形式。通常情况下，激光器或者是共面配置制造，这样它可以直接接触到探针，或者是激光器安装到合适的高速支架上。平面激光器巴条的调制速度可以用图 5.8 所示的探针测试，由于受探针电感的限制，速度将远低于 1GHz，从而基本上甚至不能测量激光器的调制速度。

另外，电-光调制的测量中包括了如进入有源区的输运以及电容等项，这些有可能会掩盖有源区的动态特性。

幸好，高速性质的信息可以通过简单的直流测量，根据激光器的相对强度噪声（RIN 谱）来获得。基本过程和测量技术如图 8.11 所示。

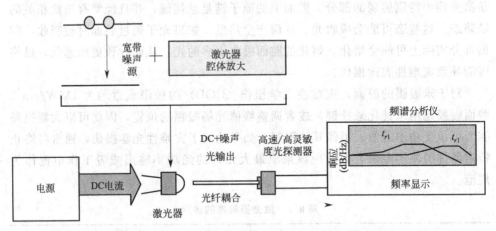

图 8.11　相对强度噪声的过程和测量

随机辐射复合充当宽带的噪声源进入腔体中，然后以类似于直接电学调制的方式来放大噪声

基本过程如顶端示意图所示。激光器在高于阈值时，大部分发光来自受激辐射。但是，仍然会有源自自发辐射的随机辐射复合的背景。这种时间随机的自发辐射，作为一种宽带的噪声源输入激光器腔体中。这个噪声（主要由随机复合耦合到激射模式而形成）通过激光器腔体的频率响应曲线而得以放大。所得结果就

是相对强度噪声的方程

$$|RIN(f)| < \frac{Af^2+B}{(f^2-f_r^2)^2+\dfrac{\gamma^2 f^2}{(2\pi)^2}} \qquad (8.38)$$

其中，分母类似于调制表达式。事实上，基于相对强度噪声谱数据，共振频率对输入电流（D因子）的依赖关系可以很容易地确定，并且有时也可以提取出阻尼因子。峰值（见 RIN 曲线）和调制响应曲线中所示的峰值一样。

　　激光器中还有其他来源的噪声（例如热噪声），但是并不太重要，因而可忽略。

　　即使可以用直接调制测量，这也是一种有用的测量技术，因为它只测量腔体的特征，并没有可能的外部寄生，也不存在影响器件动态的传输或电容的可能性。

　　唯一的缺点是这种测量非常敏感。如果光纤没有合适的防反射涂层，测量时的光学隔离又不充分，那么光纤和探测器之间的反射，可能会显示为频率信号中的振荡（间隔为 MHz）。

　　相对强度噪声作为一个参数，有时会在激光器指标中给出，对它的要求是，在给定的工作条件下，从 0.1～10GHz 的平均值小于如－140dB/Hz❶。类似于电学调制，RIN 测量的峰值随着电流而增加，并且随着器件的差分增益而增加。将器件设计为高的微分增益，会在给定的电流下使得谐振峰进一步向右移动。

8.7　大信号调制

　　虽然小信号带宽具有理论意义，并且包含了激光响应的大部分物理特性，但是真正与大多数应用相关的，还是大信号响应。对于大多数的数字调制方案，有关联的指标就是在本章开头介绍的眼图。

　　眼图测量中，激光器通过编码为两个不同电流水平的二进制数据驱动，一个代表示 0（例如 20mA），而另一个代表 1（例如 50mA）。这些 1 和 0 以随机模式产生。激光器的光输出根据所显示的全部轨迹进行测量，期望得到不带信号的清晰区域，干净而尖锐的向上和向下转换，以及最小的过冲和下冲。

　　从激光器特性如微分增益中，并不能明显看出特定调制速度下眼图的形貌，但将激光器物理特性与器件调制性能相联系仍然很重要。这可以使用速率方程的通用工具来完成，该方程可以通过数值求解来获得任何输入电流下的响应。

---

❶　例如，这是来自 Finisar 公司 S7500 可调谐激光器的规格表。

8.7.1　眼图建模

建模小信号调制响应的重要特征方面，速率方程发挥了出色的作用，同样地，它也可用于建模大信号响应。此时，合适的速率方程是方程式（8.15）中的完全速率方程，而不是小信号版本。注意激光器数字调制不是小信号！光子密度和载流子密度的这两个速率方程，形成了一套耦合非线性微分方程，可通过多种技术，包括龙格-库塔法数值求解（见习题 P8.4）。

这里要做的，是将小信号参数与大信号模式关联，因为我们对后者有更直接的真正兴趣。图 8.12 示出了测得的眼图例子，以及利用小信号模型提取参数，进行速率方程数值模拟，所获得的模拟眼图。

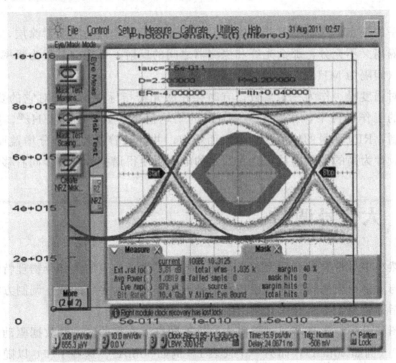

图 8.12　测量眼图与模拟眼图（细线）的比较

模拟中使用的参数（dg/dn，ε 和电容时间常数 τ_c）提取自小信号分析。

中心的六边形和顶部的阴影区域代表眼膜，其中 1 和 0 的轨迹禁止交叉。

通常情况下，眼图质量通过眼轨迹到禁止区域（灰色）的距离来测定

正如所示，这个工作确实很好地再现了大多数相关特征，过冲和轨迹清晰可见。有了这样的工具，可以轻易在眼图中看出 K 因子或电容变化效应，激光传输优化可以更容易地量化。

所测量眼图的中心六边形和顶部阴影区域表示眼膜，其中来自 1 和 0 的轨迹禁止交叉。通常情况下，眼图的质量通过眼轨迹到禁止区域的距离来确定，对于给定器件，根据"眼模边缘"的百分比进行测量。对不同应用（包括 SONET 和千兆以太网），有不同的眼膜，并且根据应用，所要求的传输特性也不同。测量过程中，器件通过具有带宽稍低于相关吉比特速度的低通滤波器滤波，从而抑制所有半导体激光器相关的固有振荡和过冲。例如，10Gb/s 接收机通常在光输入数据之前，使用 8GHz 的低通滤波器。

8.7.2　激光器系统注意事项

在结束激光发射器主题前，值得探讨一下激光器封装中的问题，这对于实现可工作的发射器系统十分重要。典型的封装激光器如图 8.13 所示。这个封装是一个有顶部透镜的 TO 容器。剖视图示出（未按比例）安装在简单支架上，具有金属线的激光器。此外，支架上还有背监视光电二极管，用它来探测激光器后腔面的发光。因为从器件出来的光随着温度变化很大，并且随着老化也稍有变化，监控允许控制系统调整激光器电流，从而保持更恒定的功率进入光纤中。

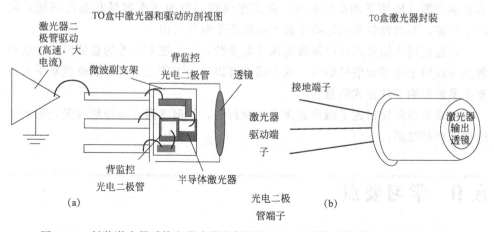

图 8.13　封装激光器系统和激光器的剖面图（a）和最终封装产品的示意图（b）

图 8.13 中所示的三角形是高性能的驱动电路，可以在非常高的速度下调制电流源。10Gb/s 或更高的速度完全是电路设计微波领域的，因此，导线必须针对高速信号设计，并且与驱动器的阻抗匹配。将驱动器连接到 TO 容器和将支架连接到激光器的引线必须尽量短。

光学问题也很重要。回到激光器的反射可能导致 L-I 曲线的弯曲、模式跳数以及其他有害行为。有的激光器封装设计中，采用了光隔离器，以防止背反射回到激光器，但低成本的发射器往往会省下这个部分。

8.8　小结

本章讨论了激光器的直接调制基础，演示了眼图作为直接调制数字发射器的指标。根据调制激光器的典型眼图，显示出源自激光器物理特性的固有频率效应。

为了了解这些效应，我们首先分析了激光器的小信号响应。通过速率方程线性化，得到与光子寿命、载流子寿命和激光器的工作点相关的特征振荡频率和衰减时间。这种均匀响应对调制响应（具有正弦调制小信号电流）有强烈影响。我们给出了小信号频率响应，同时还包含了特征振荡（共振）频率效应。

根据小信号响应测量，可以提取激光器有源区的基本特性，包括微分增益、增益压缩和与器件相关联的等效寄生电容。这些参数，特别是寄生电容，可以用来设计提高直接调制通信的器件性能。

根据速率方程模型与实际的考虑，给出小信号激光器带宽的一些极限。激光器基本问题（K 因子和寄生电容）和工作问题（腔面功率容量和温度问题）限制了带宽，而通常带宽由这些中最严格的那个极限给出。

通过使用小信号测量中提取的激光器参数，求出速率方程的数值解，这些参数也可以用于建模大信号响应。这个模型可以显示工作点（高和低电流水平）或寄生参数影响器件方式的眼图。

本章最后简短讨论了激光器规范以及封装，从而将激光器原理与激光器用作通信器件相联系。

8.9　学习要点

A. 大多数激光器都设计用于数字传输，期望的是低电平和高电平之间的清晰区别。但是，过冲和下冲是激光器动态性能中的固有成分。

B. 小信号调制和测量的激光器带宽，是用于大信号性能很好且很容易的表征指标。

C. 小信号测量可以提供激光器有源区的基本物理信息。

D. 带宽测量通过直流偏压叠加小信号进行，并且通过固定输入振幅的光学响应与频率作图。

E. LED 的频率响应受限于载流子寿命。

F. 激光器的均匀小信号响应表现为衰减振荡，其振荡频率和衰减包络依赖于偏置点。均匀小信号解出的衰减时间取决于载流子寿命；均匀解的共振频率取决于载流子寿命和光子寿命的几何平均。

G. 为了克服这些共振频率的振荡，典型的接收器要进行低通滤波。

H. 激光器的调制响应函数是，当电流调制（叠加在 DC 电流上）作为频率的函数时，光输出的小信号变化。

I. 激光器的调制响应频率是二阶函数，特征在于共振频率和阻尼因子，以及一阶的寄生/电容项。

J. 典型的分析采用一组不同偏压条件下的调制测量，可以从中提取差分增益和增益压缩因子。

K. 根据调制方程，可以推导出两个基本的激光器调制频率极限：K 因子极限，基于共振峰从频率中移出时衰减的速度；以及传输/电容极限，基于传输到有源区和 RC 激光器二极管特性的限制。

L. 激光器带宽也可能受限于腔面的功率处理能力，或高电流注入时产生的热效应。

M. 根据小信号分析所提取的参数，如差动增益、增益压缩和 K 因子，可以用来精确建模大信号调制的形貌。

N. 直接调制激光器封装通常针对指定波长、速度、消光比和发射功率。根据规范，可以确定其工作点。

O. 直接调制激光器传输的电流高速度意味着，封装和驱动电路也必须设计用于处理这些频率（通常高达 10Gb/s）。

8.10 问题

Q8.1 限制 LED 带宽的因素是什么？

Q8.2 限制激光器小信号带宽的因素是什么？你会期待约 $1\mu m$ 腔长和 0.99 腔面反射率的 VCSEL 比 $300\mu m$ 腔长和 0.3 典型反射率的边发光器件有更好的带宽吗？

Q8.3 晶体管的带宽限制是什么？晶体管在这方面与激光器有何本质差别？

Q8.4 图 8.5 中，电流实际切换时间在 $t = 0ps$，但光开始切换在 $40 \sim 50ps$ 之后，是什么引起了这个延迟？

Q8.5 最大直接调制激光器频率的数量级是多少？请指出高速器件设计的一些注意事项。

8.11　习题

P8.1　假设 LED 的辐射寿命是 1ns，而非辐射寿命是 10ns。求 LED 的带宽和 LED 的辐射效率。

P8.2　用于载流子密度的一些表达式中会包括光子密度 S。某个未镀膜的半导体激光器具有以下特征：$\alpha=40\text{cm}^{-1}$，$L=200\mu\text{m}$。

（1）计算光子寿命。

（2）测量的共振频率为 3GHz。当激光器光子密度为 $2\times10^{16}\text{cm}^{-3}$ 时，计算差分增益。（忽略 ε/t 项）。

P8.3　某个特定的解理激光器具有以下特征：$\lambda=0.98\mu\text{m}$，$\text{d}g/\text{d}n=5\times10^{-16}\text{cm}^2$，$\tau_p=2\text{ps}$，$n_{\text{模式}}=3.5$。

劣化前，它可以承受的腔面功率密度为 10^6W/cm^2，其腔面尺寸为 $1\mu\text{m}\times1\mu\text{m}$。

（1）灾难性腔面退化之前，器件可以输出的最大腔面功率是多少？假设腔体的内部光子密度是 $1.2\times10^{15}\text{cm}^{-3}$。

（2）在该功率水平上，谐振频率 f_r 是多少？假设带宽 $=1.5f_r$，基于腔面功率容量原因的最大带宽是多少？

（3）如果器件的 K 因子为 0.9ns，请问是基本因素还是腔面功率会最终决定带宽？

P8.4　本习题的目标是激光器响应的数值计算，激光器已经从某个电流值切换到另一个阈值以上的值。这非常类似于直接调制中激光器的设置。

本问题中的器件具有 $120\mu\text{m}^3$ 的有源区体积，光子寿命 $\tau_p=4\text{ps}$，$\tau=1\text{ns}$，$\beta=10^{-5}$，$\text{d}g/\text{d}n=5\times10^{-15}\text{cm}^2$，$\varepsilon=10^{-17}\text{cm}^{-3}$，而 $n=3.4$。

（1）计算以 mA 为单位的阈值电流。

（2）求 n 和 s 在 $I=1.1I_{th}$ 时的稳态值。

（3）利用合适的技术，如果当电流突然切换到 $4I_{th}$ 时，时间达 100ps，然后再切换回 $1.1I_{th}$ 时，数值求解该激光器的响应。结果应该类似于眼图响应。

P8.5　我们希望扩展已有的、针对有源区的载流子和光子密度而言的速率方程模型，从而可以同时包括从注入接触和包覆层边缘到有源区的载流子传输。图 8.14 是核心、包覆层和有源区的图。写出第三个速率方程，特征为电流注入包覆层，而不是直接进入有源区，同时要包含从包覆层到核心载流子传输时间 τ_c。假设核心到包覆层间没有反向传输。

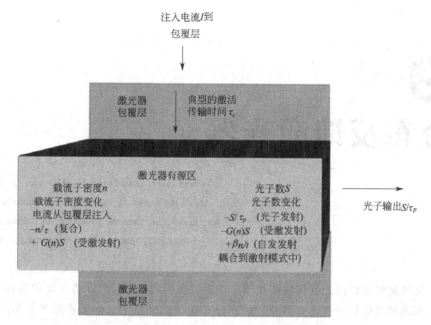

图 8.14 激光器的速率方程，包括了从包覆层到有源区的输运

P8.6 图 8.10 示出了接触金属焊盘和激光器晶圆的 n 掺杂表面之间，额外感应电容的几何形状。如果金属焊盘长 $300\mu m$，宽 $200\mu m$，计算当焊盘关联电容为 2pF 时氧化层的厚度。

9

分布反馈激光器

…and there, ahead, all he could see, as wide l
as all the world, great, high, and unbelievably
white in the sun, was the square top of Kilimanjaro.
——Ernest Hemingway, *The Snows of Kilimanjaro*

高品质的长距离光纤传输需要单一发射波长的激光器。已普遍实现的方法是把波长依赖的反射镜放到激光器腔，放在分布反馈激光器中。本章将描述分布反馈激光器的物理、属性、制造和良率。

9.1 单波长激光器

乞力马扎罗的山顶，就如法布里-珀罗激光器的解理腔面，可以反射所有颜色。尽管山体可能"高耸、宏大，而且白得令人不可置信"，这种波长无关的反射意味着腔体发射的波长只由腔体的增益带宽和腔体的自由光谱范围（FSR）决定。因为反射率是波长无关的，通常边发射法布里-珀罗器件的发光会在 15nm 左右的范围内有很多峰 [图 9.1(b)]。

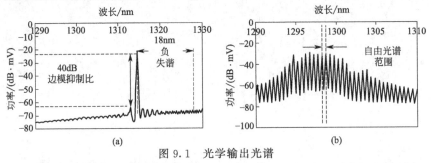

图 9.1　光学输出光谱

（a）单模，分布反馈激光器和（b）法布里-珀罗激光器，标记出文中讨论的一些特征

正如我们下面将讨论的，长距离传输需要的半导体激光器，其发射光谱应该尽可能窄。本章中，我们将描述半导体增益区制作为单一发射波长的方法。这个技术的选择以及本章的主要关注点，就是分布反馈激光器（distributed feedback laser），通常简写为 DFB。

9.2 单波长激光器的必要性

这里的"单波长"，表达的是光学频谱分析仪上测得的器件光谱只有一个主波长，典型峰值比所有其他峰值高 40dB（10^4），如图 9.1 所示。右侧是对比的法布里-珀罗激光器，其光谱由许多相隔 FSR 的峰组成，并根据器件的增益带宽来给出。光谱的其他特征将在本章后面标识并讨论。

单波长激光器的重要性源自三个方面。首先，通信激光器的主要用途是光纤上的直接调制。光纤中，不同波长的光以不同的速度传播，这就是色散。传输的色散效应如下：假设电流脉冲注入法布里-珀罗激光器中，使得光输出功率从一个水平（例如 0.5mW）变到另一个水平（例如 5mW）。激光前面的探测器会记录一个清晰的"0 到 1"转变。但是，由于光功率会由许多不同的波长以不同速度携带行进，在光纤中经过几十或几百公里后，清晰的转变将会退化。最终，1 和 0 的组都将模糊，并变成平均的水平。传播时，因为色散而导致脉冲退化的概念如图 9.2 所示。法布里-珀罗激光器中的脉冲通过三个波长携带（仅用于说明），行进数公里后，三个波长以不同的速度行进在不同位置上，原始数据很难重构。

色散的一个很好类比是马拉松选手。只要有足够宽的起跑线，所有选手都可以同一时间出发，但他们跑步速度会不同。如果只跑一小段，他们的完成时间仅略有不同。但是，如果他们都跑 26.2miles，快的将比慢的先完成几小时。

如果所有选手都有大体相同的速度（类似于所有光脉冲都以一个波长传输），则结束时也会几乎和开始一样清晰。一系列间隔几分钟的"马拉松"就能在终点区分开来。比赛的分散性会很低，因为选手们的速度几乎相同。单一波长激光器中，脉冲发出后，可以在数公里之后分辨出来。

虽然超过 100km 或以上时，光吸收会非常显著，但这还不是基本的障碍，因为光纤放大器（如掺铒光纤放大器）可以很容易且近乎完美地放大再生的光信号。1550nm 波长范围，色散最重要，这里光纤损耗最小。而 1310nm 附近，色散接近于零，但损耗则要高得多。1550nm 波长范围适用于远距离传输。

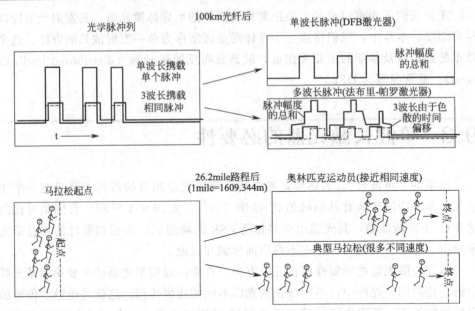

图 9.2　上面，光脉冲序列中，因不同波长在光纤中行进速度不同导致的色散；
下面，马拉松比赛中，由于不同选手速度不同，导致完成时间上的分散
为了在光纤中行进很多公里后，还可以清楚看到 1 和 0，原始的光源应是单一波长的器件

　　单波长激光器重要性的第二个原因是带宽。在合理低损耗下，每根光纤可以传输至少 100nm（1500～1600nm）的光学带宽；信息的每个"信道"都在光纤的波段上传输。这种典型方案称为"密集波分复用"（DWDM，dense wavelength division multiplexing）。信道越窄，光纤可携带的信道越多。如果每个信道小于 1nm（单模激光器典型值），那么一根光纤中可以有超过 100 个信道；如果通过法布里-珀罗激光器携带信道，其光学线宽大于 1nm，那么光纤的容量将少得多。

　　最后，分布反馈激光器的设计特征还将赋予激光器设计更多的自由度，从而使得分布反馈器件比法布里-珀罗器件更快。正如后面所述，激射波长通过光栅周期设定，并独立于材料的增益峰值。如果激射波长是比增益峰值更短的波长（能量更高），可以认为器件是负失谐的。这种负失谐将产生更高的微分增益和更高速的器件。

　　单波长器件的优势和需求总结在表 9.1 中。

表 9.1　单波长器件的必要性

性能	要求
色散	不同波长的光在光纤中以不同速度行进。如果器件接近单波长，可以更容易实现行进许多公里后还能接收到准确信息
信道容量	如果每个器件都限制在很窄的波长范围内，同一光纤可以携带更多器件
速度/设计自由度	分布反馈激光器可以让波长远离增益峰值，形成更高速器件和另一个设计自由度

探索分布反馈结构之前，让我们首先讨论一些其他实现单模发射的方法。

9.2.1 单波长器件的实现

单波长器件可以有几种实现方式，在详细讨论分布反馈器件之前，让我们介绍一下其他可用方法。

9.2.2 窄增益介质

获得单一波长最简单可行的方式是非常窄的增益介质，因此光增益只能在很小范围内。例如，He-Ne 和其他基于原子跃迁激光器产生的激光，具有非常窄的谱宽和单一的精确波长。如果只在小于 1nm 的光谱范围内有光增益，那么显然就会有小于 1nm 的线宽。理论上讲，这是正确的，但实际来说，半导体构成的增益区不可能窄于几十纳米。

即使基于量子点的有源区，由于点大小的变化，也有数十纳米宽。尽管如此，半导体激光器的压倒性优势（小尺寸、低功耗、高速以及有效实现近红外波段波长的能力），远远超过获得单一波长激射激光器的困难。

9.2.3 高自由光谱范围和中等增益带宽

第 6 章中我们看到，增益区置于法布里-珀罗腔体中时，器件输出中将附加 FSR (free spectral range)，如图 9.1 所示。该 FSR 随着腔体宽度的减小而增加。300mm 左右的典型边发射腔有大约 1nm 的 FSR，因此，腔体中会出现许多发光峰。

FSR 的 λ 公式（改编自第 7 章）是

$$\Delta\lambda \approx \frac{\lambda^2}{2Ln_g} \tag{9.1}$$

式中，λ 为激射波长；L 为腔体长度；n_g 为腔体总折射率。如果 FSR 比腔体增益带宽短得多，可能就是很多横向模式。

但是，假设腔体长度设计为小于 $2\mu m$，因此峰-峰间隔将大于 20nm 的典型增益带宽。这种情况下，增益带宽中只可能有一个峰，因而器件是单模。这样的器件是存在的。通常制作为垂直腔面发射激光器（VCSEL，vertical cavity surface-emitting laser），如图 9.3 所示，对比的是标准的边发射激光器。

因为 VCSEL 腔体极短，所以 FSR 要大得多。事实上，对于典型的 $3\mu m$ 镜-

镜间距 VCSEL，FSR>100nm。但是增益区与量子阱激光器的一样，10~20nm 宽。由于 FSR 比增益带宽更大，其中只能适合一个波长，因而这些器件是固有的单（横）模。

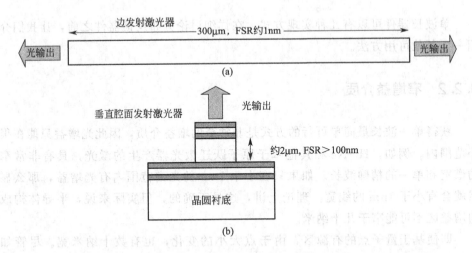

图 9.3　（a）边发射激光器示意图，腔体长度为 300μm，因此 FSR 很短。
器件可以有多个横模，并从前边和后边发光。（b）VCSEL 器件
腔长仅几微米，因此 FSR>100nm，从而仅支持单一纵向模式。
VCSEL 从顶部和底部发射，因此它的腔长为量子阱和包覆层的厚度

但是，VCSEL 还不是激光通信的解决方案。这些器件的潜在问题很容易就能写上一章甚至一本书，从根本上讲，有两个问题使其不适合替代边发射激光器。第一，因为增益区很短，反射镜反射率非常高，从而来保持低的光学损失。这意味着，所产生的大多数光子保持在 VCSEL 的腔体内；另外毫瓦级的功率输出，也不太满足光纤通信的需求。第二，非常短的增益区意味着器件在很高的增益和电流密度下工作，因而会遭受基于大电流注入的加热问题。典型来说，VC-SEL 不能和边发射激光器一样，在高的温度范围内工作。

还有另外一个技术因素，使得 VCSEL 是波长比 1310nm 和 1550nm 更短时的更好的器件技术选择。VCSEL 中，使用两种不同介电常数材料的布拉格反射器叠层，从而形成非常高的反射率。碰巧对 GaAs 基的器件（波长达 850nm），GaAs 和 AlAs 是形成这些布拉格反射非常好的材料体系。而在 InP 基系统中，实现器件顶部和底部的这种布拉格反射器非常不容易。

产品中，垂直腔激光器确实有巨大的技术带动作用，如 CD 播放器和其他低成本低要求的激光器应用。它们比边发射激光器成本低且易于测试，但它们没有光纤传输必需的性能。

9.2.4 外部布拉格反射器

如果我们不能将增益带宽降低至小于 10nm，同时非常短腔体又不切实际，那么另一种选择就是缩小反射率的范围。解理面的反射基本上是波长无关的，但是，如果腔面可以镀出某种波长相关的反射率，那就可以引入波长相关的损耗，从而可能诱导单一波长发射。

商业上一直都做这种腔面镀膜，只是没有用作波长选择的目的。商用激光器一般不会是"直接解理"腔面出售。通常的器件会一端镀低反射率（LR，low reflectance）涂层，而另一端镀高反射率（HR，high reflectance）涂层。HR 涂层通常是布拉格堆叠，其中每层材料厚度都是 $\frac{1}{4}\lambda$，包含一种或几种电介质层，往往溅射到激光器巴条的腔面上。一种典型的配方可能是交替的 SiO_2（$n=1.8$）和 Al_2O_3（$n=2.2$），其原理实现如图 9.4 所示。镀膜不对称地改变了器件的斜率，从而使得更多光可以从与光纤耦合的端出来，而不是从另一端出来。

虽然这种镀膜非常适用于增加净反射，但是高折射率差材料组成的几个周期介电涂层，往往本质上有相当宽范围波长带的反射。图 9.4 示出了腔面镀膜的激光器，计算出作为 1/4 波长的介电层数量函数的反射率。反射率作为波长函数，使用传递矩阵法计算，这将在 9.5 节讨论。

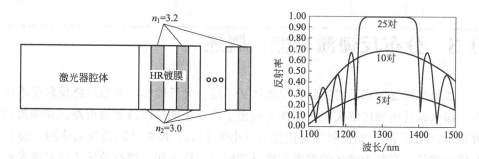

图 9.4　具有四分之一波长反射器外部叠层的激光腔以及计算出作为对数函数的反射率
潜在地，反射率可以比解理面更高，但通常情况下，
很少几个周期的高对比材料并没有波长选择性，并且有很宽的反射带

注意，反射率在很宽的区域内都会相当高。虽然这些电介质叠层提高了反射率，但它们对波长选择性并没有很大帮助。

这里观察到的是几个周期的大相对折射率差材料所形成的光栅，我们可以计算出当很多周期的小对比电介质堆叠所发生的情况，结果示于图 9.5。计算中，不同电介质层的折射率相差仅为 10^{-3} 量级，因此要得到合理的反射率，必须要相当多的对数。当然，反射率带宽要比更少对的高折射率材料窄得多。减小折射率对比度 n_1/n_2，采用更多对的电介质层会让反射带急剧变窄。

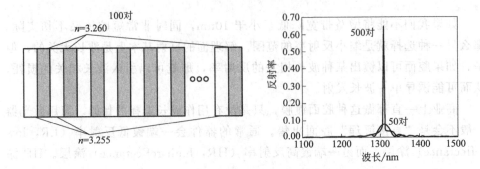

图 9.5　低折射率对比的许多对电介质层的反射率
反射带可以高得多，但是厚度必须达到几百微米

　　潜在来说，这是很有前途的，但存在一些重要的实际问题。假设将 500 对单层用于 1310nm 波长处的最大反射率结构，每层厚度约 200nm，总的镀膜厚度约 100μm。这个厚度非常不切实际。一方面，激光器中出来的光将发散而不是准直（图 7.11），因此该电介质层不会反射 70% 的光回到波导。另一方面，也难以想象 3μm^2 的腔面上，镀上厚度高达数百微米的膜。力学方面，镀膜将会很容易剥落、开裂，或以其他方式失效。

9.3　分布反馈激光器：概述

　　如果窄增益带宽不切实际，窄腔体又不适合光纤传输，而布拉格反射又不可用，那么最后该如何解决呢？图 9.5 给出了商业化的单模激光器道路。如果周期数很多（几百个），而折射率对比很低（小于 1%），那么计算的反射率将十分针对特定波长，有几个纳米的带宽和明显的峰值，这表明，更有效的方法是激光腔中直接集成反射器。

　　下面的章节，我们将从物理图像开始，定性概述分布反馈激光器的工作方式，然后进行重要参数的设计（耦合常数 k、长度 L、背腔面反射率 R 以及其他参数）。

9.3.1　分布反馈激光器：物理结构

　　图 9.6 展示出多量子阱和分布反馈激光器。器件中有源区上或下方的某处，

会制作一个光栅。因为光学模式看到的是从有源区向外扩展的平均折射率，当它靠近光栅齿而不是远离光栅齿时，会看到略微不同的折射率。因此，腔体中光学模式向左或向右时，将不断地遇到折射率的变化，从在光栅齿上到不在光栅齿，然后再到下一个光栅齿上。

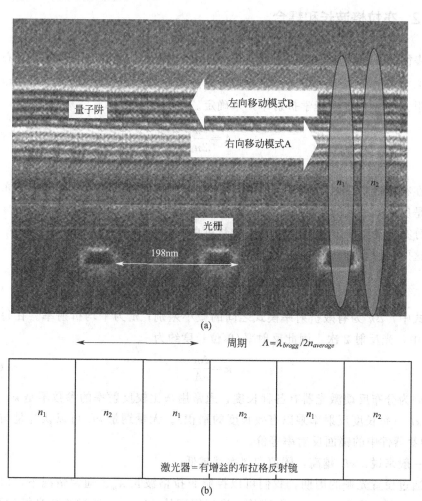

(a)

(b)

图 9.6　（a）DFB 激光器 SEM 图，示出量子阱和底部光栅。
（b）激光器光学模型：很多周期稍有不同的有效折射率作为特定波长的布拉格反射镜

　　图 9.6 下方示出激光腔内置光栅的光学模型。关键问题是，有齿和无齿区域之间只有非常低的折射率对比。通常情况下，有效折射率差约为 0.1% 或更低。正因为如此，反射率模型看起来类似图 9.5，而不是图 9.4。

　　为了后面第 9.6 节中的数学讨论，图中也示出两个反向传播的模式 "A" 和 "B"。光学模式 "A" 向右移动；每次遇到光栅齿时，它有很小部分会反射到其他方向，并加入模式"B"，向左移动。同样地，在每个界面，左移模式"B"只反射一部分到"A"方向中，模式"A"和"B"称为通过光栅的耦合。腔面上，这种分布反射率取代了反射镜，并且在反射率中额外引入需要的波长关联。

9.3.2　布拉格波长和耦合

表征 DFB 激光器的两个参数，分别是布拉格波长 λ_b 和分布耦合 κ。布拉格波长 λ_b，根据图 9.6 中定义，简单来说就是光栅的"中心波长"，由材料中的光栅间距 Λ 和平均有效光学折射率 n 来确定。

$$\Lambda = \frac{\lambda_b}{2n} \tag{9.2}$$

在布拉格波长 λ_b 处，每个光栅都是 $\lambda/4$ 厚的材料。无源反射腔中，布拉格波长是反射率最大的波长。

分布反馈激光器的耦合用每单位长度的反射率来表征。如果 n_1 和 n_2 是模式在这两个位置看到的有效折射率，那么每个界面处的反射率是

$$\Gamma = \frac{n_1 - n_2}{n_1 + n_2} = \frac{\Delta n}{2n} \tag{9.3}$$

式中，Δn 为有效折射率模式之间的微小差别；n 为平均折射率。在每个周期 Λ 中，光反射 2 次，因此反射率/单位长度约为

$$\kappa = \frac{\Delta n}{n\Lambda} \tag{9.4}$$

因为分布反馈激光器有各种长度，通常用来比较反射率的参数不是 κ，而是乘积 κL（每长度反射率乘以有效长度的乘积）。无量纲量 κL 可以认为是与法布里-珀罗器件中的镜面反射率等价。

一般来说，κL 越高，阈值和斜率就越低。

通过设置光栅的周期，我们可以控制布拉格波长 λ_b。通常情况下，对应大多数 InP 基结构 1310nm 中心波长，光栅周期约 200nm。通过改变光栅的强度，或者通过移动其更加接近或远离光学模式，使它更厚或更薄，或者改变组分来调节两个有效折射率 n_1 和 n_2，都可以控制耦合 κ。

9.3.3　单位往返增益

与法布里-珀罗激光器一样，分布反馈激光器的激射需要两个基本条件。

① 单位有效往返增益：当处于激射条件时，包括激射增益、穿过腔面损失

和吸收的光学模式往返行程，应该回到与原始模式相同的幅度。

② 零净相位：经过与腔体完全相互作用，对于相干涉，返回模式应该与起始模式完全同相。特定波长处有最大的反射并没有好处，这会导致回到起点时180°的反相。

接下来的几节，我们将介绍用来描述分布反馈激光器的数学模型，并演示满足这些条件的方式，但这里，我们只给出更为定性的概述。

法布里-珀罗激光器中，改变腔面的反射率可以改变腔体的激射增益。腔面反射得越多，就会有越多的光在腔体内保持，并降低阈值增益和阈值电流。腔体中引入光栅，也改变有效反射率，它的优点在于这是非常依赖波长的一种方法。

然而，这绝对不是简单到只是现在激射的激光器在反射率最大的布拉格峰处激射而已。最大反射率的布拉格波长，不一定是最小增益的激光波长。这与我们的直觉不符，但却是事实。如果在内部（如激光器中）产生光，形成反射的相同干涉效应将禁止光学模式的传播。存在反射和干涉之间的折中，从而可以让激光增益最小值远离布拉格峰位。

9.3.4 增益包封

对于这些更定量的方式示于图 9.7，示出对于两个具有不同 κL，不同典型激光吸收参数的腔体，所计算出的作为波长函数的激光增益包封。同样的图形对于法布里-珀罗激光器来说，是与波长无关的直线。这里的计算方法是传输矩阵方法，将在 9.5 节讨论。如图 9.7 所示，对于 κL 很低的器件（$\kappa L=0.5$），最小增益的位置在布拉格峰处；对于 κL 较高的器件（$\kappa L=1.6$），最小增益位置将围绕布拉格峰呈对称分布。

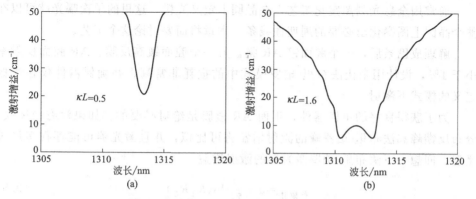

图 9.7 计算的两个不同激光腔增益曲线

一个有 0.5 的低 κL（a），而另一个为 1.6 的高 κL（b）。对于低 κL 腔体，最小增益位于布拉格峰处，而对于高 κL 腔体，最小增益则位于布拉格峰外的两个对称位置处一般情况下，折射率耦合分布反馈激光器的典型值 κL 约为 1。

尽管越高的 κ（对应于更高的反射率）有越低的增益点，但是当 κ 变得更高时，最小增益点将偏离最大反射点。分布反馈激光器和布拉格反射器之间的关键差别是，布拉格反射器反射外部光，该光通过对反射面内的特定波长带的光产生相消干涉，从而入射到反射面上。光不能传播到结构里来反射。而分布反馈激光器中，反射器是腔体。光必须有一定传播，才能实现所需的激光增益。光栅效应使得必要的激射增益非常依赖于波长。

9.3.5 分布反馈激光器：设计与制作

DFB 激光器激射的条件与法布里-珀罗激光器完全相同，即单位往返增益和零净相位。典型 DFB 的一个腔面镀减反射（AR，anti-reflection）膜（尽可能接近零反射），而另一个腔面镀高反射膜，用来引导大部分光从镀 AR 膜的前腔面出去。往返行程中的零净相位，高度受制于高反射背面相关的"随机腔面相位"。这个相位源自典型激光器巴条的制造过程。为了让我们对这个问题的讨论有意义，先简单介绍一下商业的分布反馈激光器制作过程。

我们首先使用定性描述，然后再进入数学描述，希望这样可以提高生产力，因而没有选择直接导入传统 AR/HR DFB 激光器的结构及相关的复杂关系。第 9.6 节中，我们将讨论耦合模式理论，将给出考察这些神奇器件的其他方式。

将分布反馈晶圆变成很多分布反馈激光器巴条的典型过程，如图 9.8 所示。相比法布里-珀罗激光器，需要考虑更多重要的其他因素。这里开始于晶圆，其上已制作了光栅，以及所有其他必要的接触、柔性金属和电介质层。晶圆随后被机械解理成巴条，从而定义出腔长。典型的腔长通常在 300μm 左右。

通常用全息光刻图案化工艺，在晶圆上定义光栅，这里的单次曝光就可以在整个晶圆上图案化出必要的周期性线条。本章将简要讨论这个工艺。

解理成巴条后，一个腔面镀 AR 膜，另一个腔面镀高反膜。AR 腔面反射率小于 1%，设计用来让法布里-珀罗模式中的损耗非常高，并确保器件仅在光栅定义的模式下激射。

为了获得良好的单模器件，正面 AR 镀膜是绝对必要的。如果没有 AR 膜，分布反馈峰和法布里-珀罗峰的激射增益将可比拟，并且激光器可能存在多波长激射。回想一下法布里-珀罗激光器的激射增益

$$g_{激射} = \alpha + \frac{1}{2L}\ln(R_1 R_2) \tag{9.5}$$

式中，L 为腔体长度；α 为吸收损失；R_1 和 R_2 为腔面反射率（最多只有弱的波长依赖关系）。如果 R_1 或 R_2 非常小（减反射），法布里-珀罗激射增益

$g_{激射}$将变得非常大，激光器将在光栅定义的模式处激射。法布里-珀罗激光器腔面通常也镀膜，目的同样是增加前腔面的输出功率，但就算没有镀膜，也就仅是前腔面功率输出较低的器件而已。

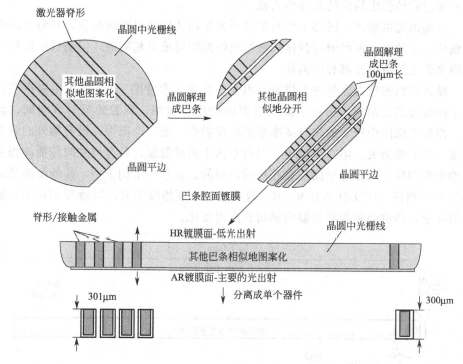

图 9.8 制备 DFB 激光器的工艺
示出了腔面随机相位的起源。腔体厚度可以沿巴条长度方向稍微变化，
几十纳米数量级的变化就足以改变反射光的相位

整个巴条上的光栅线条可能对于不同器件有不同数目，因为不可能完全精确地图案化和解理器件，这会导致与高反射率腔面相关联的随机腔面相位，我们接下来将要进行讨论。

9.3.6 分布反馈激光器：零净相位

晶圆解理成几百微米长的巴条。光栅方向和解理方向相同（垂直于脊形方向），如图 9.8 所示。解理是一种机械操作，并不能挑选出正好的整数倍光栅周期。通常情况下，会有光栅周期的随机残余部分。在 AR 侧时，这个没有关系，因为光不会从该侧反射回激光器腔体中；然而，在高反射侧时，它的影响非常大。

穿过法布里-珀罗腔的往返行程需要有零净相位，从而经历往返行程的光为相长干涉。同样地，这对分布反馈激光器也成立；虽然反馈是分布式的，净往返行程长度也必须是波长的整数倍。分布反馈激光器，类似法布里-珀罗激光器，也有通过腔体长度给定的允许模式梳。

末端的随机解理，增加了相对于整个光学模式的随机腔面相位，并将允许模式偏移一定的量。虽然通过腔体长度给出的间距可能是相同的，但随机腔面相位使得光谱上的所有点都有所偏移。

随机腔面相位对器件的工作影响很大。首先，参考图9.9，这里用根据变化很小的解理剩余距离，检查了高反射背腔的净反射率。背腔的反射率相同；但是，需要考虑图中所示的来自基准平面的反射率。第一个图中，没有额外的解理长度，反射率为R。第二个图中，参考平面上的反射波，具有与左向传播波相关联的额外相位，从参考平面到背腔然后再返回。最后一个例子中，额外距离足以诱导180°相移，而反射率变为$-R$。反射波的幅度始终为R，但通常HR/AR镀膜器件中，相位会随着激光器的确切长度而变化。

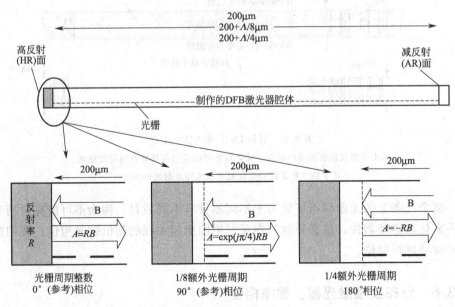

图 9.9　传统 DFB 结构

示出随机腔面相位的起因，以及其通过背腔对有效反射率的影响

图 9.10 用点显示山两种不同背腔相位的特定长度器件的允许激射波长（以黑色实心点和空心点表示）。允许波长之间的间隔，正如法布里-珀罗器件一样，根据腔体长度给出，对200mm的腔长，约为1nm。随机净相位来自器件与器件之间随机变化的腔长。

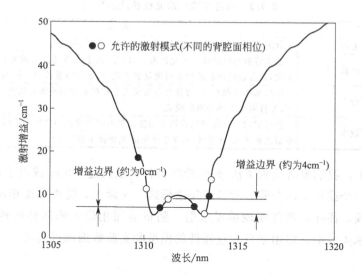

图 9.10 对比式以白点显示允许激射模式的零相位器件

腔体稍长器件（允许模式颜色更深）的允许模式略有改变，并且可能极大地改变激射模式

法布里-珀罗器件中，腔长的微小变化对输出影响并不大。长度的细微变化意味着器件将偏移其允许模式梳，但器件仍然会按照允许模式以最大增益激射（可能偏移约 1nm）。

分布反馈激光器中，这些小的偏移非常显著。当允许模式偏移 1nm 或 2nm 时，最低增益的特定模式可能显著变化。图 9.10 示出的器件，原本将在约 1313nm 的最低增益点激射，如最低的白点所示。如果背腔相位略有不同，它可能在 1311nm 的其他最小值附近激射。更糟糕的是，其他一些相位偏移，可能在同样的激射增益处，有效地保留两个黑色实心点（如图所示）。这将导致两个具有基本相同光增益的允许模式，并使得器件有两个激射模式。

稍后，我们将在背腔相位的语境中，讨论分布反馈激光器的单模良率，但定量上，折射率耦合激光器的最根本分布反馈结构，通常在增益包封中有两个对称点，而背腔相位确定增益曲线上器件激射的位置。如果两个点有接近相同的增益，它们都有可能激射，但并不是单一波长器件。

还有更糟的事情。法布里-珀罗激光器的腔体内部有非常简单的功率分布，其功率在中间最小，两端最大。分布反馈器件中，功率分布也非常灵敏地取决于背腔相位，所以从器件前端输出的斜率效率，随腔面相位而变化。因为实际激射增益也取决于背腔相位，而阈值电流取决于激射增益，它们也随器件不同而变化显著。这些定性的相关性质列于表 9.2。

表 9.2　背腔相位对激光器性质的影响

性质	解释
阈值电流	背腔相位影响允许的激射波长,它们有不同的激射增益
激射波长	随机背腔相位轻微偏移允许模式,但是,由于增益随波长的略微变化而显著变化,具有最低增益的模式可能显著变化(从布拉格波长的一侧到另一侧)
单模行为	针对某些背腔相位,两种允许的模式会有基本相同的激光增益。在这种情况下,器件可能有两个激射模式
斜率效率	器件的功率分布灵敏依赖于相位。稍不同的背腔相位代表不同的斜率效率。不似法布里-珀罗那样,斜率效率敏感地依赖于背腔相位

　　本质上,我们显著改善了法布里-珀罗器件,从跨越 10nm 或以上的模式梳,到潜在的一个或至多两个简并的分布反馈模式。实际上,随机腔面相位和有源区的增益曲线,往往让器件实现单模激射。随机腔面相位影响器件特性的统计数据,将在 9.4 节中,使用来自大量器件的模型和实验数据加以阐述。

9.4　分布反馈激光器的实验数据

9.4.1　相位对阈值电流的影响

　　上节中,我们定性讨论了制造分布反馈器件时,导致随机相位的原因以及该随机相位导致激光器性质变化的方式。

　　好的方面是,单片晶圆通常有数以千计的器件,能够提供显示所有这些特性的信息。当制造出大量激光器时,通常在某种意义上,解理名义上都有相同的长度。当然使用机械解理,长度不可能控制到 100nm 尺度,因此,这些相同设计名义的器件,实际上具有随机的背腔面相位。

　　在后面的图 9.11、图 9.13 和图 9.14 中,激射波长是由背腔面相位确定的。这允许直接比较测量和模拟的结果。背腔面相位的直接测量非常困难。

　　图 9.11 显示了两批次具有不同 κL 的相同器件的阈值电流,而不是随机背腔面相位,同时计算了增益曲线包封。增益曲线越低,阈值电流预计越低。对于更高 κL 的结构,激射带中间没有显示出点,因为对于高 κL 结构,激射带中间没有好的单模器件。这将在 9.4.3 节中讨论。

9.4.2　相位对腔体功率分布及斜率的影响

　　相位对输出斜率效率的影响并不直观显现。根据计算的激射增益和背腔面反射率,功率分布可以通过已知增益的整个激光腔来计算。如果前腔面是 AR 镀膜，通常在前腔面处，相对斜率效率将正比于正向的光学功率强度。

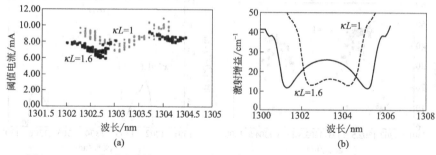

(a)

(b)

图 9.11 （a）标称相同但具有随机背腔面相位的大批器件的测量阈值电流，
两个不同批次有不同的光栅强度和 κL 值。（b）相同 κL 下计算的激光增益曲线
测量的阈值与波长曲线的形状，定性匹配增益曲线与波长形状。
阈值的定量差别不高，因为大部分阈值电流都是真正的透明电流

如图 9.12 所示，计算了背腔面相位不同，但其他方面相同的激光器结构，
给出了两种不同的功率分布。

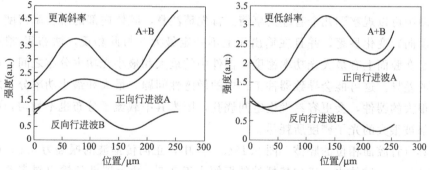

图 9.12 两个不同背腔面相位器件的腔面发射功率分布
有不同的斜率效率和腔内功率分布

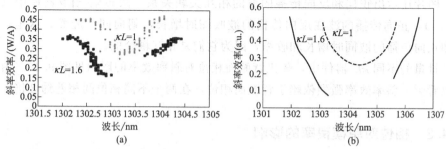

(a)

(b)

图 9.13 （a）批量标称相同器件中，具有随机背腔面相位的测试斜率效率，
两种类型具有不同的光栅强度和 κL 值。（b）测量的斜率效率和波长曲线形状，
与计算的斜率效率曲线和波长形状定性匹配
可以看到，激射带边缘和激射带中间的斜率，至少要相差 2 倍

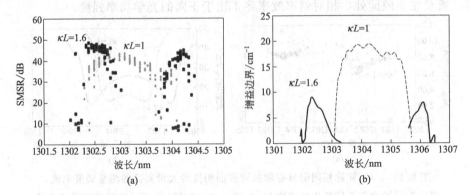

图 9.14　(a) 具有随机背腔面相位的批量相同标称器件的测量 SMSR,

两个不同批次有不同的光栅强度和 κL 值; (b) 计算的增益裕量,

或计算的最低模式增益和次低模式增益之间的差异

定性上一致性很好,显示出在此器件长度, κL 更高的材料在激射带边缘

只有一个好的增益裕量。中心处 SMSR 较低,器件是多模激射

　　图中可以观察到几个有趣的事情。首先请注意,腔体内部的总功率密度(正向加反向)变化显著,并且在输出面上不一定最大。与此相反,法布里-珀罗器件总是在腔面上有最大光功率密度。器件中的最大和最小光功率分布之间,也有显著的差异。这可能会导致器件工作中的敏感性问题。最大和最小功率分布之间差别很大的器件,会更容易发生空间烧孔,因为其中载流子分布也不均匀,可能会局部被很大的光子密度所耗尽。

　　具有背腔面相位的腔体 [图 9.13(a)] 中,正向传播波的振幅为 3.5;而图 9.13(b) 所示腔体中,正向传播波的振幅小于 2.5,两个器件的输出斜率差异也超过 30%。

　　图片还示出正向和反向传播的波的相互关联关系。法布里-珀罗器件中(见图 5.1),正向传播的波在反向传播的波收缩时增长,朝向同一腔面。这里,反向和正向传播的波同时增长和收缩,因为它们是相互耦合的。

　　批量的不同 κL 器件中,随机背腔面相位对斜率效率的影响见图 9.13。由图可以看到,斜率效率强烈依赖于背腔面相位,在两个不同相位间相差约 2 倍。

9.4.3　相位对单模良率的影响

　　如图 9.10 所示,通过偏移增益曲线包封上的允许模式,背腔面相位对器件激射波长尤其有决定作用。背腔面相位相对小的偏移,可以显著改变最小增益的模式。激射波长对背腔面相位灵敏度的另一个后果是,很可能存在两种模式,虽然它们有基本相同的激射增益。

图 9.1(a) 示出了通常的单模质量量度、边模抑制比（SMSR，side mode suppression ratio）。SMSR 是最高功率模式和次高功率模式之间的功率差异。典型的好单模激光器，其 SMSR 规范至少是 30dB。

器件的 SMSR 取决于器件的增益裕量，增益裕量是指最低增益和次低增益所需的激射增益模式之间的差异。

如果最低模式比次低模式有显著更低的激射所需增益，当载流子数达到激射增益要求时，会固定在最低模式，载流子数将不随电流增加而增加，并且器件仅在该模式激射。如果 DFB 增益包封上，两个激射在大约相同的增益值处模式，则可能是给定的载流子密度足以支持两种模式的激射。这种情况下，器件的输出频谱中将有两个主导波长。由于频谱烧孔的反馈机制，这个非常可能出现，其中，某个波长的高光功率密度耗尽该波长处的载流子。

因此，对良好的单模器件，要求两个最低激射模式之间有足够的增益裕量。图 9.14 示出了测量的 SMSR 比率，以及针对两个不同 κL 器件所计算增益裕量曲线的比较。图 9.14(a) 示出了批量器件的测量 SMSR，图 9.14(b) 示出了最低和次低模式之间的计算增益裕量。

通常情况下，良好的单模器件需要的增益裕量大约为 2cm^{-1}。图 9.10 示出了针对两个不同背腔面相位的两个不同相位增益裕量。

对于高 κL 器件，不仅斜率效率朝向布拉格波长变为最小，而且增益裕量也低许多。接近阻带中间的器件，往往不是单模而是多模。

这些例子说明的要点是，其他方面相同的激光器，随机背腔面相位对激射特性有显著影响。仅仅因为背腔面相位的随机变化，通常一些激光器会由于低的斜率、差的边模抑制比或差的阈值电流，导致规范失效。κL 的值不仅决定平均静态特性，同时还决定晶圆良率。

类似于提高反射率对法布里-珀罗激光器的效应，κ 和 κL 对器件性能的总体效应是降低 I_{th} 和 SE，而对良率的影响则更加微妙。

例子：典型激光器的 κL 值约为 1。求周期和 Δn。对于激光腔长 300mm，κL 约 1，设计的激射约 1310nm，平均模式折射率为 3.4。

解答：如果目标波长为 1310nm，意味着光栅的布拉格波长应该针对 1310nm。因此，光栅周期 $\Lambda = 1310\text{nm}/2/3.4 = 192.6\text{nm}$。

对于 $\kappa L = 1$，κ（针对 $300\mu\text{m}$ 设计长度）为 33cm^{-1}，有

$$33 = \frac{\Delta n}{3.4 \times 192.6 \times 10^{-7}}, \Delta n = 0.0022$$

从一部分到另一部分的折射率变化约 10^{-4}。

这种折射率变化通过结构的改变来实现（如图 9.6 中显微照片所示）。有效

折射率 n_1 或 n_2 可以通过第 7 章中的方法来计算，更普遍的是使用有限差分时域技术和数值软件来计算。

一般来说，基于模型计算得出初始的光栅周期和设计。初始结果将用于微调模型，并在随后的制造中得到精确的波长，如下面例子所示。

例子：将前面设计用于制造，得到的平均激射波长为 1300nm，而不是 1310nm。假使原因是计算的平均有效折射率偏离（但激光器层状结构保持不变），如何改变设计产能在下次迭代中获得 1310nm 的波长？

解答：如果实际波长是 1300nm，则有效折射率可以根据相同的方程计算得出，即

$$192.6\text{nm}=1300\text{nm}/2/n$$

则 $n=3.375$。

假设 n 为 3.375，则所需的光栅周期是

$$\Lambda=1310\text{nm}/2/3.375=194.1\text{nm}$$

第二次迭代时，目标光栅周期应该是 194.1nm。注意，为了得到目标波长，光栅周期需要相当高的精度。典型的波分复用器件规格在 1nm 范围内。对于这样的波长公差，光栅周期必须精确到 0.1nm 范围内。

9.5　建模分布反馈激光器

让我们简单给出一个框架，可以通过它计算不同分布反馈激光器结构的统计数据。建模的具体细节将作为本章最后的遗留问题。

光学建模的转换矩阵方法是通用技术，非常适用于建模薄膜滤波器及分布反馈激光器。基本方法如图 9.15 所示，这里用了最简单的光学例子（通过均匀介质传播）。最普遍的情况下，折射率为 n_1 和增益为 g 的任意电介质边界的左侧和右侧，都有向左和向右传播的波。我们将设定该电介质长度为 $\Lambda/2$（半光栅周期），从而使得该区域代表一个光栅齿。

方程将左、右两侧关联如下

$$a_r=a_1\exp[(g+j^{2\pi n_1}/\lambda)\Lambda/2] \tag{9.6}$$

$$b_r=b_1\exp[(-g-j^{2\pi n_1}/\lambda)\Lambda/2] \tag{9.7}$$

我们希望能将右边的波写作左边波的函数，因此经过整理，可以写出

$$\begin{bmatrix} a_r \\ b_r \end{bmatrix} = \begin{bmatrix} \exp[(g+j^{2\pi n_1}/\lambda)\Lambda/2] & 0 \\ 0 & \exp[(-g-j^{2\pi n_1}/\lambda)\Lambda/2] \end{bmatrix} \begin{bmatrix} a_l \\ b_1 \end{bmatrix} = M_1 \begin{bmatrix} a_l \\ b_1 \end{bmatrix}$$

$$\tag{9.8}$$

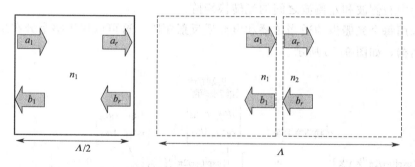

图 9.15 折射率为 n_1 和 n_2 的区域中，光传播的转换矩阵方法

这个表达式表示"输出"（右边的波）等于"输入"（左边的波）乘以转换矩阵 M_1。

图 9.15 给出的第二个情形中，右边的波入射到电介质边界上，其反射系数为 r_1 和 r_2（对区域 1 和 2 中的反射），而传输系数为 t_{12} 和 t_{21}（分别对应从区域 1 到 2，以及从 2 到 1 的传输）。这些系数为

$$r_1 = \frac{n_1 - n_2}{n_1 + n_2}$$

$$r_2 = \frac{n_2 - n_1}{n_1 + n_2} \tag{9.9}$$

和

$$t_{12} = \frac{2n_1}{n_1 + n_2}$$

$$t_{21} = \frac{2n_2}{n_1 + n_2} \tag{9.10}$$

根据这些定义，a_r 和 b_l 可以容易地写为

$$a_r = t_{12}a_l + r_2 b_r$$

$$a_l = t_{21}a_l + r_1 b_r \tag{9.11}$$

这些经过整理后，作为电介质反射的转换矩阵

$$\begin{bmatrix} a_r \\ b_r \end{bmatrix} = \begin{bmatrix} 1/t_{12} & r_1/t_{12} \\ r_1/t_{12} & 1/t_{12} \end{bmatrix} \begin{bmatrix} a_l \\ b_l \end{bmatrix} = M_2 \begin{bmatrix} a_l \\ b_l \end{bmatrix} \tag{9.12}$$

转换矩阵法的功能，是允许我们将光学运算（传播然后反射）结合到单一矩阵中。图 9.15 中，为了表示右侧标记为 n_2 块的波和最左侧 n_1 块的波之间的关系，我们可以适当地将矩阵相乘。电介质的输入等于光传播的输出。表达式

$$\begin{bmatrix} a_r \\ b_r \end{bmatrix} = M_2 M_1 \begin{bmatrix} a_l \\ b_l \end{bmatrix} \tag{9.13}$$

表示图中右侧波和左侧波之间的光转换矩阵。

采用每个光栅齿的适当传播和电介质反射矩阵，这可以用于整个分布反馈激光器结构，如图 9.16 所示。

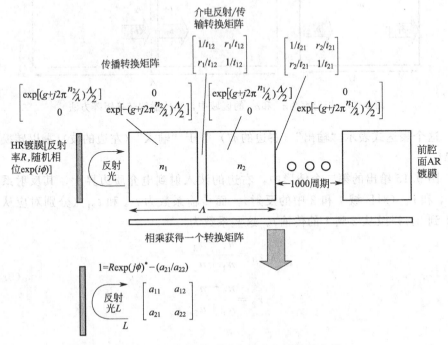

图 9.16　使用转换矩阵建模分布反馈激光器

整个激光器的工作通过单一矩阵来建模

这个单一矩阵图是结构内部的光传播模型。边界条件是结构右侧的 b_r 为零（结构中没有光进入）。正如法布里-珀罗激光学模式一样，单模激射的条件也是单位增益和零净相位。这两个条件可以简明表示为

$$1 = -R\exp(j\phi)\frac{a_{21}(g,\lambda)}{a_{22}(g,\lambda)} \qquad (9.14)$$

其中，系数 a_{21} 和 a_{22} 表示为增益 g 和波长 λ 的函数。

忽略动量的相位［只求解方程式(9.14) 的幅度］，如果选择波长 λ，可以用数值方法求解必要的激射增益 g。在 λ 的相关范围内重复上述步骤即可得出曲线 $\lambda(g)$，这就是图 9.7、图 9.10 和图 9.11 所示的增益包封曲线。

考虑相位后，波长表现出和法布里-珀罗激光器模式相同的允许模式的梳状，并且任何给定结构中，只有某些波长才表现出激射所需的零净相位。这就是图 9.10 所示的点。这些点位于增益包封上，而相位的变化，如背腔面相位的随机变化，将沿增益包封曲线使得允许的波长偏移。有了关于激射波长和增益的信

息，前面章节中的任何讨论（增益裕度、斜率效率、阈值电流和激射波长）都可以计算得出。通过背腔面相位中加入随机分布，可以进行统计数据的计算。

我们就此结束转换矩阵法的讨论，进一步的探索扩展将在习题中进行。

由于长度，κ，R 和其他参数的变化都可以囊括其中，上述方法成为分析实际器件的强大工具。它的主要缺点是没有特别进行简化。9.6 节中，我们主要讨论激光器分析的耦合模式理论，这更难用于实际器件，但确实可以给出一些深入的物理图像。

9.6 耦合模式理论

另一种不同的半导体激光器建模方式，是通过我们这里介绍的耦合模式理论。它比转换矩阵法有更多分析，需要更强的计算能力实现，但也最直接适用于非常简单的减反/减反条件。

9.6.1 衍射的直观图像

在讨论耦合模式理论的细节前，让我们阐述一种研究光与周期结构相互作用的有效途径。如下，示出入射到光栅结构上的相干光、反射镜反射以及相关联的衍射顺序。

通常衍射光束允许角 θ_m 的方程如下

$$\theta_m = \arcsin\left(\frac{m\lambda}{\Lambda} - \sin\theta_i\right) \tag{9.15}$$

其中角度如图 9.17(a) 中的定义。λ 是入射光的波长。另一个更直观的图像见图 9.17(b) 类色散图。这个直观图像对下一节求解分布反馈激光器中的光栅非常有用。

直观上，衍射是与光栅本身关联的散射向量 $\beta_{散射}$，等于 $2\pi/\Lambda$（光栅周期）。散射向量 $\beta_{散射}$ 加上或减去入射光 k 矢量，从而形成散射的光 k 矢量。k 矢量的幅度限制为 $2\pi/\lambda$，如右侧圆圈所示。k_x 的增加或减少会改变衍射角以及 k_x 的大小，但 k 的幅度总体保持不变。

根据光栅的形状，光不会在所有可能的 $\beta_{散射}$ 倍数上散射，但是这个细节并不重要。

自然，如果散射矢量太大（相比于光波长，光栅太小），就不会有衍射。

9.7 节讨论加入光栅后，分布反馈激光器所发生的事情。

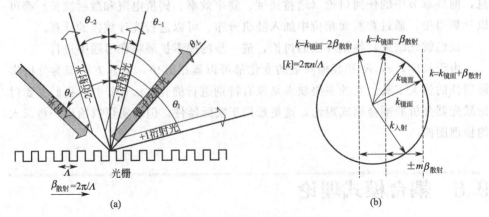

图 9.17　相干光入射的衍射角

示意出允许的衍射方向

9.6.2　分布反馈激光器的耦合模式理论

通过耦合模式理论可以提供分布反馈工作的其他观点。不是建模分布反馈结构的每点细节，通过耦合模式理论，我们会退一步来利用数学方法解决问题。这种方式也许能更好地给出器件工作的直观图像，但是并不太适合通过工具来建模器件随激光器参数的变化。这里，我们根据豪斯[1]处理来进行，并且增加增益项。

关联耦合模式图像如图 9.18 所示。激光腔建模为具有增益和光栅的介质，并且两个光学模式会来回传播。通过周期光波的散射，光栅连续反射一种模式到另一种模式，正向和反向模式就是基于光栅耦合。

虽然散射向量是和传播常数 k 方向相同的一个向量，在一维讨论中，我们将这些 β 写为标量。从某种意义上说，光栅区及其正向和反向模式，是一维的衍射问题。对于激光器的光学反馈，正向行进模式会衍射成反向行进模式，然后会再次衍射成正向行进模式。和图 9.17 中的衍射图之间的差别是，图 9.17 中模式相互作用并衍射，随后消失，这里，限制模式的条件意味着正向和反向模式持续互连。

对于相干反馈，图 9.18 中的正向行进模式 a，必须精确耦合到反向行进模式 b 中，而散射时，它又耦合回到正向模式。实现这个的条件是，假设两种模式以两个传输向量 β 和 $-\beta$ 传播，它们将通过光栅散射向量进行耦合。散射向量以及正向和反向传播矢量之间的关系如下

❶　H. Haus，Waves and Fields in Optoelectronics，Prentice Hall，1984.

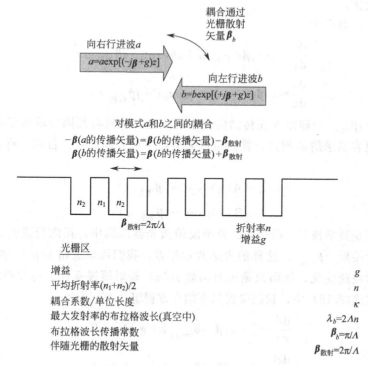

图 9.18 光栅区两种模式的耦合

$$\boldsymbol{\beta} = -\boldsymbol{\beta} + \boldsymbol{\beta}_{散射}$$

$$-\boldsymbol{\beta} = \boldsymbol{\beta} - \boldsymbol{\beta}_{散射} \tag{9.16}$$

我们也可以确定布拉格波长（光栅有最大反射率的波长）和相关的布拉格传播向量，如下

$$\lambda = 2\Lambda n$$

$$\boldsymbol{\beta}_{bragg} = \frac{\pi}{\lambda} \tag{9.17}$$

这是最容易画出的腔体耦合波长。散射矢量 $2\pi/\Lambda$ 分开的两个传播向量是正负布拉格传播向量 $\beta_{bragg} = \pi/\Lambda$，因此是正向和反向波的传播向量。

布拉格波长和发光波长不同时，也会发生相同的过程。在这种情况下，传播向量就是群传播向量；这些传播向量 $\boldsymbol{\beta}$ 与模式的群速度相关，并且不一定等于 $2\pi/\lambda$。正向和反向模式则分别组成部分正向和部分反向的行进波，在布拉格波长处与传播向量发生散射。

这些过程的建模，采用一组描述传播时每个光学模式变化的耦合方程。每个模式经历由于传播的相位变化和由于增益的振幅变化。此外，在相反方向上，也有一部分模式耦合其中。这部分模式的振幅由 κ 给出，指数项反映由于散射，传播向量的变化。

数学上，表示为

$$\frac{\mathrm{d}a}{\mathrm{d}z} = (-j\boldsymbol{\beta}z + g)a + \kappa b\exp(-j\boldsymbol{\beta}_{散射}\ z)$$

$$\frac{\mathrm{d}b}{\mathrm{d}z} = (j\boldsymbol{\beta}z - g)a + \kappa a\exp(+j\boldsymbol{\beta}_{散射}\ z) \tag{9.18}$$

$\exp(+j\boldsymbol{\beta}_{散射}z)$ 建模 b 在传播向量中的改变，从而将其耦合回到模式 a。

为了更容易求解和列式，我们可以采取以下两方面简化。首先，将 a 和 b 写为

$$a = A(z)\exp(-j\boldsymbol{\beta}_{散射}\ z)$$

$$b = B(z)\exp(-j\boldsymbol{\beta}_{散射}\ z) \tag{9.19}$$

这不仅是数学技巧。所关注的分布反馈激光器范围中，正向行进模式 a 通常有传播向量接近 $-\boldsymbol{\beta}_{bragg}$。这样的表达式意味着，我们可以忽略 $\exp(-j\boldsymbol{\beta}_{bragg}z)$ 随空间的非常快速变化，从而只是包封函数 $A(z)$ 相对缓慢变化。将方程式(9.19)代入到方程式(9.18)中，我们得到如下耦合方程组。

$$\frac{\mathrm{d}A}{\mathrm{d}z} = [-j(\boldsymbol{\beta} - \boldsymbol{\beta}_{bragg}) + g]A + \kappa B$$

$$\frac{\mathrm{d}B}{\mathrm{d}z} = [-j(\boldsymbol{\beta} - \boldsymbol{\beta}_{bragg}) - g]B + \kappa A \tag{9.20}$$

表达式 $\boldsymbol{\beta} - \boldsymbol{\beta}_{bragg}$ 是布拉格传播向量和模式传播向量之间的差，用符号 δ 表示。

$$\delta = \boldsymbol{\beta} - \boldsymbol{\beta}_{bragg} \tag{9.21}$$

由此，最终方程可以重写为更简洁的形式。

$$\frac{\mathrm{d}A}{\mathrm{d}z} = (-j\delta + g)A + \kappa B$$

$$\frac{\mathrm{d}B}{\mathrm{d}z} = (-j\delta - g)B + \kappa A \tag{9.22}$$

这些耦合的线性微分方程可以很容易求解，通用的计算结果为

$$A(z) = A_+\exp(-Sz) + A_-\exp(Sz)$$

$$B(z) = B_+\exp(-Sz) + B_-\exp(Sz) \tag{9.23}$$

其中复传播常数 S 为

$$S = \sqrt{\kappa^2 + (g - j\delta)^2} \tag{9.24}$$

让我们研究一下这个方程，并尝试去理解它的含义。首先，假设结构中没有增益（$g = 0$），那么传播常数 S 就是

$$S = \sqrt{\kappa^2 - \delta^2} \tag{9.25}$$

变量 δ 是到布拉格波矢的距离，如果波长是布拉格波长，那么 δ 则为 0。距离所得布拉格波长越远，δ 则越大。如果 $|\delta|$ 小于 $|\kappa|$，则 S 为实数，腔体内部的波函数将指数衰减。这就是布拉格反射器的经典"阻带"，其中波长在布拉格波长附近处衰减，并且不会传播到结构中。阻带的幅度大致和 κ 相同（注意要使用合适的单位）。

如果增益非零，传播方程的有效解可以是正的指数，方程式（9.25）的解则给出包封函数的传播向量。

我们的最终目的，是获得有关 κ、器件长度 L 和其他因子表述的 g（激光增益）与 δ（波长，写为距布拉格波长距离的式子）关系的信息。要想分析得更深入，需要求解具体情况下的微分方程。我们将所用的初始条件示于图 9.19 中。

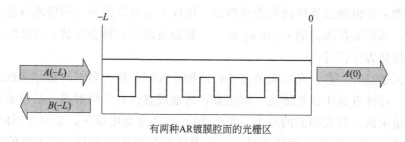

图 9.19　入射波 A（$-L$）有增益入射到光栅区
反射波为 B（$-L$），边界条件为波从右侧入射到结构上。
反射系数 B（$-L$）/A（$-L$）将示出支持激射的波长

图 9.19 示出我们遵循的策略。长度为 L，全部 AR 镀膜的两个分布反馈腔上，光从右边入射。随后，我们将求出反射系数 $B(0)/A(0)$。最后，为了推断激射条件，我们将得到 δ 和 g 之间的关系，从而数学上会存在无任何输入的发射。适当的边界条件是

$$A(-L)=A$$
$$B(0)=0 \tag{9.26}$$

根据这两个边界条件，可以求出 $B(-L)/A(-L)$

$$\frac{B(-L)}{A(-L)}=\frac{-\sinh(SL)}{\dfrac{-S}{\kappa}\sinh(SL)+\dfrac{g-j\delta}{\kappa}\sinh(SL)} \tag{9.27}$$

分母为 0 的点，可以有无输入的输出，换句话说，存在激射腔体。分母中的表达式定义了所需增益与波长间的关系。这是没有简单解的超越方程，可数值求解得到某种增益包封和允许的激射波长，如图 9.10 所示。

对于两侧都 AR 镀膜的激光器，这是不错的数学模型，同时若采用合适的复数，可适用于折射率耦合以及增益和损耗耦合的激光器。但是，对于分析如不对

称边界条件的斜率效率或者阈值，这种方法并不直接，所以对这种模型的讨论到此为止，除了习题部分还有所扩展。这个主题的好资源见 Kogelnick 和 Shank 的原文。[1]

9.6.3　测量 κ

正如我们在第 9.4 节的例子中所述，激光腔可以设计为特定周期和 κ，但最终实现的可能与之不同。例如，计算有效折射率，需要折射率的波长相关性和载流子密度的精确知识，也就是精确的激光器工作点。通常这些计算都给出近似值，然后通过激光器设计的一次或两次迭代来优化。

参数 κ 的值通过器件的制造来确定。设计人员可以控制光栅层的厚度、组分和位置，从而获得所需的 n_1 和 n_2 值。一旦制造出来，耦合系数 κ 的实际值可通过如下近似方法估计。

当无增益时，存在光不能传过光栅结构的区域，称为阻带。在非常低的电流密度下，器件有最小的光增益，但能够轻易地观察到自发辐射谱。阻带示出在一定波长范围内，自发辐射的减小。图 9.20 示出非常低电流下，输出光谱的测量。如方程式(9.27) 所示，无增益时，存在器件发光减小的阻带，而阻带的宽度与 κ 相关。

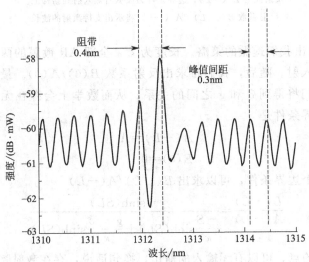

图 9.20　分布反馈激光器的亚阈值光谱

示出阻带和非激射模式之间的间隙。可以比较与图 9.1 中阈值以上光谱的区别

[1]　Coupled-Wave Theory of Distributed Feedback Lasers，H. Kogelnick, C. Shank, J. Applied Physics, v. 43, pp. 2327, 1972.

图 9.20 中，峰值之间的低输出区，大致对应于两个峰值增益曲线之间的阻带。这里的阻带可以很容易地测量，而测量的阻带宽度和 κL 之间的关系如下式所示。参数 κL 可以估算为

$$Y = \frac{\pi}{2} \frac{\Delta\lambda_{sB}}{\Delta\lambda}$$

$$\kappa L = Y - \frac{\pi^2}{4Y}$$

(9.28)

式中，Y 为参数；$\Delta\lambda_{sB}$ 为阻带的宽度；$\Delta\lambda$ 为如图 9.20 所示的法布里-珀罗模式的间隔。

阻带测量和随后 κL 的计算，是分析器件制作特性并进一步优化设计的工具。另外也有可用的软件工具，如 Laparex（来自 http：//www.ee.t.u-tokyo.ac.jp/～nakano/lab/research/LAPAREX/，登录时间 2013 年 11 月），该软件综合建模分布反馈谱，作为激光器结构例如长度反射率和 κL 的函数。

对整体晶圆选取 κL 的值，从而确定名义特性和统计信息，包括给定规格的设计良率。这对于实现可制造和有利润的分布反馈激光器设计是至关重要的。正如我们将在第 10 章讨论，良率对半导体企业尤为重要，器件 10% 的良率差别，对于作为商品的产品而言，可能就是有很好利润和处于破产边缘的差别。

9.7　固有单模激光器

读者可能从图 9.7 和图 9.10 中注意到某些事情，就是我们到目前为止所描述的分布反馈激光器仅仅是"大多"为单模。因为很有可能，两个激射模式之间的增益裕度都合理地高，从而一定数量的器件将是单模。然而，一般而言，增益曲线的包封相对于布拉格波长对称，而其本身并不是单模。

出现这种情况的很好解释，可以通过理想的 AR/AR 镀膜激光器图片示出，其中观察者正好位于中部光栅齿的中间，如图 9.21 所示。

在光栅齿之外，光栅在每侧保持同样的周期数量。其余光栅齿可以综合为单一反射率 R。假设这个腔体是在布拉格波长处激射，其中腔体中有最大反射率点。

现在观察者在非常小的腔体中部观察到光从一侧反弹，跨越 1/4 波长，到了另一侧，然后从另一个 1/4 波长处再次返回。半波长的往返行程，意味着布拉格波长经历了腔体中总的相消干涉，尽管这绝对是反射率最高的波长。

对这个问题，人们提出了解决方案，如图 9.21 所示。假设激光腔的中间，1个光栅齿从 $\frac{1}{4}\lambda$ 增加至 $\frac{1}{2}\lambda$。考虑观察者在腔体的中部位置，布拉格波长将从相

消干涉变为相长干涉。增益曲线的基本包封从左边的改变为右边的。材料中的额外波长（大约 10nm）可以完全改变器件的特性，并实现具有接近 100％单模产率的器件。

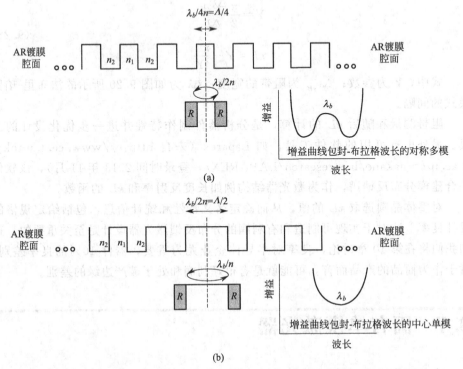

图 9.21　具有整体均匀光栅的标准激光器和 1/4 波长偏移激光器之间的比较
后者的光栅齿在中心偏移 1/4 波长，从而使得器件实现固有单模

　　该项技术通常不用于商业激光器。虽然使用全息光栅技术很容易在整个晶圆上得到均匀的光栅，但在器件中心引入单一的 $\frac{1}{4}\lambda$ 偏移，则是很有挑战的。此外，上面给出的经典理论，实际上只适用于腔面（AR/AR 镀膜）无相位效应的 $\frac{1}{4}\lambda$ 偏移器件。对于有相位效应的器件，如有高反射腔面的商业激光器，$\frac{1}{4}\lambda$ 偏移技术就不再那么有效。此时，商业解决方案通常是均匀的全息光栅。

9.8　其他类型的光栅

　　图 9.5 和耦合模式的方程表明，对这里考虑的光栅，κ 是实数，因为光栅是

折射率耦合。某个周期的片状材料和另外材料之间的差异，仅仅是折射率 n 的不同。

然而，增益或损耗中周期性调制的器件，也可以很容易地制造。如果光栅材料在激射波长处吸收，将引入"损失光栅"；如果光栅实际上制造为优先电流注入量子阱中，则形成"增益光栅"。这些效应，可以通过用增益或损耗光栅的正或负复数 j 分别替换方程式(9.20)中的实际 j 来数学建模。

增益和损耗光栅，还可以相对于布拉格波长，使增益包封不对称，这有利于提升单模产率。损失光栅当然也会有与之相关的一些损失，因此可以降级阈值或斜率。和激光器中几乎所有设计一样，这些都是折中。

9.9 学习要点

A. 激光器通信需要单模激光器，既是为了信道容量，也是为了远距离传输。

B. 由于每个激光器可以携带不同的信息，许多单模激光器可以携带远比单个多模激光器多的信息。

C. 因为不同波长光以不同的速度在介质中行进，对于高品质的长距离传输脉冲，脉冲应当采用窄带波长构成。

D. 实现激光器的单模间隔有几种方法。

E. 原子激光器有非常窄的增益区，从而内在是单模工作；对于半导体激光器这是不可能的，它们至少有几十纳米宽的增益带宽。

F. 布拉格腔面镀膜或其他外部波长反射器也不可能，因为没有足够窄的反射带。

G. 通过将激射腔变得狭窄，可以将 FSR 做得比增益带宽更宽。垂直腔面发射器件可以做到这一点，因此可以实现固有的单纵模。

H. 然而，VCSEL 不是长距离光纤通信的很好解决方案，因为相比边发射器件，垂直腔激光器只有较低的斜率和较低的功率输出。

I. 常规的商业解决方案是，将分布反馈光栅集成到激光器腔体中，具有大量周期的长光栅则是完全波长相关的。

J. 分布反馈光栅虽然类似于布拉格反射器，在布拉格波长处有最大反射率，但是也有一些微小的差别。激光腔是反射镜和腔体的混合；由于存在增益，布拉格反射器经典阻带内的波长可以在此传播。

K. 布拉格反射器（和其他光学元件）可以采用转换矩阵方法建模，这允许许多复杂光学元件的级联。

L. 分布反馈激光器通常不是在最大反射率的布拉格波长处激射，因为反射器本身也是激光腔。

M. 无增益的布拉格反射器具有阻带，其反射波长并不在腔体内传播。这可以通过观察激光腔中的自发辐射得到，其中存在光输出降低的区域。

N. 实际器件是一端 HR 镀膜，另一端 AR 镀膜，激光器的性质（包括斜坡效率、阈值和 SMSR）变化，取决于腔体的确切长度，以及当背腔面反射时的器件相位。

O. 因为 HR/AR 器件的性质强烈依赖于背腔面相位，而背腔面相位因为在激光器解理过程中定义，从而不能精确控制，来自典型晶圆的每个器件分别有随机的有效背腔面相位。

P. 设计的良率通过批次的特性确定，因此，分布反馈激光器的设计中，应考虑基于随机背腔面相位和标称特性的分布。

9.10 问题

Q9.1 画出并描述以下器件的物理结构和光谱特性。

(1) 法布里-珀罗激光器。

(2) 前和后腔面都有高反射布拉格堆叠的激光器。

(3) 折射率耦合分布反馈激光器。

(4) 1/4 波长偏移分布反馈激光器。

Q9.2 完美的分布反馈激光器激射波长取决于温度吗？如果是，关系是什么？法布里-珀罗激光器的温度依赖和分布反馈激光器的温度依赖，有什么区别吗？

Q9.3 如果给定激光器的规格是边模抑制比大于 30dB，斜率效率大于 $0.35W/A$，κL 应选择什么值？基于图 9.13 和图 9.14，用最好的 κL 值，估算本规格产品的良率。

9.11 习题

P9.1 增益的典型值约为 $100/cm^2$。假设制造了一个有源腔极小的器件，其中，有源区长仅 $0.1\mu m$，而腔体长为 $3\mu m$。

(1) 有源区中，必须什么量级的反射率 R 值才能让增益不超过 $100cm^{-2}$？

(2) 假设吸收为 $20cm^{-1}$。器件外部的斜率效率是多少？单位选择光子输出/载流子输入？相比标准器件，评价此器件的整体斜率特性。

P9.2　我们希望设计一个 300mm 长的分布反馈激光器，适用于 1550nm 激射波长，材料的折射率为 3。器件应在室温下有 20nm 的负失谐。

（1）量子阱中的增益峰值大约应该是多少？

（2）绘制器件的输出光谱，并绘制使用同样材料的法布里-珀罗激光器输出光谱。

（3）计算一阶光栅的必要周期。

（4）假设 $\Delta n = 0.001$，计算这种材料的 κ 值。

P9.3　假设光栅周期为给定波长布拉格周期的 2 倍。

（1）相比于布拉格波长处的光栅，散射向量是多少？

（2）这个光栅可以耦合正向行进波和反向行进波吗？

（3）这个波长会降正向波衍射到任何其他方向上吗？

（4）二阶光栅的潜在优势是什么？

（5）假设这种几何形状（光栅厚度、工作间距和材料）的耦合是 12cm^{-1}。对于对应的按照布拉格波长周期制作的完全相同光栅，耦合将是多少？

P9.4　一种介质堆叠设计为 1550nm 波长时为高度反射。如果这由两个层组成，一层具有 1.5 的折射率，而另一层折射率为 2。

（1）求每种材料的合适厚度。

（2）使用转换矩阵方法，计算出垂直入射时 5、10 和 25 周期堆叠的反射率。

P9.5　根据图 9.16 所绘制的算法，计算给定器件的增益包封。

（1）假设器件有 200nm 的光栅周期，$\Delta n = 0.005$，$n_{平均} = 3.39$，$R = 0.9$，长度为 300μm。计算布拉格波长合理吗？

（2）计算其他参数相同，但长度为 200μm 时的值。

P9.6　证明方程式（9.11）可以重新整理为方程式（9.12）。

P9.7　图 9.17 示出了光和光栅的相互作用。制造光栅的过程中，光栅周期通常通过测量相干光的光栅衍射角测得。当用已知波长的激光照射时，衍射角可以确定地给出光栅周期 λ。

（1）如果光栅周期为 198nm，光能衍射的最短波长是多少？

（2）如果 400nm 的光以 45° 角入射到光栅上，能在什么角度观察到衍射斑点？

10

其他：色散，制造及可靠性

"I was wondering what the mouse-trap was for." said Alice. "it isn't very likely there would be any mice on the horse's back." "Not very likely, perhaps," said the Knight; "but, if they do come, I don't choose to have them running all about." "You see," he went on after a pause, "it's as well to be provided for everything."

— Lewis Carroll (Charles Lutwidge Dodgson), Through the Looking-Glass.

这里我们讨论一些重要但是放在其他章节中又不太适合的话题。我们将描述光通信质量的基本测量、色散补偿；然后概述从原料到制造到芯片封装的工艺流程；随后将讨论激光器特性的温度相关性，这对非冷却激光器特别重要，为此也让人们产生了可靠性中加速老化试验的想法；最后，我们将讨论一些失效机制。

10.1 概述

前面的章节中，我们已经探讨了从激光器理论到半导体激光器的理论，到波导、高速性能和单模器件的更多细节。通过系统的方式涵盖了这些主题后，我们完成了激光器完整并且基本的描述，此外也对其工作方式有所了解。

但是，激光器科学还有很多的其他方面，包括制造、工作、测试和生产，这些前面章节并没有包括。器件的商业应用或研究中，这些基础领域更少，但并非不那么重要。我们想要让学生熟悉普遍的问题，正如路易斯·卡罗尔所说，"提供一切"，除了可能骑在马背上的老鼠。

本章介绍了激光器的其他方面，包括色散测量、典型的激光器工艺流程、法布里-珀罗和脊形波导器件之间的差异以及激光器特性的温度依赖关系。

10.2　色散和单模器件

前面的章节中，我们描述了通常是单模的分布反馈激光器性能。我们注意到，单波长激光器的一个动机是尽量低色散，光纤中光信号传输很多公里距离后，由于不同的波长会以不同的速度行进，一组在起点调制的清晰 1 和 0 可能在很多公里后就模糊不清了。

定性上这显而易见。本节，我们将定量地介绍信号质量通过色散补偿测量评估的方式。这里的基本思想是测量误码率（光接收器测量出错的比特比例），并作为光接收器功率的函数。

图 10.1 中概述了测量方法。通常的基线测量中，调制光信号耦合到光接收器中，而衰减器和放大器组合，用来控制接收端的光功率。当接收功率降低时，错误的比特数量增加。图 10.2 中给出典型的肩并肩曲线，其中接收器功率上升时，误码率下降。

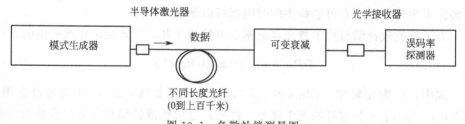

图 10.1　色散补偿测量图

信号输入到半导体激光器上，通过长度不同的光纤

（通常~0公里，并在该距离测试色散补偿），然后通过接收器和误码率检测器，

比较接收和发射的比特位。如果不一致，则记录出错

为了量化色散对传输质量的效应，另一个测量在发射机和接收机之间加入一定长度的光纤。再次，放大器和衰减器用来控制接收器的功率电平。这次获得了通过光纤的误码率与功率电平关系的第二条曲线。

真正的激光器系统中，直接使用掺铒光纤放大器来增加光的幅度，但是，由于色散导致质量劣化是根本制约。典型地，要让误码率相同，功率必须更高（1或 2dB·mW）。由于信号源色散劣化而需要增加功率，这就是色散补偿。

典型的规格是色散补偿为 2dB，这里要给定传输信号的条件，例如，$1.55\mu m$ 直接调制激光器的 100km 信号。

这里有一个不那么完美的类比，没有静电时，理解非常轻柔电台里的歌词很容易；如果有静电，则必须提高音量来理解歌词。色散在这种情况下，相当于在信号中增加了"静电"。

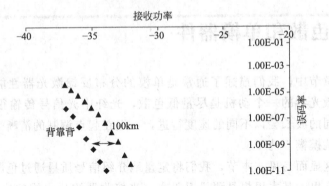

图 10.2　色散补偿测量结果

肩并肩曲线和 100km 曲线之间的空间是信号功率的增加，

这是发送数据和色散补偿的需要。通常情况下，测量具有特定的误码率约 10^{-10}

　　由于激光器具有复杂的动态性质，这里的测试一般用伪随机比特流（PRBS，pseudorandom bit stream），随机组合 1（或 0）以及交替的 1 和 0 的长字符串。这确保了激光器在所有可能频率的时候都可以激发。

　　为了将色散补偿与更多激光器的基本参数相关联，下式给出色散补偿的近似

$$DP = 5\lg[1 + 2\pi(BDL\sigma)^2] \tag{10.1}$$

　　式中，B 为比特率，Gb/s 或 ps^{-1}；L 为光纤长度，km；D 为光纤色散，ps/（nm·km）；σ 为信号的光学线宽。注意：近似色散补偿其实有很多类似的表达方式，这里的来自米勒[1]。

　　光纤色散补偿 D 的单位有点不容易理解。它可以解读为"ps"（延迟）/ ["nm"（光信号带宽）·"km"（光纤长度）]。

　　例子：使用 1.55μm 单模分布反馈激光器，在 100km 标准光纤上发送 2.5Gb/s 的信号。该标准光纤具有 17ps/（nm·km）的色散。图 10.1 所示的测量色散补偿为 1.5dB·mW。该发射器的相关光学线宽是多少？

　　解答：使用方程式（10.1）

$$(10^{\frac{1.5}{5}} - 1)/2\pi = 0.159$$

$$0.159^{0.5}/(100 \times 2.5 \times 10^9 \times 17 \times 10^{-12}) = 0.093nm$$

约等于 1.0Å。

[1]　Miller，John，and Ed Friedman. Optical Communications Rules of Thumb. Boston，MA：McGraw-Hill Professional，2003. p. 325.

这个 1.0Å 源自激光器调制的物理特性。随着电流静态注入，波长有非常轻微的变化（"1"的波长与"0"的波长略有不同），从而调制时产生了可测量的激光器线宽。此外，由于载流子振荡和内核电流密度，切换期间还存在动态啁啾。因此，任何直接调制的光源都有 0.1nm 数量级的展宽。

顺便说一下，外部调制光源（如铌酸锂调制器或者集成电吸收调制器等调制的激光器）则没有这个固有啁啾，因此，有适当的放大器情况下，这些直接调制发射机可以传输达 600km 或者更远距离。另一方面，请读者注意，标准光纤中，1310nm 波长附近的色散约为 0。然而，这个波长并不用于长距离传输，因为其损耗太高（1dB/km，而不是 0.2dB/km），而且它更难以实现光纤内的放大。

方程式(10.1)还指出了色散补偿取决于光纤长度、波长和调制速度的关系。它取决于光纤的长度，因为长光纤会加大不同波长间传播速度的差异；它取决于波长，因为色散补偿取决于特定波长的速度差异；它取决于比特率，因为比特率更低时，从 1 转变为 0 需要更长时间。

10.3 激光器的温度效应

本章的第二个主题是温度对激光器性能的影响。DC 和光谱性质都强烈依赖于温度。分布反馈器件相比法布里-珀罗器件，其额外的优点是波长随温度变化的温度稳定性能增强。放在我们这里的语境中，意味着光纤可以承载更多信道，每个信道都有单独的波长。为了实现可工作，各信道的波长必须明确定义和规定，以使各个信道互不干扰。我们将会看到，温度会影响激光器的工作波长，但相比法布里-珀罗器件，分布反馈激光器中要小得多。

对于密集波分复用系统中通常使用的温度控制器件，其波长控制在 1nm 范围内，这是通过控制激光器光源的温度来保持。为此，需要通过集成佩尔蒂埃冷却器来实现。对于非冷却器件，分布反馈激光器的固有波长稳定性很有优势。

10.3.1 波长的温度效应

本文相关所有材料的带隙都依赖于温度。随着温度增加，晶格经历热膨胀，原子的波函数重叠并导致带隙变化。因而随着能隙变小，发光波长变长。典型的变化在 0.5nm/℃ 的数量级。对于法布里-珀罗激光器，因为其在带隙处激射，所以激射波长将以 0.5nm/℃ 的速率改变。

对于有固定周期的分布反馈器件，由于热膨胀，周期将有轻微变化，而且折射率也与温度有关。总的净效应显著小于法布里-珀罗激光器，但仍然约为 0.1nm/℃。

第三个效应是激射波长和光荧光峰之间的相互作用。如第 9 章所讨论，激射波长和峰值增益之间的差称为失谐。通常情况下，最好的高速性能和最高的微分增益来自负失谐，这时激射波长是在比增益峰值低的波长处。

图 10.3 表明，当温度变化时，失谐也改变。高温下，增益漂移偏离激射峰，这将使得失谐和阈值电流增加。低温下，增益峰值接近激射峰值，而失谐将减少。这可以改变低温下器件的高速性能。

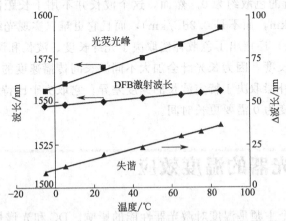

图 10.3　光致发光峰（带隙）、分布反馈激射峰值以及失谐作为温度的函数

对于不控制温度的器件，激射波长将在工作温度范围内显著变化

10.3.2　直流特性的温度效应

随着温度升高，激射的阈值电流也将增加。发生这种情况有以下几个原因。首先，增益的计算公式包括载流子的费米分布函数。随着温度升高，波长中载流子更扩展，为了实现相同的峰值增益（这由光学腔设定），需要更多载流子（因而更大电流）。第二，量子阱中的载流子有助于增益。随着温度增加，一定数量的载流子主要电子，将脱离量子阱进入势垒。这些载流子也不会对光增益有贡献，因而需要更多的电流来达到同样的峰值增益。这些机制如图 10.4 所示。

阈值电流通常指数依赖于电流，如下

$$I = I_0 \exp(T/T_0) \tag{10.2}$$

式中，T_0 是常数，取决于材料系统，而且在一定程度上取决于结构。图 10.5 示出不同温度下的两个 L-I 曲线，表明随着温度的变化器件特性的变化。

通常，直流特性通过器件的 T_0 加以量化，通过测量阈值电流与温度的关系，找出拟合最好的 T_0。

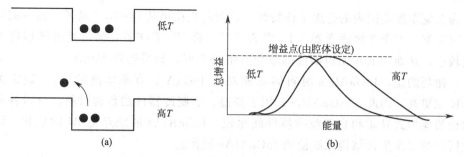

图 10.4　阈值电流随温度增加机制示意图

（a）载流子逃逸到势垒层，（b）量子阱内载流子的热扩散。
导致需要更多的载流子来达到相同的峰值增益

例子：根据图 10.5 所示的数据，求 T_0。

解答：I（25℃）＝8，I（85℃）＝38，所以

$$\frac{8}{38}=\frac{\exp(25/T_0)}{\exp(85/T_0)}=\exp[(25-85)/T_0]$$

或者

$$T_0=(85-25)\ln\frac{38}{8}=38\mathrm{K}$$

对 InGaAsP 激光器系统，约为 40K 的数值比较典型。

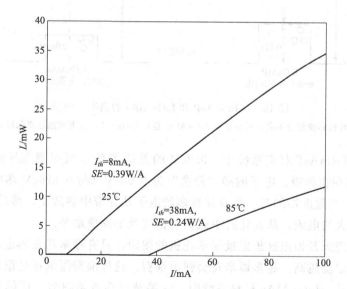

图 10.5　不同温度下的两种 $L\text{-}I$ 曲线

示出激光器中器件性能的变化

设计为非冷却使用的激光器（即封装中不集成压电加热器/冷却器），必须设

计为在宽温度范围内的合理工作特性。典型的规格可从 0~70℃ 或者 -25~85℃ 甚至更宽。对于各种激光器，T_0 非常重要。高 T_0 意味着，器件特性随温度变化较小，从而 10mA 室温阈值的激光器在 85℃ 时，只是达到 25mA。

碰巧的是，InGaAlAs 材料体系相对于 InGaAsP 有非常高的 T_0，通常为 80K 或更高，因此，InGaAlAs 是用于高温、非制冷器件的首选材料。针对我们讨论的掩埋式异质和脊形波导器件间比较，InGaAlAs 的缺点是 Al 的氧化，因此所需的二次生长结构无法使用 InGaAlAs 制作。

高温下，InGaAlAs 更好的原因如图 10.6 所示。除了带隙，激光器异质结构的另一个重要属性是价带和导带之间能带偏移的划分比例。例如，1.55mm 有源区（0.8eV 带隙能量）由 1.24mm 包覆层（1eV 能量带隙）夹在中间。核心和包覆层之间的能量差（0.2eV）取决于材料系统，将以不同的方式在价带和导带之间划分。

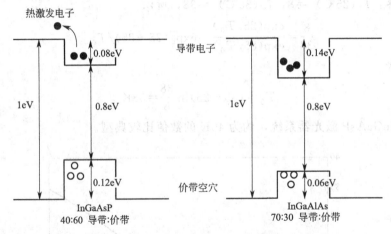

图 10.6　InGaAsP 和 InGaAlAs 的能带结构

能带偏移量划分不同，因而使得 InGaAlAs 相比 InGaAsP，温度敏感性要低得多

例如，InGaAsP 材料系统中，0.2eV 的差值将有 40% 出现在导带，而剩余的 60% 则出现在价带。电子的净"势垒"为 0.08eV（与 0.026eV 热电势差别不大），因此，当温度增加时，会有比较多的电子从导带中热激发，然后进入势垒，因而需要更大的电流，从而让阱中载流子密度处于阈值水平。

笔者异想天开地把这想象成爆米花机的图像，只有爆米花在固定水平时，才会激射，而温度越高，越多爆米花会弹出浪费。这样浪费爆米花是很可耻的！

幸运的是，InGaAlAs 材料系统中，这种情况会改善很多。该体系中，势垒差值有 70% 在导带侧，而仅 30% 在价带侧。电子处于更深的有效量子阱中，所以到势垒的泄漏要小得多。

这两种情况下，电子都是最重要的载流子。电子的有效质量约为 $0.1m_0$，比空穴小得多，因而它们更易于热泄漏。

10.4　激光器制造：晶圆生长，晶圆制造，芯片制造与测试

我们在之前的相关章节中，已接触到制造的一些方面。完整覆盖激光器加工工艺的流程非常有必要。现有激光器的部分妥协，往往由材料和加工问题导致，并非设计问题而是制造问题，这些会导致激光器的性能问题。

本节中，我们将首先概括介绍衬底晶圆的制造，包括晶圆制造和有源区的后续生长。

首先澄清以下术语，"晶圆生长"指晶圆的形成，包括衬底和量子阱；"晶圆制造"意味着制造脊形的光刻工艺、金属接触等；芯片制造是指分离器件成为巴条、芯片并测试的机械工作。我们也会简单涉及封装。

10.4.1　衬底晶圆制造

所有激光器的制造都从衬底晶圆开始。衬底晶圆通常从籽晶和相关原子（In和P或Ga和As）开始，后者以熔融态或蒸气形式释放，然后在受控条件下冷却，并与籽晶接触，形成大的单晶晶锭。

整个工艺图像，如图10.7所示。这里是特定的InP晶圆制造过程，使用布里奇曼炉形成InP的化学计量多晶体。然后这些多晶通过熔融氧化硼包封并一起熔化。随后从熔体中拉出籽晶，当熔融层冷凝时，就形成大的InP单晶。

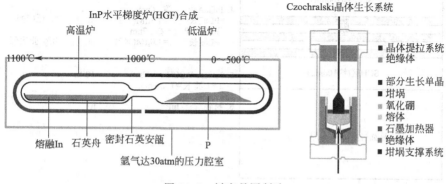

图 10.7　衬底晶圆制造

首先，In 和 P 熔化并再次冷却形成多晶 InP；然后，多晶 InP 再次熔融，与单晶籽晶接触，并从金属中拉出，从而形成大晶锭，然后进一步切割成晶圆（图片来源：晶圆技术有限公司，授权使用）

晶体生长的物理学需要更多地参与，要么详细讨论，要么简单提及。这里我们偏重于后一种方式，仅给予定性的概述。

一旦制造出大单晶锭，就可以标记晶圆平面，显示晶向。随后晶锭切割成薄片（约 $600\mu m$ 厚），并单面抛光，从而形成晶圆，为生长做好准备。第 1 章的图 1.4 示出了将要进行工艺的典型半导体晶圆图片。

对于激光器，下面晶圆的质量尤其重要。底层晶圆的缺陷最终可以进入有源区，并降低器件的性能。作为测试的一部分，器件样品通常要加速老化测试，来看它们的特性如何随时间而改变。高缺陷密度晶圆上生长的器件，其工作特性遭遇更快的退化，并且它们更难满足典型的寿命要求。可靠性试验的思想将在第 10.11 节进一步讨论。

10.4.2　激光器设计

激光器设计从激光器异质结构的详细规范开始。激光器的核心是有源区，包括一组量子阱层（形成有源区）和独立的异质结构限制层（形成波导）。激光器的设计包括明确激光器材料的组分、掺杂、厚度和带隙。典型的激光器异质设计如图 10.8 所示。通常情况下，除了指定结构以外，还需要指定表征方法。

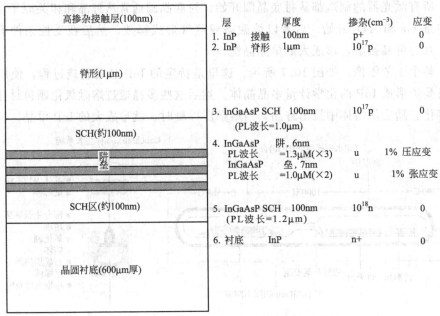

层		厚度	掺杂(cm^{-3})	应变
1. InP	接触	100nm	p+	0
2. InP	脊形	1µm	10^{17}p	0
3. InGaAsP SCH		100nm	10^{17}p	0
(PL波长=1.0µm)				
4. InGaAsP		阱，6nm		
PL波长		=1.3µM(×3)	u	1% 压应变
InGaAsP		垒，7nm		
PL波长		=1.0µM(×2)	u	1% 张应变
5. InGaAsP SCH		100nm	10^{18}n	0
(PL波长=1.2µm)				
6. 衬底	InP		n+	0

图 10.8　典型脊形波导激光器的异质结构设计

指定了激光器的掺杂、厚度和应变。通常情况下，金属接触在底部和顶部形成，也有些设计的 n 和 p 接触都在顶部图中也对激光器结构进行了一些注释。

顶层和底层为重掺杂，便于和金属形成良好接触。顶层下面的层适度掺杂，用于在脊形波导激光器中形成脊。器件的大部分电阻是电流在该区域的传导所造成，掺杂则需要在减小自由载流子吸收和增加电阻之间进行折中优化。

这种情况下，结构的有源区是非掺杂的。但通常并不都是如此，半导体量子阱也会p掺杂，这不仅会增加速度，而且也会增加光的自由载流子吸收。量子阱的数目和尺寸对于直接调制通信激光器很典型。这个设计使用了应变补偿，其中势垒层（其唯一真正的目的是定义量子阱）有与量子阱相反的应变，从而最终减少净应变（本例中为零）。

10.4.3 异质结构生长

规范制定之后，通常就可以用以下两种专门设备之一开始制备这些层，或称为"生长"。一种设备是金属有机物化学气相沉积系统（MOCVD, metalloorganic chemical vapor deposition），另一种是分子束外延（MBE, molecular beam epitaxy）设备，都可以制备精确厚度、组分和掺杂的薄层。两种技术的基本结构如图10.9所示，随后我们将详细地讨论。这些技术的进展和化学反应超出了本书的范围，接下来的部分则需要有一些微加工背景。

10.4.3.1 异质结构生长：分子束外延

MBE系统通过物理沉积进行工作。Ga，As，In或任何希望生长的纯源都独立进行加热，从而原子撞击到晶圆衬底上，如图10.9所示。然后，原子扩散到适当的晶格位置，并入到晶圆。控制参数通常是喷射室（称为努森源炉）的温度，以及每个源炉前挡板的打开和关闭。晶圆温度也非常重要，需要精确地控制。

通常，晶圆安装在顶部，而底部的源炉通过可控挡板遮挡。为了确保原子级的高纯生长，腔室通常需要处于非常高的真空，晶圆通过进样室进行进出的传递。厚度监控通过原位晶体厚度监控仪进行，用于相对较厚的薄膜生长。此外，大多数MBE设备包括简单的电子衍射系统（称为反射式高能电子衍射仪，或RHEED, reflection high-energy electron diffraction），可以监控单层的生长。通过挡板的快速开闭来控制沉积。MBE厚度控制比MOCVD更精确，而且所使用的化学物质也更加安全。

10.4.3.2 异质结构生长：金属有机物化学气相沉积

金属有机物化学气相沉积（MOCVD）和其他气相沉积技术中，晶圆一般如图10.9所示，装载到系统。系统控制各种反应气体（三甲基镓、砷烷等）的流速，晶圆温度也要精心控制。

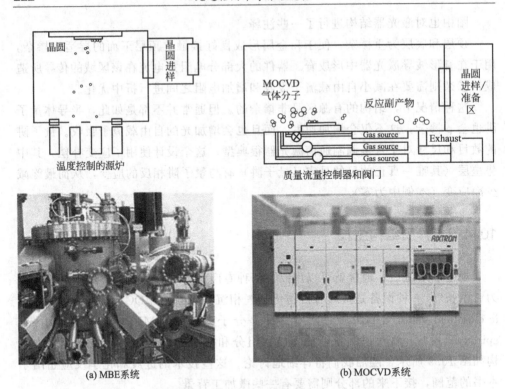

图 10.9 （a）MBE 系统示意图和照片（来自 Riber）；
（b）MOCVD 机台的简单示意图和照片（来自 Aixtron）
分子束外延设备示意性显示了通过热蒸发的原子沉积；MOCVD 系统中，
在晶圆表面发生化学反应，从而使得原子结合到晶圆中

如图 10.9 所示，当各种气体流经加热的晶圆时，会与其进行化学反应。例如，三甲基镓中镓原子并入晶圆结构的晶格中，放出副产物甲烷气体。通过控制这些气体和其他用来掺杂气体的流速，可以控制晶圆组分和掺杂浓度。

有些气体具有毒性，或者是暴露于氧气中会自燃。所以 MOCVD 反应器需要有气体报警设施，同时需要尾气处理器来净化和处理尾气。商业上，几乎全部使用 MOCVD 方法在 InP 衬底上生长晶圆，包括 InGaAsP 基器件和 InGaAlAs 基激光器。

高精度的生长是非常复杂的任务，除了专门用于生长的机器，还需要一整套的表征设备。例如，生长 p 型掺杂的 InGaAsP 层（常见的激光器要求），需要控制 5 种气体和晶圆条件。当运行晶圆配方后，通常需要测量所有规定的性质。带隙可使用光致发光谱进行测量；掺杂可以使用电导率的霍尔效应测量，或二次离子质谱（SIMS）；应变可以通过 X 射线衍射测量。所有这些都是实现期望薄层的基础。

一定程度上，晶圆生长可以说是一种"黑盒艺术"。具有类似层状结构生长的有经验人员将会非常有帮助。

10.5 光栅制作

衬底制造和外延层生长工艺结束后，获得按照要求生长多层的晶圆，需要制造成具有波导和 n 与 p 金属接触的器件。如果器件是法布里-珀罗激光器，这些层就是有源区，晶圆将进入晶圆制造。然而，如果器件是分布反馈器件，有源区下方需要有光栅层，那么第一步可能就是图案化光栅层[1]，接着就是器件其余部分的二次生长。二次生长意味着在图案化晶圆上生长薄层；对于分布反馈激光器（和下面将要描述的掩埋异质结构激光器），二次生长是必需的。商业中的器件，既有光栅在有源区下面，也有光栅在有源区上面。接下来，我们将描述光栅的制作步骤，随后是其余的晶圆制造部分。

10.5.1 光栅制作

如第 9 章所讨论，实现单模激光器，需要器件中制备特定周期的光栅。这个周期对 1310nm 激射波长大约是 200nm，而对设计为约 1550nm 波长的器件略微大些。由于尺寸太小，无法通过简单的 i 线接触光刻进行图案化。相对半导体标准而言，激光器制造的其他大多数步骤线条都较大，只需要最小 $1\sim2\mu m$ 的特征尺寸。

光栅通常采用全息干涉光刻进行图案化，如图 10.10 所示。其工艺过程如下：晶圆上旋涂薄层光刻胶；单一激光束分光成两束，在晶圆表面上的光刻胶范围内叠加。图中例子称为劳氏镜干涉仪，采用该几何形状，干涉图案形成的周期 P 是

$$P = \lambda / 2\sin\phi \qquad (10.3)$$

式中，ϕ 是与垂直面所成角度（如图 10.10 所示）；λ 是用于曝光激光器的波长。最小可实现周期是激光器波长的一半。对于 1800 系列光刻胶的曝光范围和制备低到 200nm 或以下光栅周期，325nm 附近波长可以很好地适用。

然后，我们刻蚀晶圆，并且去除光刻胶，剩下的就是晶圆表面的波纹状图案。

---

[1] 本例中，光栅是在有源区下方（普遍位置）。然而，在一些工艺中，光栅在有源区上方。性能方面并没有什么区别，但其中一种可能与某些给定工艺更加兼容。

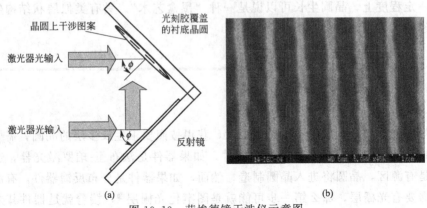

图 10.10　劳埃德镜干涉仪示意图

其中光源形成两个相干激光束。（a）晶圆上的图案。（b）制作的光栅

10.5.2　光栅二次生长

为了实现高效率，光栅必须集成为激光器异质结构的一部分。需要在光栅的顶部生长器件结构的其余部分，同时还要保持光栅形貌。

可能的挑战性来自加热晶圆，这是晶圆生长器件结构的典型做法，加热会使原子移动扩散，而扩散可能侵蚀尖锐的光栅轮廓。此外，二次生长后必须平坦化晶圆，从而使得其余生长有清晰的界面。差的二次生长导致在生长区缺陷，并恶化晶圆性能。从图案化表面到平整表面的过渡，必须迅速地实现（100nm 左右），因为光栅必须能够影响到器件中的光学模式。

当然，这些很多都是已经解决的问题，而且大多数分布反馈激光器就是这样制造的。图 10.11 示出成功的二次生长光栅 SEM 图像。光栅齿成功地通过器件

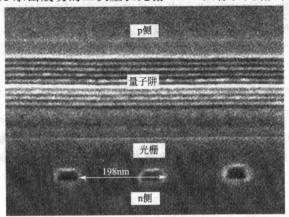

图 10.11　成功的二次生长光栅 SEM 图像

包括量子阱和周围的 n 和 p 区

结构其余部分覆盖，其余层都是平坦的。

10.6 晶圆制造

本节中，我们给出将晶圆（包括衬底和初始生长层）变成激光器的过程。这里首先展示最简单实用的脊形波导器件，而基本流程上的变化示出了分布反馈器件和掩埋异质结构器件。后两种都包含二次生长，使得过程复杂很多。

10.6.1 晶圆制造：脊形波导

对法布里-珀罗脊形波导器件，异质结构生长后可以立即开始制造，而单次生长就完成整个有源结构。对分布反馈激光器，光栅层生长后继续制造，取出晶圆并图案化，然后在图案化的光栅上进行二次生长异质结构的其他部分。

制造流程给出可用的最简单脊形波导器件。掩埋异质结构器件所需的其他步骤将在第 10.4.2 节说明。下面所示的两个光栅制造步骤只用于分布反馈器件。

前两个步骤只用于分布反馈激光器，包括图案化光栅层，然后二次生长其余结构部分。对于不需光栅的法布里-珀罗器件，晶圆加工从标记为步骤 1 的生长晶圆层开始。典型的第一步是脊形刻蚀（如步骤 1～步骤 5 所示）。脊形刻蚀可以只是湿法化学腐蚀，只需一块光刻胶掩模，或更典型地涉及淀积氧化物或氮化物作为中间步，并使用光刻胶图案化，然后使用氧化物作为掩膜进行干法刻蚀。干法蚀刻有制备更垂直侧壁和更可控的优点。

下个步骤是在晶圆上沉积某种介电绝缘层，因而沉积的金属层不会接触除脊形外的晶圆（步骤 6～步骤 10）。然后，沉积接触金属并刻蚀（步骤 11～步骤 15），留下 p 脊形顶部的 p 型欧姆金属接触。最后，在接触金属的顶部沉积通常更大、更厚的柔性金属焊盘，这里允许外部电路接触。典型的柔性金属是 Au。这里省略了光刻胶沉积-图形化-显影-金属刻蚀-光刻胶去除步骤，因为它们与接触金属的步骤非常类似。

然后，将晶圆研磨至约 $100\mu m$ 厚。通常，这需要通过用蜡将晶圆的前表面粘贴到托盘上，然后研磨背面直至所需厚度。减薄晶圆是为了从背面将其切割成合理大小巴条的需要。

然后在 n 侧同样制备 n 接触和柔性金属。随后晶圆退火，从而实现良好的欧姆接触。

此外还可能有额外的步骤。例如，有时 n 侧上的金属需要图案化，这就要在背面金属和正面金属间进行双面对准，以及如图 10.12 所示，p 接触和 p 柔性金属的相同的金属-沉积光刻胶-沉积-图案蚀刻去除的循环。更多细节见激光器的电气方面。

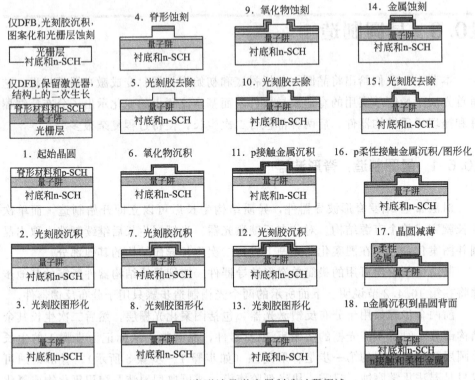

图 10.12 脊形波导激光器制造过程概述

10.6.2 晶圆制造：掩埋异质结构与脊形波导

本书主要描述通用的激光器，但是在本节，我们希望重点关注两种常用的单模激光器：掩埋异质结构和脊形波导器件上，主要介绍与二者都相关的具体问题以及特殊的制造差异。

图 10.13(a) 显示出 $10\mu m$ 尺度的掩埋异质结构器件。器件的核心（有源区）是箭头所指示的小矩形区，这是量子阱和光栅层所在位置。周围填充的是 InP（通常为 InGaAsP 系统），作为漏斗将顶部注入的电流导入相对小的有源区。这种结构中，有源区与其周围材料从物理上就分开。

图 10.13(b) 显示山完成的脊形波导器件。相比掩埋异质结构器件的制造，脊形波导器件要简单很多，其基本制造过程只包含简单的脊形和各种刻蚀、电介质沉积以及金属化。

针对掩埋异质结构的额外工艺如图 10.14 所示。通常，第一步是台面蚀刻，经常用湿法腐蚀。湿法化学腐蚀能形成比干法刻蚀更好、缺陷更少的表面，从而适用于二次生长。然后再次将晶圆放回金属有机物化学气相沉积设备中，二次生长有源区。二次生长工艺用来再次平坦化晶圆，从而使后续工艺如电介质沉积、金属沉积和图案化可以在平坦晶圆上进行。

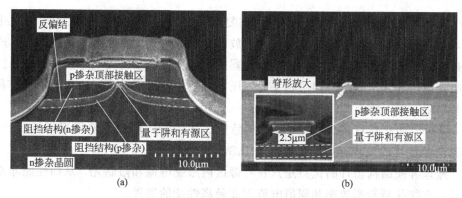

图 10.13 掩埋异质结构激光器 (a) 和脊形波导激光器 (b)

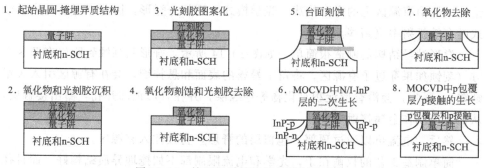

图 10.14 掩埋异质结构的晶圆制造工艺

　　正是二次生长中的掺杂，使得二次生长层成为阻挡层。通常，这些阻挡层要么生长为非掺杂（i，相比掺杂的接触层有低得多的导电率），要么从台面向上生长为 p 掺杂层紧接着 n 掺杂层。在当前顶部 n 掺杂层之上，再生长激光器的 p 包覆层。当 p 层正偏时，图上指示的结为反向偏置，从而几乎没有电流流过。所示结构顶部处 $10\mu m$ 宽区域可以进行偏置，但电流只能从有源区流过。

　　这样的结构有优点也有缺点，如表 10.1 所示，我们将在下面进行讨论。

表 10.1 脊形波导和掩埋异质结构器件的优点和缺点

激光器类型	优点	缺点
脊形波导	1. 容易制作，不需二次生长 2. 可用于 InGaAlAs	1. 更低的电流限制 2. 更低的光限制 3. 一般更低的直流 $L\text{-}I$ 性能

激光器类型	优点	缺点
掩埋异质结构	1. 更好的电流限制 2. 更好的光学限制 3. 总体更好的性能	1. 需要二次生长 2. 与阻挡层相关的寄生电容 3. 通常无法用于含铝材料

　　掩埋异质结构器件的制作当然更加复杂。特别是，这些阻挡层必须二次生长，意味着所制造的有台面晶圆，需要放回 MOCVD，并在其上生长新的层。成长过程必须实现低缺陷密度，否则激光器的性能和可靠性将受到影响。此外，这种阻挡结构通常产生与阻挡层相关的偏压电容，如前面章节所讨论，这个电容和剩余电阻一起，将有损于高速性能。

　　此外，也很难获得含 Al 材料的高品质二次生长，因此一般情况下，1.3～1.5μm 范围内的掩埋异质结构器件以 InGaAsP 为主。

　　掩埋异质结构器件的优点是只在有源区内限制电流和限制光，从而性能非常优异，它往往是斜率效率和阈值电流方面最高性能的器件。

　　图 10.13(b) 示出了脊形波导结构，这是简单很多的结构。如第 9 章所讨论，波导由有源区上的脊形构成。光学模式看到部分脊形，因此脊形下，光学模式的有效折射率更高些。

　　脊形波导结构的制造很简单，如图 10.14 所示。脊形只刻蚀到刚好有源区上方（刻蚀如果穿过了有源区，将留下暴露的表面和悬挂键，会在有源区引入大量缺陷）。通常，会沿脊形淀积氧化物等绝缘层，并在脊形顶部开孔，露出接触层，从而可以制作金属接触。

　　然后，电流可以通过顶部 p 包覆层的脊形，直接注入有源区。

　　简单制造工艺的权衡在于，光学和电流限制都不如掩埋异质结构好，而且往往斜率和阈值也都没有那么好。

10.6.3　晶圆制造：垂直腔面发射激光器

　　但凡讨论不同的常见激光器类型，我们必须要提及垂直腔面发射激光器（或 VCSEL，vertical cavity surface-emitting laser）的制造，如图 10.15 所示。虽然并没有在当今的高性能通信器件中占据很重要的地位，但它们确实在制造和测试方面有显著优点，所以至少很适合简要描述一下。未来的某个时候，人们可能克服其天然缺陷，从而让它们成为首选技术。

　　和我们之前讨论的器件不同，VCSEL 在垂直于晶圆表面的方向上发光。反射镜通过有源区上方和下方的布拉格堆叠实现。

　　在 GaAs 衬底上形成这些结构时，首先通过 MBE 或 MOCVD，在晶圆上交替生长 GaAs 和 AlAs 层。这种情况下，生长的交替层形成布拉格反射镜（图9.5）。AlAs 和 GaAs 有着显著不同的折射率，但值得注意的是它们有几乎相同的晶格常数，因此，可以层层相间，生长很多对，从而形成底部高反射镜，而且不会产生位错。

接下来，生长几个量子阱的薄有源区。通常，量子阱区位于腔体光学中心的正中。在该区域的顶部，生长另一组 p 掺杂的 GaAs/AlAs 层，刻蚀出一个圆环形区域，从而定义出区域中直径几微米的激光器。通常情况下，金属接触位于顶部环绕器件环上。通常要在顶部反射镜堆叠中，通过氧化暴露的 AlAs 层，使它们形成氧化物不导电，从而形成电流光阑，以便漏斗电流仅流向器件的中心。台面蚀刻之后，可以很好地暴露顶部布拉格堆叠的边缘，利用含 Al 化合物通常有氧化趋势的特点被用作优点，通过有意地氧化 Al 而使其不导电。而含 Al 掩埋异质结构器件则是由于氧化，而难以可靠制造。

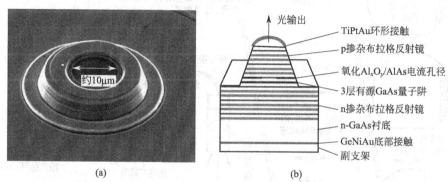

图 10.15 （a）VCSEL 台面视图。光从顶部和底部发射。（b）VCSEL 示意图
反射镜通过许多对布拉格反射器形成

（来自 Journal of Optics B，v. 2，p. 517，doi：10.1088/1464-4266/2/4/310，经授权使用）

VCSEL 器件的优点和缺点列于表 10.2。从根本上，其优点是可以在晶圆上制造更多器件；因为光腔如此之短，它们本质上就是单横模；而其远场是固有的低发散，从而可以很好地耦合到光纤。其缺点是糟糕的 DC 性能；另外对于通信使用的主要缺点，是没有真正很好匹配 InP 衬底的天然反射镜。

表 10.2 垂直腔面发射激光器和边发射激光器的优点和缺点

激光器类型	优点	缺点
边发射激光器（脊形波导和掩埋异质结构）	总体更高的性能——斜率，温度	1. 测试前一般必须分开 2. 每片占晶圆面积更大-器件数目更少
垂直腔面发射激光器	1. 容易在片测试 2. 天然单模 3. 与光纤优异的远场耦合	1. 由于自然 AlAs/GaAs 反射镜系统，一般局限于 GaAs 衬底[①]，从而波长小于 880nm 2. 普遍温度性能不佳 3. 一般输出功率偏低

①已经在实验室中实现了许多不同的 InP 基 VCSEL。然而用于长波长通信的激光器还没有显著占领市场。

10.7　芯片制造

制造出激光器后，还需要很多必要的机械步骤，把有数以千器件计的晶圆，变成有数千个机械上分离的单个器件。这里的基本流程，从图10.12中的晶圆制作开始，如图10.16所示。这是边发射器件的典型方法，面发射器件（像VCSEL）是非常不同的。

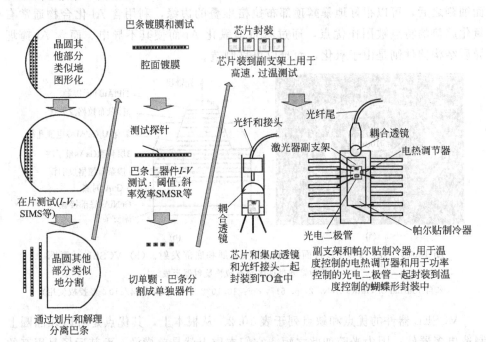

图 10.16　芯片制造流程，从晶圆制造到芯片封装
详见各工艺的讨论要点

正如在第10.8节所述，尽快测试每一步有着巨大的优势。毕竟投入坏芯片的劳动也是要付代价的。因此，能够快速地识别出整体晶圆不满足规格是有利的。如果晶圆必须制造成为许多芯片才能单独测试，然后却发现不满足规格，则时间和金钱已经投入了不可销售坏产品中，这会增加所有其余满足规格器件的成本。大多数公司会需求各种方式来实现某种形式的晶圆测试。

这可能就是简单的金属电极欧姆接触或LIV曲线的I-V部分，也可能是接近整个器件性能测试的范围。

得到晶圆测试结果后，如果结果达标，晶圆通常就会划分成巴条。这些巴条通过晶圆的划片和解理获得。首先，在晶圆表面上，划出平行于某个晶面的小划痕。然后，将晶圆沿划痕压裂，使其沿这个晶面解理。图 5.9 中，划开（粗糙）和解理（干净）区域清晰可辨。解理对于器件边缘上的光学质量非常重要。为了很好地解理巴条，光学腔必须平行于某个晶面。

解理必要性是晶圆必须研磨减薄到约 $100\mu m$ 的一个原因。为了可靠获得 $200\sim300\mu m$ 宽的巴条，晶圆厚度应该与条宽大约相同。此外，薄的晶圆有助于器件散热。InP 和 GaAs 的导热性，要比其顶部金属层差得多。

然后进行巴条腔面的镀膜：腔面蒸镀一层或多层某些介电材料，降低或提高反射率，并设计用于器件发光。对于分布反馈激光器，腔面镀膜的目的是去除法布里-珀罗模式，因此波长敏感的光栅反馈是唯一的光反馈。对于法布里-珀罗器件，镀膜设计用于发光，从而大部分光从前端射出，并耦合到光纤中。适量的光（通常约为 15%）从背面射出，用于原位检测计算前腔面的出射光。

腔面镀膜后，可以再次测试巴条。此时，边模抑制比（SMSR）和阈值电流等能够可靠地测试。巴条上通过测试的芯片，通常封装到氧化铝或氮化铝的小支架上，其上有金属引线。支架上通常提供安装好的背面监控光电二极管。一旦安装到支架上，就可以进行高速测试了；然而，由于还没有进行密封，很低温度的测试不能进行，因为水可能在冷的腔面上凝结。

最后，通过测试的支架封装还要封装到器件中，如图 10.15 最后所示。随后，器件就可以进行全面的性能测试，包括全温度范围的测试。

激光器的某些性能参数（如边模抑制比）要对每个制造的器件进行测试，因为相同晶圆上器件的这些参数，可能相互间变化很大。其他性能参数（例如带宽）是"设计保证"，从而只需要抽样测试即可。

10.8 晶圆测试和良率

激光器芯片制造之后，以及销售给顾客之前，都需要进行测试。半导体激光器良率不像集成电路的良率，需要对每个器件进行测试，以验证它满足所有产品规格。

对于成功的商业化产品，激光器测试是非常重要的。不似控制严格的集成电路，半导体激光器的器件之间会有显著变化。一些变化是本质的（例如，分布反馈器件的随机腔面相位），而另一些仅是由于这些光学器件对于材料质量极端敏感。

一个成功的器件制造公司，需要尽可能降低成本，而实现方式之一是智能测试。

测试特别是封装测试设备确实相当昂贵。封装之前尽可能早地发现坏芯片是最有利的。基于这个想法，如果人们能够实现晶圆级测试，就应该可以避免解理成巴条再测试，或安装到支架上并测试的这些劳动付出。关键是这些测试既费钱又费时，测试能力很可能会成为芯片制造数量的瓶颈。

一个简单实用的理念是良率成本的思路：好的晶圆或激光器芯片的成本是多少？良率成本 $Y.C.$ 定义为工作的成本 C 除以良率，如下

$$Y.C. = C/良率 \qquad (10.4)$$

举例来说，如果 TO 盒封装的激光器成本是 $10，测试的 TO 盒技术规范良率为 80%（0.8），那么每个好器件的良率成本就是 $12.50。为了制造 80 个好器件，你将不得不以每个 $10 的成本封装 100 个，因此，每个好器件的费用是 $12.50。如果良率可以基于每晶圆步骤来减少，而按照每芯片步骤来增加，这绝对是有价值的折中。

这种优化测试的例子示于表 10.3。表中的数字可能过时，但思路很清晰。如果可以早期识别并丢弃坏晶圆，最终芯片的生产成本将降低。

表 10.3 两种不同的激光器测试策略示意

步骤	方法 A		方法 B	
	成本	良率成本	成本	良率成本
晶圆厂＋测试	$5000(100%)	$5000/晶圆	$6000(80%)	$7500/晶圆
器件制造	$30(80%)	$37.50/芯片	$30(80%)	$37.50/芯片
器件测试	$50(28%)	$178.57/芯片	$50(35%)	$142.85/芯片
总良率成本/芯片		$216		$180

方法 A 不做在片测试，从而比方法 B 有稍低的平均良率，后者多了在片测试并去除 20% 的晶圆，但会得到更高的芯片测试良率。

方法 A 中，每个晶圆分割为芯片，并每个芯片都进行测试；但是方法 B 中，通过一些方法预测出良率较低的晶圆（如可能接触电阻偏高），然后直接抛弃。这里，仅仅是抛弃较低良率的晶圆，使用另外的晶圆替代，就可以使得最终封装的成本降低达 10%。

此外，经常要寻找机会去除昂贵的测试（例如变温测试），替换为更好更便宜的类似测试（如室温测试）。

10.9 可靠性

除了像阈值、斜率效率、边模抑制比等性能测试，半导体激光器必须有一定的可靠性，才能进行商业销售。这意味着它们至少预期在规范内具有某一给定的寿命，保证寿命或至少确保其可能性，是半导体器件的最重要努力方向和质量保证的组成。

本节中，我们简要描述量化激光器可靠性的过程。为了说明思路，我们将通过激光器可靠性分析让读者明确，尽管具体的细节程序各公司可能并不相同。

10.9.1 单个器件测试和失效模式

当然，不可能直接测试激光器是否能持续 10 年或 25 年，或者任何合理的额定寿命。为了进行间接测试，激光器公司通常会做加速老化试验，其中器件在远高于其正常工作特性下连续工作。例如，准备冷却用于约 25℃ 激光器样品，可能在 85℃ 测试。器件保持在 85℃ 下工作几个月时间，在此期间，需要检测固定功率输出所需的电流，或者固定电流的输出功率。

由于器件之间存在实质的差异，通常使用几个特定器件的样品，并计算每个器件样品的老化速率。

激光器有不同的失效模式。图 10.17 示出的大多数器件经历了疲劳失效，这归因于有源区的缺陷积累，导致性能逐渐退化。表现为固定功率所需的电流增加，或经过上千小时固定电流后，输出功率降低。退化速率可以建模为"%/kh"。

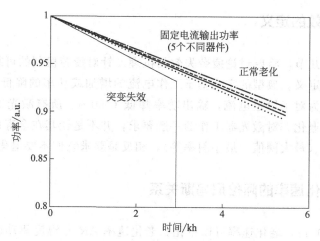

图 10.17 激光器样品的老化数据

老化条件通常比工作条件要苛刻得多，并外推到工作条件来预测可靠性

图 10.17 中还示出了随机失效的例子。这些失效中，激光器非常突然地失效，而且不是基于缺陷逐渐积累的机制。有时，器件突然失效是由于灾难性光学损伤对腔面的损害。由于灾难性光学损伤，腔面吸收光，产生热量并引起腔面缺陷，而这会导致更多吸收，并可能最终导致腔面快速熔融的正反馈机制，从而引

起激光器失效（图 10.18）。

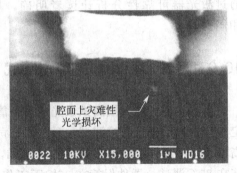

图 10.18　激光器腔面的灾难性光学损伤

有时，突然失效是由于构成器件的氧化物和金属等各种外层材料的失效，或者还无法解释。

第三类有时称为早期失效，偶尔，器件工作几十小时或更短时间后突然失效。激光器会在高应力条件（高温或高功率）下，工作一天左右，通过测量该过程中器件的动态特性，从而进行失效筛选。通常，这些预烧特性与长期老化特性相关，并可用来作为器件预期可靠性的快速测试。

10.9.2　失效的定义

接下来的几节，将要讨论疲劳失效的机理。针对疲劳机制的可靠性分析，必须要有失效的定义。典型的定义基于工作电流的增加或功率的降低。例如，"失效"可以定义为对于给定电流，输出功率降低了 50%。所有激光器工作时都经历一定程度的退化。对激光器工作的一般要求，并不是让其在全寿命过程中一直保持初始规格（最大阈值、最小斜率等），相反是要求它们不要退化太快。

10.9.3　老化速率的阿伦尼乌斯关系

根据图 10.17，老化速率可以量化。老化速率 AR 是温度驱动的阿伦尼乌斯过程，如下所示

$$AR = A_0 \exp(-\Delta E_a / kT) \tag{10.5}$$

式中，k 为玻尔兹曼常数；T 为温度，K；ΔE_a 为激活能，eV。

为了求出特定的激活能，可以在多个温度点进行老化速率测量，不同温度的中位老化速率关系可以用来确定激活能。知道激活能后，我们可以根据较高（加速）温度下测量的老化速率，计算出较低温度下的老化速率。

例子：85℃ 时，一组样品的中位数老化速率为 1.2%/kh，而 60℃ 时为 0.15%/kh。求激活能是多少？

解答：$AR_{85℃}/AR_{60℃} = \exp\left\{-\Delta E_a\left[\dfrac{1}{8.6\times10^{-5}}\times\left(\dfrac{1}{85+273}-\dfrac{1}{60+273}\right)\right]\right\} = 8$，所以 $\ln8\times8.6\times10^{-5}\times[1/(85+273)-1/(60+273)]\approx0.4\text{eV}$。

$0.4\sim0.8\text{eV}$ 是疲劳失效的典型测量值。

此外还有其他"加速因子"，如驱动电流和光功率，也可以影响器件退化和疲劳因素，因而有时也会在老化分析中包括。有了这些模型，可以根据某个工作点下测量的老化速率，预测整个工作点电流的预期老化速率（见习题 10.4）。

10.9.4　老化速率，FIT 和 MTBF 分析

如图 10.17 所示，老化速率的分析通过加速条件下一组样品的测试开始。测试中，测量每个器件的退化，并且定义失效准则。之后，统计分析数据集，从而确定器件的定量可靠性。可靠性的评估采用平均无故障时间（MTBF, mean time before failure）和一定时间内失效数（FIT, failures in time），这是器件工作 10^9h 的器件失效总数。

通常使用的统计模型，是通过对数正态过程进行描述的平均无故障时间和老化速率，其中有关数量的对数遵循正态分布。

过程最好采用例子来说明。

首先，让我们了解加速老化器件样品的老化速率集合。如图 10.19 所示，是 100℃ 时测量的老化速率，以及使用方程式（10.5）计算的 50℃ 时速率。该图称为对数正态分布曲线图，其中老化速率的对数（y 轴）相对于对数老化速率函数的标准偏差作图。这样的图中，测得的老化速率应该大致是直线，平均值将穿过 0 西格玛。

可靠性计算是在假想的工作条件下，这里是假设非制冷器件在 50℃ 工作。首先通过方程式（10.5）计算工作条件下的退化速率，随后的分析细节示于下面的例子中。

例子：根据表 10.4（和图 10.19）所列数据集，计算 MTBF 和 FIT。这些器件是非制冷激光器，预期寿命为 10 年，老化激活能为 0.4eV。

解答：下表包含了一些计算数据和测量数据。

最左列是测量的老化速率，14 个测试器件样品的范围为 0.5%～2.7%/kh。50℃ 的老化速率根据方程式（10.5），通过 100℃ 的老化速率计算得到。总老化（第 3 列）是老化速率乘以预期 10 年寿命的千小时数。固定电流下，预计这组器件中功率会下降 5%～34%。

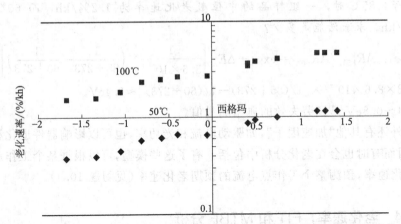

图 10.19　实测的 100℃ 老化速率，以及根据激活能和温度差计算出的 50℃ 老化速率

表 10.4　一些样品器件的老化数据

老化速率(100℃)/(%/kh)	老化速率(50℃)/(%/kh)	总老化(速度×kh)	ln(老化)
0.5	0.07	6.36	1.85
0.6	0.09	7.63	2.03
0.7	0.10	8.90	2.19
0.8	0.12	10.17	2.32
0.9	0.13	11.44	2.44
1	0.15	12.71	2.54
1.2	0.17	15.25	2.72
1.54	0.22	19.58	2.97
1.54	0.22	19.58	2.97
1.61	0.23	20.47	3.02
1.84	0.27	23.39	3.15
2.36	0.34	30.00	3.40
2.48	0.36	31.52	3.45
2.67	0.39	33.94	3.52

　　老化遵循对数正态分布。分析的下一步是取总老化的自然对数（第 4 列），并计算其平均值和标准偏差。本例中，平均值为 2.75，标准偏差为 0.54。

　　对数正态平均为 2.75，这意味着总平均老化为 exp（2.75）或 15.6%。对数正态平均老化速率为 15.6%/87.6kh，等于 0.17%/kh。如果"失效"定义为输出功率减小 50%，则 MTBF=50/0.17=294kh，约等于 34 年。

　　失效条件（50%）的 ln 为 3.9。标准偏差项中，它是约（3.9－2.54）/0.54，或者说与平均值平均偏离 2.13。

　　列表的高斯累积分布函数（CDF）列出了无量纲参数 Z 项，这是标准偏差远离平均值的数值。失效累计数 [1－CDF（2.13）] 为 1.65%，预计 1.65% 的器件会在寿命内失效。最后，总共 10^9 器件小时内，失效器件的数目可以通过计算需要的器件数目来确定。10^9 器件小时代表 11000 个器件工作整个寿命（定义为 10 年，等于 87.6kh）。如果 1.65% 失效，代表总共 10^9 工作小时中，有 188 个失效，或直说 188 FIT。

可以看到，MTBF 和 FIT 都非常强烈地同时依赖于中位老化速率和老化速率分布。相比低的平均值和较宽分布，窄分布（或低标准偏差）有更高的平均值，可以提供更好的可靠性。

FIT 典型值范围约从 100 FIT（非制冷器件），下降到制冷器件的 10FIT 或 20 FIT。

这里的过程需要数月的测试时间。通常，对特定设计会进行一次细节过程，此后会间歇进行长期老化结果。典型地，通过每个晶圆器件取样进行短期老化（一周或两周），以此监测可靠性。人们已经建立关联关系，器件长期可靠性性能可以通过 200h 以上的退化结果来反映。

不同的公司有不同的方法。可靠性报告详细描述测试和分析方法，以及 MTBF 和 FIT 的结果，通常是为了让用户信服生产过程和最终产品的质量。

10.10　结束语

下面将是本书的结尾，但幸运的是，并非本主题的结束。半导体激光器的广泛领域中，有许多有趣的主题，我们甚至还没有触碰！

本书的主题集中在直接调制激光器上，对更传统的 $1.3\mu m$ 或 $1.55\mu m$ 波长，通常典型速度为 2.5Gb/s 或 10Gb/s。最高性能的光传输系统并不使用直接调制，而是使用外部调制，通常还结合相干传输和前向纠错技术。阿尔卡特-朗讯公司已经宣布 100Gb/s 的系统，另外 400Gb/s 的系统也正在开发中。

这些系统都超出了本书的范围，但它们都建立于激光器的基本要求之上。我们希望通过本书的帮助，大家现在可以评价激光器的要求并得到满意的结果。

另外还有激光器材料中的有趣新领域，都在 20 世纪 90 年代初以后发明。蓝宝石基 GaN 的高效率蓝色发光二极管和蓝色激光器开发是惊人的突破，促成了更短波长激光器用于显示和固态照明的新应用。很长波长方面，贝尔实验室的小组开发出的方法，能够使用传统的约 1eV 或以上带隙半导体，发射出能量很低和波长很长的光子。量子级联激光器目前广泛用于光谱学，是产生长波长光源的最方便方法。

第一个半导体激光器在低温下使用体半导体进行演示，但迄今很多年依赖，量子阱已经成为半导体激光器的标准材料。相比体材料，量子阱提供的额外限制，允许良好的性能，并在室温或更高温度下工作。然而最近，已经出现了实用的量子点材料。相比任何量子阱器件，这些量子点材料已证明有更低的阈值电流密度、更高的温度无关性。目前，量子点有源区正开发作为潜在的量子阱有源区替代，将可能应用于光通信和其他领域。

10.11 小结

A. 分布反馈器件重要的原因是可以获得更高质量的长距离传输。

B. 长距离传输的质量通过色散补偿来测量，也就是相同信号质量通过光纤或肩并肩所需的信号功率差。

C. 典型的色散补偿规格为整个运行条件下 2dB。

D. 温度对法布里-珀罗半导体激光器的发光波长有强烈影响。带隙，因而激光器波长的增加约为 $0.5\mathrm{nm}/^\circ\!\mathrm{C}$。

E. 温度也影响分布反馈激光器的发光波长，但仅为约 $0.1\mathrm{nm}/^\circ\!\mathrm{C}$。

F. 发射波长的温度效应可以用来调谐器件的发光波长。基于此，通常根据所选择的工作温度，冷却的波分复用器件可跨越两个或三个信道。

G. 温度也影响直流性质，包括阈值电流和斜率效率。

H. 温度对阈值的影响通过 T_0 量化，量化为阈值电流对温度的指数依赖关系

I. 为了获得更好的高温性能，T_0 越高越好。对于 InGaAsP 材料，T_0 典型值约为 40K；而对于 InGaAlAs，T_0 典型值为 80K 或更高。因此，选择 In-GaAlAs 作为非制冷器件用材料。

J. 第 10.4 节概述了激光器的加工工艺。

K. 掩埋异质结构器件和分布反馈器件需要在图案化晶圆上二次生长，这使得它们比脊形波导器件显著复杂，后者并不需要二次生长。

L. 二次生长一般不能在 InGaAlAs 材料中可靠完成。

M. 通常，掩埋异质结构器件的阈值和斜率性能比脊形波导略高，但会有额外的寄生电容。

N. 分布反馈器件中，光栅一般使用晶圆级干涉光刻完成。

O. 垂直腔器件较小，具有固有单模，并很容易在片测试；但是，目前还没有很好的商业化技术来实现大于 900nm 的较长波长的垂直腔器件。

P. 器件测试用来保证制造的器件符合规格。测试通常旨在尽早发现失效的器件或晶圆。

Q. 除了激光器器件特性的测试，器件可靠性也可以通过加速老化测试，其中为了尽早暴露激光器的可靠性失效，会将其置于远超过典型工作条件的条件下

进行测试。

R. 激光器有几个失效模式，包括早期失效（突发早期突变失效）、随机失效（可能发生在任何时间的突然失效）以及与性能逐步下降相关的疲劳失效。

S. 激光器老化速率遵循对数正态分布，其中老化速率的对数遵循正态高斯分布。

T. 激光器可靠性通过 MTBF 和 FIT 描述（一定时间内的失效数，或者 10^9 器件小时的失效数）。

10.12 问题

Q10.1 实践中，色散通常由色散补偿链路补偿（光纤长度设计为负色散，用来补偿普通光纤经历的正色散）。为什么不能一起考虑这些链路用于消除色散？

Q10.2 这里描述的制造过程中，需要的光栅掩埋到了器件内。有没有可能把光栅置于器件表面？如果可能的话，其优点和缺点各是什么？

Q10.3 你认为相比更少应变层的器件，更高应变层的器件是更可靠还是更不可靠呢？

Q10.4 我们注意到，失谐随温度降低而降低，室温达 $20\sim30nm$ 的失谐，$-20℃$下可变成 0nm 或为负值。我们也注意到，动态和高速性能随着失谐变小而变差。你预计实践中这会有问题吗？（例如，北极地区废弃变电站中工作的非制冷器件）

Q10.5 可靠性试验检测不到什么样的问题？

Q10.6 为什么密集波长分复用器件比非制冷器件的 FIT 疲劳失效率低那么多？

10.13 习题

P10.1 典型的非制冷通信规范是，85℃时 $I_{th}<50mA$。如果特定激光器的 T_0 典型值是 45K，25℃时测得的 I_{th} 应该是多少，是 85℃时的 50mA 还是更小呢？

P10.2 本习题讨论具有 0.2Å 啁啾的 1480nm 激光器，可在光纤中以 2.5Gb/s 传输的最大长度，同时需要保持色散补偿小于 2dB 和光损失小于 30dB。光纤的特征是 1480nm 处损耗为 0.5dB/km，色散为 10ps/nm/km。

（1）最大色散限制的长度是多少？

（2）最大损耗限制的长度是多少？

（3）通常，在相同的色散限制传输条件下，$1.55\mu m$ 电吸收调制器可以传输长达 600km。求其典型频谱宽度是多少？

（4）600km 发射器如何克服光纤衰减？

（5）高速传输更好的自然选择是直接调制的 $1.3\mu m$ 器件，此时没有色散。为什么 $1.3\mu m$ 器件不用于高速长距离传输呢？

P10.3　十个器件中的两个不同样品都进行了加速老化测试，一个在 85℃，另一个在 60℃。85℃的中位老化速率是 2%；60℃的中位老化速率为 0.4%。计算适用于该加速老化的激活能。

P10.4　根据 JDSU 白皮书❶，随机失效率 F 由下式给出

$$F = F_0 \exp\left[-\frac{E_a}{k_n}\left(\frac{1}{T_j} - \frac{1}{T_{op}}\right)\right]\left(\frac{P}{P_{op}}\right)^n\left(\frac{I}{I_{op}}\right)^m$$

其中下标"op"指在工作条件下测试，P 是光输出功率，I 是电流。选取 $m=n=1.5$。如果 FIT 率源于随机失效，在 $T=85℃$，$I=50mA$ 和 $P=2mW$ 测试条件下为 5000，计算 $T=60℃$，$P=2mW$ 和 $I=35mA$ 时的 FIT。

P10.5　一批器件在其名义工作温度 25℃时，具有 -2.9 的对数正态分布平均增长率(0.055 的速率)和 0.55 的对数正态分布标准偏差，计算 25 年寿命的 FIT 和 MTBF。

P10.6　文中，我们指出分布反馈激光器激射波长的漂移为 $0.1nm/℃$。多大比例是由于晶格的膨胀呢（对于 InP，热膨胀系数是 $4.6\times10^{-6}℃^{-1}$）？

❶　http：//www.jdsu.com/productliterature/cllfw03 _ wp _ cl _ ae _ 010506. pdf，检索时间 2013 年 9 月。

附录

附录 1 国际单位制词头（SI 词头）

词头	英语词头	符号	1000^m	10^n	十进制		启用时间
尧[它]	yotta	Y	1000^8	10^{24}	1000000000000000000000000		1991
泽[它]	zetta	Z	1000^7	10^{21}	1000000000000000000000		1991
艾[可萨]	exa	E	1000^6	10^{18}	1000000000000000000		1975
拍[它]	peta	P	1000^5	10^{15}	1000000000000000		1975
太[拉]	tera	T	1000^4	10^{12}	1000000000000		1960
吉[咖]	giga	G	1000^3	10^9	1000000000		1960
兆	mega	M	1000^2	10^6	1000000		1960
千	kilo	k	1000^1	10^3	1000		1795
百	hecto	h	$1000^{2/3}$	10^2	100		1795
十	deca	da	$1000^{1/3}$	10^1	10		1795
1000^0	10^0		1		1		
分	deci	d	$1000^{-1/3}$	10^{-1}	0.1		1795
厘	centi	c	$1000^{-2/3}$	10^{-2}	0.01		1795
毫	milli	m	1000^{-1}	10^{-3}	0.001		1795
微	micro	μ	1000^{-2}	10^{-6}	0.000001		1960
纳[诺]	nano	n	1000^{-3}	10^{-9}	0.000000001		1960
皮[可]	pico	p	1000^{-4}	10^{-12}	0.000000000001		1960
飞[母托]	femto	f	1000^{-5}	10^{-15}	0.000000000000001		1964
阿[托]	atto	a	1000^{-6}	10^{-18}	0.000000000000000001		1964
仄[普托]	zepto	z	1000^{-7}	10^{-21}	0.000000000000000000001		1991
幺[科托]	yocto	y	1000^{-8}	10^{-24}	0.000000000000000000000001		1991

附录 2　单位换算表

$1in=0.0254m$

$1ft=0.3048m$

$1mil=25.4\times10^{-6}m$

$1yd=3ft=0.9144m$

$1cc=1cm^{3}$

$1US\ gal=3.78541dm^{3}$

$t/℃=\dfrac{5}{9}(t/℉-32)$

$1lb=0.45359237kg$

$1oz=\dfrac{1}{16}lb\approx28.35kg$

$1Da=1$ 原子质量单位

$1N/m^{2}=1Pa$

$1N/mm^{2}=1MPa$

$1lbf/in^{2}=6894.76Pa\approx6.895kPa\approx0.006895MPa$

$1psi=6894.76Pa$

$1ksi=6894760Pa=6894.76kPa$

$1Msi=6894.76MPa$

$1atm=101325Pa$

$1mmHg=133.322Pa$

$1Torr=133.322Pa$

$1dyn/cm=10^{-3}N/m$

$1pli=175.16N/m$

$1P=10^{-1}Pa\cdot s$

$1cP=10^{-3}Pa\cdot s$

$1kgf\cdot m=9.80665J$

$1ft\cdot1bf=1.35582J$

$1cal=4.1840J$

$1J\cdot cm/(℃\cdot cm^{2}\cdot s)=10^{2}W/(m\cdot k)$

$1cal\cdot cm/(cm^{2}\cdot s\cdot ℃)=0.41868W/(m\cdot K)$

$1Btu/(ft\cdot h\cdot ℉)=1.73073W/(m\cdot K)$

$1Btu\cdot ft/(ft^{2}\cdot h\cdot ℉)=1.73073W/(m\cdot K)$

$1Btu\cdot in/(ft^{2}\cdot h\cdot ℉)=0.144228W/(m\cdot K)$

$1cal/(cm\cdot s\cdot ℃)=418.68W/(m\cdot K)$

$1ft\cdot lbf/in=0.5337J/cm$

$1pci=27.71g/cm^{3}$

$1\Omega^{-1}\cdot m^{-1}=1S/m$

$1R=2.58\times10^{-4}C/kg$

$1cal/(g\cdot ℃)=4.18668J/(g\cdot ℃)$

$1Å=0.1nm$

$1sccm=1$ 标准状态立方厘米每分钟

$1slm=1$ 标准状态升每分钟

$1ppb=10^{-9}$

$1ppm=10^{-6}$

$1arcsec=0.01592°$

附录 3　常用物理量

能量单位	$1eV=1.60\times10^{-19}J$
玻尔兹曼常数	$k_{b}=1.38\times10^{-23}J/K=8.62\times10^{-5}eV/K$
基本电荷	$q=1.60\times10^{-19}C$
普朗克常数	$h=6.63\times10^{-34}J-s=4.14\times10^{-15}eV-s$
缩减普朗克常数	$\hbar=h/2\pi=1.05\times10^{-34}J-s=6.58\times10^{-16}eV-s$
电子静止质量	$m_{0}=9.1\times10^{-31}kg$
真空介电常数	$\varepsilon_{0}=8.54\times10^{-12}F/m$
300K 时的热电压	$k_{b}T=0.026V$

附录4　中英文词汇对照表

A

Absorption   吸收

B

Back facet phase   背腔面相位
Bernard-Duraffourg condition   伯纳德-拉夫格条件
Black body   黑体
Black body radiation   黑体辐射
Bose-Einstein distribution function   玻色-爱因斯坦分布函数
Bragg reflector   布拉格反射镜
Built-in voltage   内置电压
Buried heterostructure   掩埋异质结构

C

Capacitance   电容
Catastrophic optical damage (COD)   灾难性光学损伤(COD)
Cavity   腔体
Chip   芯片
Coupled mode theory   耦合模式理论
Coupling   耦合
Critical thickness   临界厚度

D

Density of states   态密度
Depletion region   耗尽区
Detuning   失谐
D-factor   D因子
Differential gain   微分增益
Diffusion current   扩散电流
Diffusion length   扩散长度
Direct bandgap   直接带隙
Dispersion penalty   色散补偿
Dispersion   色散
Distributed feedback laser   分布反馈激光器
Dopant   掺杂
Drift current   漂移电流

E

Effective density of states   有效态密度
Effective index method   有效折射率法
Effective mass   有效质量

Erbium dobed fiber atmosphere（EDFA）	掺铒光纤放大器（EDFA）
Etalon	标准具
External quantum efficiency	外量子效率
Eye pattern	眼图

F

Facet reflectivity	腔面反射率
Failures in time（FITs）	一定时间内失效数（FIT）
Far field	远场
Fermi-Dirac distribution function	费米-狄拉克分布函数
Fermi level	费米能级
Free spectral range	自由光谱范围

G

Gain bandwidth	增益带宽
Gain compression	增益压缩
Gain coupled	增益耦合
Gain medium	增益介质
Gaussian distribution	高斯分布
Grating fabrication	光栅制造
Group index	群折射率

H

| Hakki-Paoli method | 哈基-保利方法 |

I

Index coupled	折射率耦合
Indirect bandgap	间接带隙
Internal quantum efficiency	内量子效率

J

| Joint density of states | 联合态密度 |

K

| Kappa | 卡帕 |
| K-factor | K 因子 |

L

Laser bar	激光器巴条
Lateral mode	横向模式
Lattice-matched	晶格匹配
Longitudinal mode	纵模
Loss coupled	损失耦合

M

| Majority carriers | 多数载流子 |

Matthiessen's rule	马修森定律
Mean time before failure (MTBF)	平均无故障时间（MTBF）
Minority carriers	少数载流子
Mode index	模式折射率
Modulation	调制

N

| Nonradiative lifetime | 非辐射寿命 |

O

| Optical gain | 光增益 |
| Optical loss | 光损耗 |

P

| Photon lifetime | 光子寿命 |

Q

Quantum efficiency	量子效率
Quantum well	量子阱
Quasi-Fermi level	准费米能级

R

Radiative lifetime	辐射寿命
Random failure	随机失效
Reciprocal space	倒易空间
Reflectivity	反射率
Reliability	可靠性
Requirements for lasing system	激光器系统要求
Ridge waveguide	脊形波导

S

Schottky junction	肖特基结
Side mode suppression ratio (SMSR)	边模抑制比（SMSR）
Space charge region	空间电荷区
Spatial hole burning	空间烧孔
Spectral hole burning	光谱烧孔
Spontaneous emission	自发辐射
Stimulated emission	受激辐射
Stopband	阻带
Strain	应变
Submount	支架

T

TE mode	TE 模式
Temperature effects	温度效应
TM mode	TM 模式

Transparency carrier density　　透明载流子密度
Transparency current density　　透明电流密度

U
Unity round trip gain　　单位往返增益

V
Vegard's law　　Vegard 定律
Vertical Cavity Surface-Emitting Lasers（VCSEL）　　垂直腔面发射激光器（VCSEL）

W
Wafer　　晶圆
Wafer fabrication　　晶圆制造
Wear out failure　　疲劳失效
Work function　　功函数

Y
Yield　　良率

参　考　文　献

[1]　G. P. Agrawal, N. K. Dutta. Long-Wavelength Semiconductor Lasers . New York: Van Nostrand Reinhold, 1986.

[2]　G. P. Agrawal. Fiber-Optic Communication Systems . New York: Wiley, 2002.

[3]　P. Bhattacharya. Semiconductor Optoelectronic Devices . Upper Saddle River: Prentice Hall, 1997.

[4]　M. Born, E. Wolf. Principles of Optics. 7th (expanded) edn. New York: Cambridge University Press, 2006.

[5]　S. A. Campbell. Fabrication Engineering at the Micro- and Nanoscale . New York: Oxford University Press, 2008.

[6]　J. R. Christman. Fundamentals of Solid State Physics . New York: Wiley, 1988.

[7]　S. L. Chuang. Physics of Photonic Devices. New York: Wiley, 2009.

[8]　L. A. Coldren, S. W. Corzine, M. L. Mashanovitch. Diode Lasers and Photonic Integrated Circuits . New York: Wiley, 2012.

[9]　H. A. Haus. Waves and Fields in Optoelectronics . Englewood Cliffs : Prentice-Hall Inc. , 1984.

[10]　S. O. Kasap. Optoelectronics and Photonics: Principles and Practices. Upper Saddle River: Prentice Hall, 2001.

[11]　J. -M. Liu. Photonic Devices . New York: Cambridge University Press, 2005.

[12]　G. Morthier. Handbook of Distributed Feedback Laser Diodes (Optoelectronics Library) . Norwood : Artech House Publishers, 1997.

[13]　R. S. Muller, T. I. Kamins. Device Electronics for Integrated Circuits. 2nd edn. New York: Wiley, 1986.

[14]　B. Saleh, M. Teich. Fundamentals of Photonics . New York: Wiley-Interscience, 2007.

[15]　J. Singh. Physics of Semiconductors and Their Heterostructures . New York: Mcgraw-Hill College, 1992.

[16]　J. Singh. Electronic and Optoelectronic Properties of Semiconductor Structures . New York: Cambridge University Press, 2007.

[17]　B. Streetman, S. Banerjee. Solid State Electronic Devices . 6th Edition. Upper Saddle River : Prentice Hall, 2005.

[18]　A. Yariv. Optical Electronics in Modern Communications . New York: Oxford University Press, 1997.